F. C. Delius
Unsere Siemens-Welt
Rotbuch Bibliothek

ROTBUCH BIBLIOTHEK

Herausgegeben von
Wolfgang Ferchl und Hermann Kinder

F. C. Delius

Unsere Siemens-Welt

Eine Festschrift zum
125jährigen Bestehen des Hauses S.

Erweiterte Neuausgabe
mit einem Anhang über den Prozeß,
über die Kunst der Satire,
die Menschenwürde des Konzerns,
Bierpreise und den verlorenen Kredit
des Hauses S.

Mit einem Nachwort von
Friedrich Christian Delius

Rotbuch Verlag

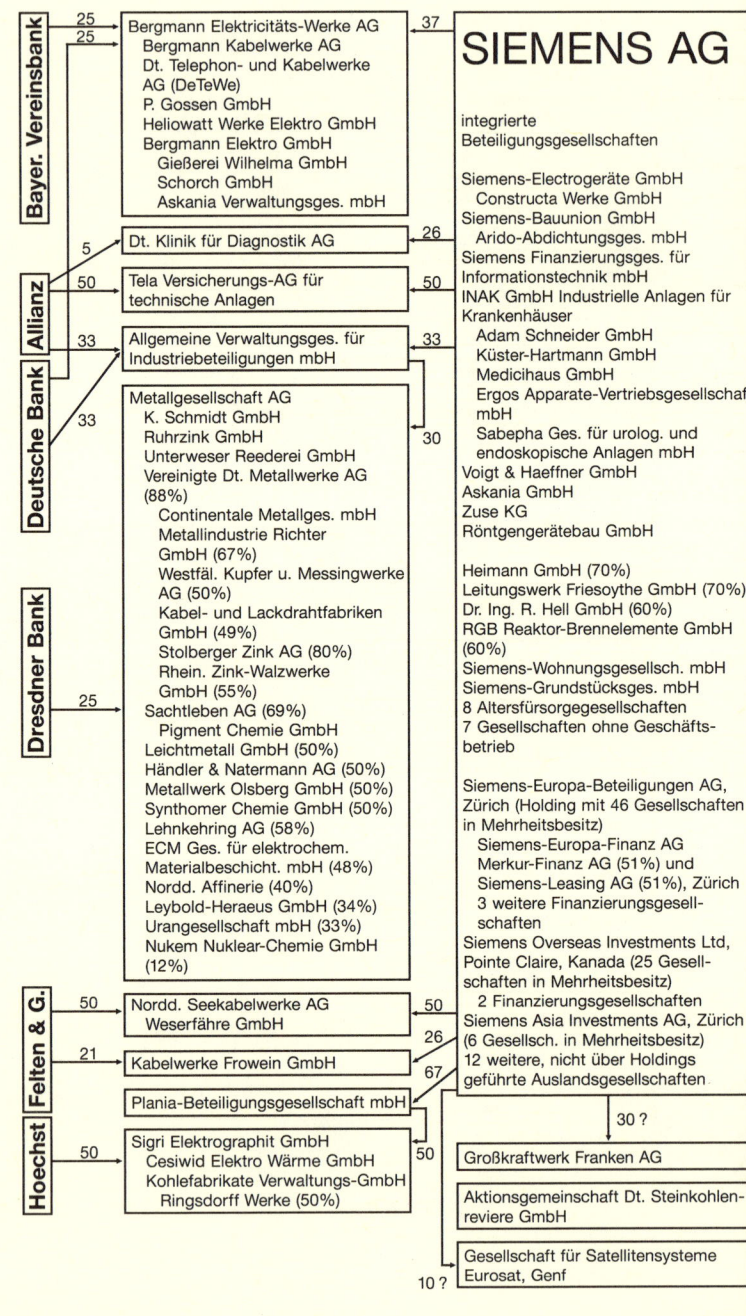

Bayer. Vereinsbank — 25 / 25

Bergmann Elektricitäts-Werke AG — 37
Bergmann Kabelwerke AG
Dt. Telephon- und Kabelwerke AG (DeTeWe)
P. Gossen GmbH
Heliowatt Werke Elektro GmbH
Bergmann Elektro GmbH
Gießerei Wilhelma GmbH
Schorch GmbH
Askania Verwaltungsges. mbH

Allianz — 5

Dt. Klinik für Diagnostik AG — 26

Allianz — 50

Tela Versicherungs-AG für technische Anlagen — 50

Deutsche Bank — 33

Allgemeine Verwaltungsges. für Industriebeteiligungen mbH — 33

Deutsche Bank — 33

Metallgesellschaft AG — 30
K. Schmidt GmbH
Ruhrzink GmbH
Unterweser Reederei GmbH
Vereinigte Dt. Metallwerke AG (88%)
  Continentale Metallges. mbH
  Metallindustrie Richter GmbH (67%)
  Westfäl. Kupfer u. Messingwerke AG (50%)
  Kabel- und Lackdrahtfabriken GmbH (49%)
  Stolberger Zink AG (80%)
  Rhein. Zink-Walzwerke GmbH (55%)
Sachtleben AG (69%)
  Pigment Chemie GmbH
Leichtmetall GmbH (50%)
Händler & Natermann AG (50%)
Metallwerk Olsberg GmbH (50%)
Synthomer Chemie GmbH (50%)
Lehnkehring GmbH (58%)
ECM Ges. für elektrochem. Materialbeschicht. mbH (48%)
Nordd. Affinerie (40%)
Leybold-Heraeus GmbH (34%)
Urangesellschaft mbH (33%)
Nukem Nuklear-Chemie GmbH (12%)

Dresdner Bank — 25

Felten & G. — 50

Nordd. Seekabelwerke AG — 50
Weserfähre GmbH — 26

Felten & G. — 21

Kabelwerke Frowein GmbH — 67

Plania-Beteiligungsgesellschaft mbH

Hoechst — 50

Sigri Elektrographit GmbH — 50
Cesiwid Elektro Wärme GmbH
Kohlefabrikate Verwaltungs-GmbH
Ringsdorff Werke (50%)

SIEMENS AG

integrierte
Beteiligungsgesellschaften

Siemens-Electrogeräte GmbH
  Constructa Werke GmbH
Siemens-Bauunion GmbH
  Arido-Abdichtungsges. mbH
Siemens Finanzierungsges. für
Informationstechnik mbH
INAK GmbH Industrielle Anlagen für Krankenhäuser
Adam Schneider GmbH
Küster-Hartmann GmbH
Medicihaus GmbH
Ergos Apparate-Vertriebsgesellschaft mbH
  Sabepha Ges. für urolog. und
  endoskopische Anlagen mbH
Voigt & Haeffner GmbH
Askania GmbH
Zuse KG
Röntgengerätebau GmbH

Heimann GmbH (70%)
Leitungswerk Friesoythe GmbH (70%)
Dr. Ing. R. Hell GmbH (60%)
RGB Reaktor-Brennelemente GmbH (60%)
Siemens-Wohnungsgesellsch. mbH
Siemens-Grundstücksges. mbH
8 Altersfürsorgegesellschaften
7 Gesellschaften ohne Geschäfts-betrieb

Siemens-Europa-Beteiligungen AG, Zürich (Holding mit 46 Gesellschaften in Mehrheitsbesitz)
  Siemens-Europa-Finanz AG
  Merkur-Finanz AG (51%) und
  Siemens-Leasing AG (51%), Zürich
  3 weitere Finanzierungsgesell-schaften
Siemens Overseas Investments Ltd, Pointe Claire, Kanada (25 Gesellschaften in Mehrheitsbesitz)
  2 Finanzierungsgesellschaften
Siemens Asia Investments AG, Zürich (6 Gesellsch. in Mehrheitsbesitz)
12 weitere, nicht über Holdings geführte Auslandsgesellschaften

30 ?

Großkraftwerk Franken AG

Aktionsgemeinschaft Dt. Steinkohlen-reviere GmbH

Gesellschaft für Satellitensysteme Eurosat, Genf — 10 ?

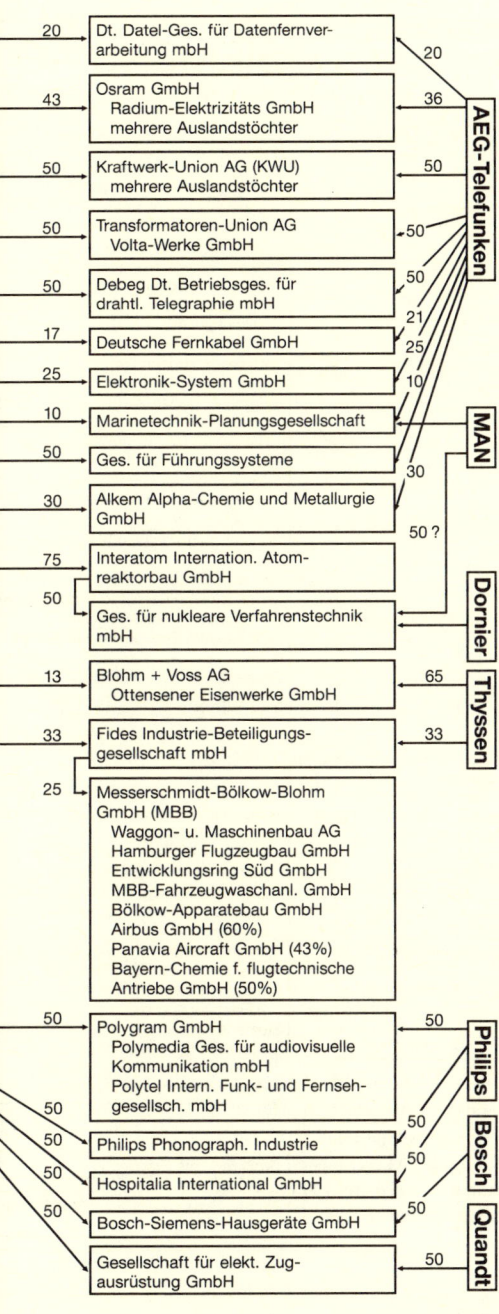

20 →	Dt. Datel-Ges. für Datenfernverarbeitung mbH	20

43 →	Osram GmbH
	  Radium-Elektrizitäts GmbH
	  mehrere Auslandstöchter
		36

50 →	Kraftwerk-Union AG (KWU) mehrere Auslandstöchter	50
50 →	Transformatoren-Union AG Volta-Werke GmbH	50
50 →	Debeg Dt. Betriebsges. für drahtl. Telegraphie mbH	50
17 →	Deutsche Fernkabel GmbH	21 · 25
25 →	Elektronik-System GmbH	10
10 →	Marinetechnik-Planungsgesellschaft	
50 →	Ges. für Führungssysteme	30
30 →	Alkem Alpha-Chemie und Metallurgie GmbH	50 ?

AEG-Telefunken

MAN

75 →	Interatom Internation. Atomreaktorbau GmbH
50	Ges. für nukleare Verfahrenstechnik mbH

Dornier

13 →	Blohm + Voss AG Ottensener Eisenwerke GmbH	65

Thyssen

33 →	Fides Industrie-Beteiligungsgesellschaft mbH	33

25	Messerschmidt-Bölkow-Blohm GmbH (MBB)
	  Waggon- u. Maschinenbau AG
	  Hamburger Flugzeugbau GmbH
	  Entwicklungsring Süd GmbH
	  MBB-Fahrzeugwaschanl. GmbH
	  Bölkow-Apparatebau GmbH
	  Airbus GmbH (60%)
	  Panavia Aircraft GmbH (43%)
	  Bayern-Chemie f. flugtechnische
	  Antriebe GmbH (50%)	

50 →	Polygram GmbH
	  Polymedia Ges. für audiovisuelle
	  Kommunikation mbH
	  Polytel Intern. Funk- und Fernsehgesellsch. mbH
		50

50	Philips Phonograph. Industrie	50
50	Hospitalia International GmbH	50
50	Bosch-Siemens-Hausgeräte GmbH	50
	Gesellschaft für elekt. Zugausrüstung GmbH	50

Philips

Bosch

Quandt

Diese Übersicht ist vereinfacht und
nicht vollständig. Stand: Mai 1972

Die Deutsche Bibliothek – CIP-Einheitsaufnahme

Delius, Friedrich Christian:
Unsere Siemens-Welt : eine Festschrift zum 125-jährigen
Bestehen des Hauses S. / F. C. Delius. Mit einem Nachw. von
Friedrich Christian Delius. – 1. Aufl. – Hamburg : Rotbuch-
Verl., 1995
(Rotbuch-Bibliothek)
ISBN 3-88022-480-3
NE: Siemens-Aktiengesellschaft <Berlin, West; München>

1. Auflage 1995
© 1995 by Rotbuch Verlag, Hamburg
zuerst erschienen 1972, erweiterte Neuauflage 1976
Umschlaggestaltung: MetaDesign
Herstellung: Das Herstellungsbüro, Hamburg
Satz: Greiner & Reichel Fotosatz, Köln
Druck und Bindung: Druckerei Pustet, Regensburg
Printed in Germany 1995
ISBN 3-88022-480-3

Inhalt

Zum Geleit

Das vorliegende Buch ist weder von der Siemens AG autorisiert noch in ihrer Verantwortung geschrieben. Es handelt sich vielmehr um einen freiwilligen Festbeitrag eines freien Siemens-Forschers zum 125jährigen Bestehen dieses Unternehmens. Natürlich kann dieses Buch die Vorteile einer autorisierten Schrift des Hauses Siemens weder bieten noch ersetzen. Es ist als Ergänzung gedacht – weil angenommen werden darf, daß bei dem sprichwörtlichen Understatement des Hauses Siemens seine wirklichen Leistungen möglicherweise nicht immer ihre verdiente ausreichende Würdigung erfahren.

Diese Würdigung wird hier mit bescheidenen Mitteln versucht: dem Werden, Wachsen und Wesen einer Weltfirma nachzuspüren und hinter allem die Züge der Männer zu erkennen, die ein Unternehmen schufen, das die Wechselfälle des Schicksals immer zu meistern wußte, das einen entscheidenden Anteil am Aufbau unserer Wirtschaftsordnung hat und das in aller Welt hoher Achtung begegnet. Am Beispiel der Firma Siemens sollen schließlich die feinen Werkzeuge unternehmerischen Handelns beleuchtet werden – aber auch der magische Zugzwang, dem das menschlich-unternehmerische Ich, das stets das Gute will, unter den Gesetzen des Marktes und des Überlebens ausgesetzt ist und dennoch immer wieder die Oberhand gewinnt.

Diese Würdigung möchte vor allem den etwa 300 000 Mitarbeitern des Hauses Siemens helfen, das Verständnis für Geschichte und Gegenwart ihres Unternehmens zu vertiefen und den Ansporn zum zukünftigen Fortschritt verstärken. Auch und gerade deshalb erlaubte sich der Verfasser, den Stil dieser Schrift – insbesondere die Form des schon von Werner Siemens geforderten integrierenden Wir – der Redeweise nachzubilden, die bei festlichen Anlässen üblich und als rhetorisches Mittel partnerschaftlicher Verbundenheit unentbehrlich ist.

Der Verfasser ist sich des Mangels bewußt, daß ihm weder die internen Akten des Hauses Siemens noch sonstige unveröffentlichte Dokumente zur Verfügung standen; er hat sich bewußt nur auf öffentlich zugängliche Informationen und Publikationen über das Haus Siemens gestützt. Zahlen, Fakten, Vorgänge wurden entsprechend dem satirischen Charakter der Schrift zum Teil erfunden, zum Teil aus Veröffentlichungen wörtlich oder in veränderter Form übernommen.

Im Bestreben, diese Schrift möglichst breiten Kreisen zugänglich zu machen, mußte leider auf eine angemessene repräsentative Ausstattung verzichtet werden. Möge der reiche innere Gehalt des Buches für seine äußere Bescheidenheit entschädigen!

Zum Geleit der 6. Auflage (1976)*

Dem aufmerksamen Leser des vorstehenden Geleitworts wird im vierten Absatz ein unklarer Satz aufgefallen sein. Warum der Festschriftsteller hier gegen seine Absicht von Erfindungen sprechen mußte, kann der Leser den Seiten 227 ff. dieses Buches entnehmen. An dieser Stelle sei nur so viel gesagt:

Seit ihrem Erscheinen vor dreieinhalb Jahren ist dieser Festschrift vielfältigste Beachtung zuteil geworden, ja man darf sagen, ihr Anliegen hat über den Kreis der Freunde und Mitarbeiter des Hauses S. hinaus ein breites Publikum erreicht und bereichert. Offene Ohren hat die Festschrift sogar bei den führenden Männern des Hauses gefunden. Ihrem unternehmerischen Verantwortungsbewußtsein, das naturgemäß über den Horizont des Festschriftstellers hinausragt, schien die Würdigung jedoch an der einen oder anderen Stelle noch nicht positiv genug, weshalb sie auf dem allerdings etwas umständlichen Weg über juristische Instanzen einige Korrekturvorschläge unterbreiteten.

Darüber hinaus haben die Verantwortlichen des Hauses den Wunsch an den Verfasser herangetragen, er möge noch mehr von den weltverändernden Erfindungen der Siemens-Unternehmen sprechen, die Festschrift mit mehr Erfindungen statt Fakten anreichern und einen Satz ins Geleitwort rücken, der von erfundenen Fakten spricht. Damit der Leser nicht den gleichen Mißverständnissen erliegt, erklärt der Verfasser hier noch einmal: Das diesem Buch zugrundeliegende Material war so reichhaltig, daß der Verfasser nicht jede der Tausende von Einzelinformationen auf ihre Richtigkeit überprüfen konnte, andererseits auch nicht genötigt war, irgendwelche Zahlen, Fakten oder Vorgänge zu erfinden.

Das entspräche auch nicht dem bescheidenen Anliegen dieser Schrift. Trotz aller Achtung für die Nachfahren des großen Erfinders Werner von Siemens scheint es dem Festschriftsteller

11

unangemessen, *jede* Leistung des Unternehmens als Erfindung zu bezeichnen. Der mehr oder weniger deutliche Wunsch, der Festschriftsteller möge zusätzliche oder vergessene Taten des Hauses erfinden, scheint im ersten Moment verlockend (zeigt das doch, wie sehr das Buch verstanden wurde!), aber mit dem Prinzip der Redlichkeit dieser Arbeit ist ein solches Ansinnen nicht zu vereinbaren. Der Verfasser kann und darf und wird die Gabe des Erfindens niemals den großen Erfindern aus dem großen Haus Siemens streitig machen!

Nach langen Debatten um Gehalt und Form der Schrift kann nun eine Neuauflage vorgelegt werden, die von den kritischen Augen der Justiz geprüft und bestätigt worden ist und die an einer positiven, makellosen und dennoch ausgewogenen Darstellung des Hauses Siemens nichts mehr zu wünschen übrig läßt.

Im Februar 1976

---

* Die 6. Auflage von 1976 ist die sogenannte »Prozeßausgabe«, auf deren Text diese Ausgabe basiert.

Unsere Geschichte

*»So habe ich für die Gründung eines Weltgeschäfts à la Fugger von Jugend an
geschwärmt, welches nicht nur mir, sondern auch meinen Nachkommen Macht und
Ansehen in der Welt gäbe und die Mittel, auch meine Geschwister und nähere
Angehörige in höhere Lebensregionen zu erheben.«*
Werner Siemens

Wenn wir heute zu erfahren suchen, welche unternehmerischen
Eigenschaften und welche technisch-wissenschaftlichen Entwicklungen den Namen Siemens zu einem Begriff für die Welt
gemacht haben, so fällt unser Auge zunächst auf einen der Großen, die Deutschland hervorgebracht hat, auf Werner Siemens.

Wie immer auch die großen Unternehmer den Stein der Tat
ins Rollen gebracht haben, wie immer sie zu den prägenden
Gestalten unserer gesellschaftlichen Ordnung geworden sind,
eines steht fest: Sie haben neue Werte geschaffen, haben mit
Herz und Beharrlichkeit, Mut und Fleiß den Aufstieg und
Glanz ihrer Persönlichkeit und ihres Werkes in die Wege geleitet. Bei Werner Siemens aber waren es mehr als nur persönliche
Tugenden: In ihm fand der Mensch als fragendes, tätiges und
ordnendes Wesen seine außerordentliche Verkörperung. Sein
Leben und seine Leistungen wurden Leitbild für die Nachwelt
und flößten dem Haus, das einen Namen trägt, sein eigentliches
Kapital ein – jenen Geist des Fortschritts, der sich immer wie-
der und in jeder Hinsicht aufs beste verwertet hat.

Offiziersrock, Erfindergeist und Unternehmertat

Dem Motto seines Vaters folgend, »Nicht Amboß, sondern
Hammer sein«, trat der 1816 in Lenthe bei Hannover geborene
Gutspächtersohn Werner Siemens in die preußische Armee ein,
tat sich dort um und schaffte den Sprung an die Vereinigte Ar-
tillerie- und Ingenieurschule zu Berlin. Eins gegen das andere

abwägend, entschied er sich für beides – Offizier und Ingenieur, Schrot und Korn. Diese Entscheidung zeigt schon seine praktische Lebenskunst. Da er einige seiner jüngeren Geschwister mit zu versorgen hatte, brauchte er Geld. Mars und Merkur blieben ihm treu. Seine ersten Erfindungen trugen ihm den Respekt einiger Fachleute ein, seine Feuerwerkskünste verschafften ihm die Zuneigung des Hofs. Dem folgten sein Verfahren zur Messung von Geschoßgeschwindigkeiten und seine nicht weniger bedeutende Erfindung der militärisch nutzbaren Schießbaumwolle – zwei erste Volltreffer. Aber erst, als ihm die Verbesserung des Wheatstoneschen Zeigertelegraphen gelungen war und als er die militärische Bedeutung dieser Erfindung erkannt und von einem Vetter das nötige Startkapital (6000 Taler) erhalten hatte, konnte der Offizier mit dem Mechaniker J. G. Halske an jenem 1. Oktober 1847 in einem Berliner Hinterhaus die »Telegraphenbauanstalt Siemens & Halske« aus der Taufe heben, die am 12. 10. – dem eigentlichen Gründungstag – ihren Betrieb aufnahm.

Die Tatsache, daß die spätere Weltfirma in einem Jahr der Krise gegründet werden konnte, war weniger Zufall denn strategisches Genie: Werner Siemens wußte sich von konjunkturellen Schwankungen weitgehend unabhängig, indem er auf die wachsenden Bedürfnisse des Militärs, der staatlichen Behörden und einiger Eisenbahngesellschaften setzte. Obwohl er sich bereits vor Gründung der Firma durch geschäftliche Absprachen mit der preußischen Telegraphenkommission – in der er zudem Sitz und Stimme hatte – den Weg geebnet hatte, blieb der junge Unternehmer noch zwei Jahre in Staatsdiensten, um seine Interessen mit denen des Militärs noch inniger zu verschmelzen und eine auch für ihn vorteilhafte »definitive Ordnung des Telegraphenwesens« durchzufechten.

Die Revolution von 1848 verfolgte der Offizier und Unternehmer mit einer gewissen Sympathie; er wußte besonders den Respekt der Aufrührer vor dem Privateigentum zu rühmen: »Und denke Dir, während der ganzen Revolution ist keine einzige Laterne zerschlagen, kein einziges Stück Privateigentum

14

berührt! Alle Häuser standen offen und die Menge durch-
strömte sie treppauf treppab und nicht ein Stück ist gestohlen.
Kann man jetzt nicht stolz darauf sein, ein Deutscher zu
heißen?«

Nachdem er im Krieg gegen Dänemark mit der Erfindung
der Seemine die Marinetechnik bereichert hatte, mußte er ab
Sommer 1848 für seinen König in aller Eile eine Telegraphenlinie nach Frankfurt am Main bauen, zur besseren Observation
der Debatten der Nationalversammlung. Siemens hatte seine
demokratischen Neigungen vorerst zurückgestellt und war auf
den Boden unternehmerischer Realität zurückgekehrt: »Es
wird doch aus der ganzen Geschichte nichts Gescheites ... Der
Deutsche muß erst Hiebe kriegen, wenn er vernünftig handeln
soll. Was nutzt es, Idealen nachzujagen, die keinen gesunden
Boden haben!«

Der erfolgreiche Bau der Frankfurter Leitung brachte dem
jungen Unternehmen eine derartige Fülle von Aufträgen, daß
Siemens nun kein Risiko mehr einging, als er 1849 den Offizier-
stock an den Nagel hing – nicht ohne vorher das Feld bestellt zu
haben. Ein Freund nahm seinen Platz als Leiter der Technik der
preußischen Staatstelegraphen ein. Die sorglose und gewinn-
bringende Zeit, in der sich Siemens zugleich als Beamter, Offizier und Unternehmer entfalten konnte, war zuende. Aber mit
dieser Verzahnung, die – wie ein Biograph formuliert – »den
Unternehmer Werner Siemens zeitweise als seinen eigenen Auftraggeber in Erscheinung treten ließ«, war der Grundstein gelegt. Rückblickend konnte der Gründer mit Recht sagen, daß
ihm die Militärzeit den Weg durchs Leben gebahnt habe.

Herrschergunst und Führungskunst

Schon 1851 führten technische Unvollkommenheiten der ha-
stig erstellten ersten Leitungen zu einer ernsten Krise: dem jungen Pionier-Unternehmen wurden weitere Aufträge entzogen.
So mußte Europa einlösen, was Preußen zu halten versprochen

hatte. Siemens wich auf ausländische Märkte aus, vor allem nach England und Rußland. Das Haus wurde in London von Werners Bruder Wilhelm (später: William), in Petersburg von dem anderen Bruder Carl etabliert. Insbesondere der russische Zar kann mit Fug und Recht als Freund und Retter von Siemens & Halske bezeichnet werden. Aufbau und Ausbau des Telegraphennetzes waren in ihrer Bedeutung als Mittel planvoller Herrschaft vom Zaren erkannt worden – besonders in diesen Zeiten der Vorbereitungen für den dann 1853 ausbrechenden Krimkrieg. Auch diese Linien hatten die Siemens-Männer unter oft abenteuerlichen Bedingungen und in kürzester Zeit auf die Beine zu stellen. Welche Bedeutung diese Aufträge hatten, läßt sich daran ablesen, daß die Petersburger Siemens-Filiale im Jahr 1854 achtmal soviel umsetzte wie die Mutterfirma in Berlin.

Auch die andere Partei im Krimkrieg, England, konnte mit der Hilfe der Brüder Siemens rechnen. Das damals begründete Prinzip der Neutralität der Produkte sicherte der Firma neben doppelten Gewinnen vor allem die Genugtuung, sich in jedem Fall den Sieger als zahlungskräftigeren Auftraggeber zu erhalten.

Mit der russischen Niederlage belebte sich folglich das englische Geschäft. Da William Siemens in die bedeutendste englische Kabelfirma eingeheiratet hatte, lag die neue Idee sozusagen vor der Haustür: die telegraphische Überwindung der Meerestiefen. Im englischen und französischen Auftrag wurden selbstproduzierte Kabel mit eigenen Schiffen durch Mittelmeer, Atlantik und Indischen Ozean verlegt. Diese Phase wurde bald von einem neuen gigantischen Projekt an die Ausführung einer von den Briten schon lange gewünschten, 11 000 km langen »Indo-Europäischen Telegraphenlinie«. Dieser Markstein der Geschichte der Nachrichtentechnik und deutscher Ingenieurleistung wurde überdies ein politisches und administratives Instrument ersten Ranges, das die britische Kolonialherrschaft entscheidend festigte und sich besonders bei der erfolgreichen Niederschlagung der indischen Aufstände bewähren sollte.

Wie sah es in diesen Jahren zu Hause in Berlin aus? Der Unternehmer Siemens hatte die Firma durch neue Erfindungen und Verbesserungen immer mehr qualifiziert und sich vorerst als Mitglied und Abgeordneter der liberalen Deutschen Fortschrittspartei profiliert, um dann doch stärker die ökonomischen Perspektiven der Bismarckschen Nationalpolitik wahrzunehmen. Das seit 1866 immer mächtigere Preußen durfte auf Dauer nicht in den Auftragsbüchern fehlen. Die Gunst der Stunde fügte es, daß an der Spitze der staatlichen Telegraphenverwaltung wieder eine der Firma Siemens & Halske geneigte Persönlichkeit stand.

Da nun endlich die Ertragsbasis der Firma durch Liefermonopole, Beziehungen und Erfindergeist gesichert war, mußte auch die Personalpolitik dem Rechnung tragen und die Arbeiter nicht nur kurzfristig durch gute Löhne, sondern auch langfristig durch eine menschliche, an familiäres Denken anknüpfende Behandlung dem Unternehmen verbinden. Siemens: »Wichtig scheint es mir, durch teilnehmendes Eingehen in ihre kleinen Wünsche und Bedürfnisse einen guten Geist unter den uns treugebliebenen Leuten zu erhalten, resp. zu erwecken.« Diese Menschlichkeit war mit einer festen Haltung verbunden: »Brecht was nicht biegen will – denn ohne festes Kommando geht es nun mal nicht in einem so großen und komplizierten Geschäft wie dem unsrigen«, so Werner an seine Söhne.

Freilich verlangte das Wohlwollen der Unternehmensleitung auf der anderen Seite auch die Einhaltung strenger Pflichten: Überstunden, wann immer sie verlangt wurden, Akkordarbeit (seit 1858) und straffe Disziplin. So bildete man z. B. eine Zeitlang mehr Büropersonal aus, als man augenblicklich benötigte, um für Auftragsanstieg oder Entlassungen gerüstet zu sein. Das ermöglichte der Geschäftsleitung, mit leicht wahrzumachenden Entlassungsdrohungen die gewünschte »strenge Zucht« und »Totenstille« durchzusetzen. Dazu halfen auch Geldstrafen, »um die Leute untertäniger und gefügiger zu machen; das ist vollständig gelungen« – dies das sicher etwas harte Diktum eines Bürovorstehers. Selbstverständlich gab es bei

S & H keine Gleichmacherei. Angestellte, damals noch Beamte genannt, arbeiteten etwa 10 Stunden weniger pro Woche als Arbeiter und erhielten 14 Tage Urlaub; den Arbeitern wurde erst 40 Jahre später (1906) 6 Tage Urlaub gewährt.

Marketing und Kriegsgeschäfte

Auch in Fragen des Marketings können wir einen vorbildlichen und erstaunlichen Weitblick feststellen. Beispielsweise formulierte Werner Siemens, der 1864 im Kaukasus eine reiche Kupfermine gekauft hatte, eine Strategie, bei Menschen in unterentwickelten Ländern neue Bedürfnisse zu wecken, um sie zur Arbeit anzuhalten und in die Botmäßigkeit der zivilisierten Wirtschaftsmächte zu bringen:

»Da nämlich die Leute dort nur sehr geringe Lebensbedürfnisse haben, so liegt kein Grund für sie vor, viel zu arbeiten. Haben sie sich soviel Geld verdient, um ihren Lebensunterhalt für etliche Wochen gesichert zu haben, so hören sie auf zu arbeiten und ruhen. Es gab dagegen nur das eine Mittel, den Leuten Bedürfnisse anzugewöhnen, deren Befriedigung bloß durch dauernde Arbeitsleistung zu ermöglichen war. Die Handhabe dazu bildete der dem weiblichen Geschlechts angeborene Sinn für angenehmes Familienleben und seine leicht zu erweckende Eitelkeit und Putzsucht.«

Nach der detaillierten Erläuterung seines Programms resümierte der Gesellschaftspolitiker Siemens: »Ich kann nur dringend raten, bei unseren jetzigen kolonialen Bestrebungen in gleicher Richtung vorzugehen. Der bedürfnislose Mensch ist jeder Kulturentwicklung feindlich. Erst wenn Bedürfnisse in ihm geweckt sind und er an Arbeit für ihre Befriedigung gewöhnt ist, bildet er ein dankbares Objekt für soziale und religiöse Kulturbestrebungen. Mit letzteren zu beginnen, wird immer nur Scheinresultate geben.«

Die technisch bedeutsamste Tat seines Lebens gelang Werner Siemens im Herbst 1866: die Entdeckung und Entwicklung des

18

elektro-dynamischen Prinzips, das die Stromerzeugung revolutionierte und die Starkstromtechnik begründete. Der neue Apparat konnte – ohne Dauermagneten und Batterien – mechanische Energie in elektrische umwandeln und ermöglichte die Erzeugung von Strömen jeder gewünschten Spannung und Stärke. Auch hier wieder Weitblick: Die Dynamomaschine war noch nicht reif für die Massenproduktion, aber um eben diese zu fördern, wurde dem preußischen Militär bereits kurz nach ihrer ersten Vorstellung vor der Berliner Akademie der Wissenschaften Gelegenheit geboten, sie bei Beleuchtung und Minenzündung zu testen.

Die durch den Machtzuwachs Preußens »gehobene nationale« Stimmung«, von der Bismarck-Anhänger Siemens spricht, wirkte sich unmittelbar auf die Umsätze der Firma aus. Zur Kriegsvorbereitung produzierte S & H ab 1866 magnetelektrische Minenzünder, elektrische Distanzmesser, elektrische Schiffssteuerungen, um unbemannte, mit Sprengladung ausgerüstete Boote feindlichen Schiffen entgegenzusteuern, und laufend verbesserte Kriegstelegraphen. Aber erst der deutsch-französische Krieg belebte das Geschäft auf bisher unvorstellbare Weise. Ein Meister berichtet: »Der Krieg von 1870/71 wirkte auf die Werkstatt in jeder Weise günstig: Wir konnten selbst unsere zahlreichen Ladenhüter absetzen.« Der Krieg zeigte außerdem die Mängel des uneinheitlichen Eisenbahn-Signalsystems und beschleunigte so den Entschluß, die deutschen Strecken dem Sicherungssystem von S & H zu unterstellen.

In das Jahr 1870 fällt auch die Gründung der Deutschen Bank, deren Bedeutung für die Firma Siemens wie für die deutsche Wirtschaft kaum zu überschätzen ist. Mitbegründer war der damalige Chefsyndikus von S & H, Werners Vetter Georg Siemens, der die Bank dann 30 Jahre leiten sollte und als Begründer der modernen Bankenpolitik gelten kann. Er war es, der das Prinzip aufstellte: »Ein Bankinstitut kann einem Industrieunternehmen nur dann Millionen-Kredite einräumen, wenn die Bank einen klaren Einblick in dessen finanziellen Status gewonnen hat. Das ist jedoch nur bei einer Aktiengesellschaft risikolos zu erreichen, in deren Aufsichtsrat die Bank dann ihren Vertreter entsenden müßte.« Der Weitblick der Firma Siemens, einer ihrer führenden Köpfe ins Bankwesen zu entlassen, trug dem Verlangen der erstarkenden deutschen Industrie nach Kapital und nach neuen, besonders ausländischen Märkten Rechnung und sollte sich schon sehr bald auszahlen.

Frieden und Unfrieden in der Gründerzeit

Die nachkriegsbedingte Hochkonjunktur, der relative Arbeitermangel und die Einführung der freien Berufswahl hatten besonders in der metallverarbeitenden Industrie zu Unruhe, schließlich zu Streiks und schweren Zusammenstößen mit der Polizei geführt. Als die Streikbewegung auf Siemens & Halske überzugreifen drohte, bewährte sich wieder einmal die Klugheit des Firmeninhabers: Siemens verkürzte die Arbeitszeit auf 54 Stunden pro Woche und erhöhte die Löhne.

Siemens wußte sich aber auch auf andere Weise gegen den heraufziehenden Sozialismus zu wehren. Er gründete 1872 eine der ersten Arbeitgebervereinigungen Berlins, den »Verein der Vertreter der Metallindustrie Berlin«, der seine Mitglieder verpflichtete, keinen Arbeiter ohne ein Abgangszeugnis seines vorhergehenden Arbeitsherrn und keinen Streikenden früher als vier Wochen nach Ende des Streiks wieder einzustellen. Denn Siemens war nicht bereit, sich »durch brutale Gewaltmanöver zu unbilligen und sogar im Interesse der Arbeiter selbst nicht liegenden Konzessionen drängen zu lassen« und drohte mit der Aussperrung aller seiner Arbeiter. Auf diese Weise stellte er den Arbeitsfrieden wieder her. Der Streik bröckelte ab. Wer zu klagen hatte, sollte einzeln seine Bitten vortragen. Jeder kollektive Antrag, auch wenn er von der besonders treuen Gruppe der Meister kam, mußte einen Unternehmer vom Schlage eines Siemens zutiefst kränken und empören.

Noch im gleichen Jahre ergriffen die Brüder Siemens – der Handwerksmeister Halske war mittlerweile ausgeschieden – eine weitere langfristige Maßnahme gegen Streiks, Unruhen und sozialdemokratische Propaganda: die Einrichtung einer betrieblichen Pensions-, Witwen- und Waisenkasse mit einem Grundstock von 60000 Talern. Für jeden Mitarbeiter, der ein volles Jahr bei Siemens gearbeitet hatte, zahlte die Firma einen jährlichen Betrag ein: 10 Taler für Angestellte, 5 für Arbeiter, 3 für Arbeiterinnen. Die Höhe der Pension, die erst nach mindestens 10jähriger Firmenzugehörigkeit ausgezahlt wurde, richtete sich nach der Länge der Dienstzeit. Die Belegschaft durfte sogar die Kassenverwalter wählen. Freilich, den Anspruch auf diese Unterstützung verlor, wer streikte, wer »durch eigenes Verschulden erwerbsunfähig« wurde und wer »wissentlich und absichtlich die Interessen der drei beteiligten Etablissements oder eines derselben schädigt«.

Der alte Werner von Siemens hat in seinen Lebenserinnerungen die gesellschaftspolitischen und betriebswirtschaftlichen Vorteile dieses Systems deutlich herausgestellt: »Diese Einrichtungen haben sich ... außerordentlich bewährt. Beamte und Arbeiter betrachten sich als dauernd zugehörig zur Firma und identifizieren ihre Interessen mit ihren eigenen. Jede größere Fabrik sollte eine solche Pensionskasse bilden, zu der die Arbeiter nichts beitragen, die sie aber trotzdem selber verwalten, natürlich unter Kontrolle der Firma. Auf diese Weise ließe sich der Streikmanie, welche die Industrie und besonders die Arbeiter selbst schwer schädigt, am besten entgegentreten ... Indessen ist das friedliche Verhältnis zwischen Arbeitgeber und Arbeitnehmer, welches durch die Pensionskasse gesichert wird, sowie eine ständige Arbeiterschaft von so großem Werte, daß eine solche Mehrausgabe gut angebracht ist. Der durch die beschriebenen Einrichtungen erzeugte Korpsgeist, der alle Mitglieder der Firma Siemens & Halske an diese bindet und für das Wohl derselben interessiert, erklärt zum großen Teil die geschäftlichen Erfolge, die wir erzielten.«

So konnte die Firma, unbehelligt von den Störungen der Sozialdemokratie und gestützt durch Aufträge der öffentlichen Hand, die Konjunkturkrisen der Gründerjahre ohne Gefährdungen überstehen und ihr Operationsfeld zügig erweitern. Neben ihrer vielseitigen Militär- und Industrieproduktion verdankte S & H ihre Umsätze u. a. dem Seekabelgeschäft (USA-Europa) sowie dem von Generalpostmeister Stephan, auch er ein guter Freund des Hauses, angeregten großen Kabellegungsprogramm. Ab 1877 kamen Telephone hinzu: Siemens verbesserte die von einem Amerikaner entwickelten, aber in Deutschland seinerzeit nicht patentierten Apparate und verkaufte in den ersten drei Jahren bereits 10 000 Stück – Die Gewinnspanne von 50% konnte sich sehen lassen.

Das Patentproblem hatte dem großen Erfinder Siemens lange am Herzen gelegen. Er hatte oft über die Schutzlosigkeit der meisten Erfindungen geklagt, ehe er bei der Ausarbeitung eines neuen, 1876 verabschiedeten Patentgesetzes mit einem Gutachten und einem Interessenverein seine Vorstellungen durchringen konnte. Sein Prinzip – Patentschutz bei gleichzeitiger vollständiger Publizierung – sicherte den Erfindern Ehre und Honorar und der Industrie vielfältige Anregungen und Exploitationsmöglichkeiten. Durch das Vorprüfungsverfahren bot er der deutschen Industrie Gelegenheit zur Einsicht fremder Patente. Wenn z. B. eine ausländische Firma ein Patent in Deutschland anmelden wollte, berief das Patentamt einen Experten aus der deutschen Industrie, forderte weitere Details und überließ, wenn man die Konstruktion oder den Prozeß erkannt hatte, zuweilen dem Genius einer deutschen Firma das Patent.

Nun jagte eine spektakuläre Siemens-Erfindung die andere. 1879: Fahrdraht- Grubenlokomotive für den Kohlenbergbau, elektrische Gesteinsbohrmaschine, elektrischer Antrieb für Webstühle. 1880: elektrische Lichtbogenofen zum Schmelzen von Stahl. 1881: elektrische Straßenbahn. 1882: Oberleitungsomnibus – und so weiter. Die Expansion der Firma, die 1879 noch die Hälfte ihrer Arbeiter entlassen mußte, um die notwendige Maschinisierung voranzutreiben, setzte sich unaufhaltsam fort.

Neue Fabrikanlagen wurden in Charlottenburg errichtet. Die wohldurchdachten Arbeitsbedingungen brauchten jedoch kaum geändert zu werden, zumal sich unter der Arbeiterschaft keine nennenswerten Unruhen breitmachten: Überstunden (meist ohne Lohnaufschlag), wann immer das Interesse der Firma es erforderte, zunehmende Beschäftigung von Frauen, die schon fast die Hälfte des Männerlohns erhielten, Bestimmung der Akkordhöhe und Verdienste durch die Meister, Leibesvisitationen und andere Materialkontrollen und das geheimnisvolle Angebot von Aufstiegschancen, um einen Schimmer der Hoffnung in die Herzen der Fleißigsten und Treuesten zu lenken.

Ebenso wurde die tarifliche Behandlung der Angestellten den Erfordernissen der Zeit angepaßt. Die leitenden Herren erhielten etwa das 10fache an Gehalt und Prämien der höheren Angestellten, das 30fache der mittleren und das 50fache der unteren Angestellten, die wiederum etwas mehr erhielten als die durchschnittlich verdienenden Arbeiter (1887: 29,23 Mark pro Woche). Das Betriebsklima entsprach dem einer staatlichen Behörde, es herrschten alle Vorzüge eines »kalten militärischen Tons«.

Der Kampf um die Führung

Die Erfindung der Glühlampe durch Edison und der folgende Beleuchtungs- und Kraftwerkboom brachten einige Turbulenzen in das Gefüge des Unternehmens und drohten seine führende Marktposition anzufechten. Siemens hatte sich besonders mit Emil Rathenaus Deutscher Edison-Gesellschaft zu arrangieren, der späteren AEG. Noch ehe das neue Unternehmend gegründet wurde, schrieb Werner Siemens an seinen Bruder William: »Ich glaube, es würde jetzt die richtige Politik sein, mit Edison Frieden in der ganzen Welt zu machen. Das wird uns zu Beherrschern der Elektrotechnik machen!« Rathenau und Siemens handelten also 1883 in einem zunächst auf 10 Jahre befristeten Kooperationsvertrag die Gründungsbedingungen der neuen, auf amerikanische Patente und deutsches Kapital gestützten Firma aus: Der Edison-Gesellschaft wurden die Geschäfte mit Kraftwerken und Glühlampen anvertraut, während sich S & H die Produktion aller erforderlichen Maschinen und Materialien vorbehielt.

Doch dieser Sprung nach vorn ins Zeitalter der Kartelle kam noch etwas zu früh. Die Beschränkungen hinderten die beiderseitige Expansion und kamen damit anderen Konkurrenten zugute. So revidierte man 1887 diesen Vertrag. Unter Führung von Siemens & Halske und der siemensnahen Deutschen Bank sowie anderer Banken wurde ein Finanzkonsortium für die AEG gebildet und deren Kapazität beträchtlich erweitert. Der älteste Siemens-Sohn Arnold erhielt neben seinem Onkel Georg (Deutsche Bank) einen Sitz im Aufsichtsrat der »Konkurrenz«.

Die späten 80er Jahre brachten zwar zahllose Ehrungen und den erblichen Adelstitel für die Familie des Begründers der Elektrotechnik, aber sie zeigten auch die Schwächen eines konservativen, auf Loyalität und Patriarchat gründenden Managements, das in der Epoche einer immer expansiveren technischen Entwicklung und eines immer organisationsbedürftigeren Kapitalismus nicht mehr mithalten konnte. Die unerträgliche, ja beschämende Vorstellung, daß die traditionsreiche Firma ihre Vorherrschaft an die AEG verlieren könnte, wäre fast Wirklichkeit geworden. Erst als der Gründer sich auf sein Altenteil zurückzog und im Jahre 1890 sein Bruder Carl als Seniorchef und seine Söhne Arnold und Wilhelm die Führung des Hauses übernahmen und als wieder die wohltuende Unruhe einer unternehmungslustigen technischen Jugend das Haus erfüllte, begann S & H zu ihrem alten Glanz zurückzufinden.

Im Dezember 1892 schloß Werner von Siemens im Alter von 76 Jahren die Augen für immer. Er hatte dem Jahrhundert den Stempel seiner Persönlichkeit aufgedrückt. Kein geringerer als Eugen Diesel hat hier wieder einmal den Kern getroffen: »Aber was wäre Bismarcks Welt ohne die Mitwirkung eines Werner Siemens? ... Man denke sich die großbürgerliche Leistung und

Epoche fort, die von Werner Siemens mit inauguriert wurde, wo bliebe dann das Bismarcksche Reich?«

Das Jahr 1897 sah die Feier des 50jährigen Bestehens des Hauses: ein großes Essen wurde im Berliner Zoologischen Garten gegeben, wohin die qualifiziertesten und treuesten der 10 000 Beschäftigten geladen wurden. Eine Enkelin des Gründers berichtet: »Und alle die fleißigen, die ihm (Werner Siemens) geholfen haben, seine Fünkchen und Flammen zu Dienern für die Menschen zu machen, die sollen noch einmal zusammenkommen und sollen seine Söhne und Töchter und seine Enkelsöhne und Enkeltöchter kennenlernen, weil diese allen ihnen auch einmal danken wollen für ihre lange, treue Arbeit und für alle die viele Liebe, die sie für den lieben Großpapa in ihrem Herzen bewahren.«

Kurz vor diesem Jubiläum waren die Weichen für den schweren Marsch ins 20. Jahrhundert gestellt worden. Das kapitalintensive Starkstromgeschäft, die bedeutenden Marineaufträge und die damit verbundene ungewöhnliche Personalballung hatten mehrmals die Liquidität der Firma bedroht. Diese Umstände sowie das familienbewußte Interesse des Chefs der Deutschen Bank an einem Gleichgewicht der beiden großen Elektrokonzerne führten zur Umwandlung der Kommanditgesellschaft Siemens & Halske in eine Aktiengesellschaft. Die neue Rechtsform und der Beistand der stärksten Bank halfen den erforderlichen Handlungsspielraum für die Zukunft zu potenzieren. Zwar blieb das Aktienkapital (35 Millionen Mark) zunächst in den Händen der Familie, doch bei den in relativ kurzen Abständen folgenden Kapitalerhöhungen konnte die Bank besser als die Familie mithalten.

Der immense Kapitalbedarf der Elektroindustrie machte die mächtigen Banken schon damals zu wichtigen Kommandohöhen. Um die Jahrhundertwende hatten sie bei allen Konkurrenten oft mehr als einen Fuß in der Tür, nicht zuletzt bei Siemens und AEG. Das sollte sich in den kommenden Krisenjahren als äußerst vorteilhaft erweisen. Die im Zuge des rapiden Bedarfs an elektrotechnischen Produkten im Schatten von Sie-

25

mens und AEG groß gewordenen Unternehmen wurden von der Rezession der Jahrhundertwende und der um 1910 so schwer erschüttert, daß ihnen nur die Wahl Konkurs oder Fusion blieb. So fiel Loewes Union an AEG, Schuckert wurde mit der Siemensschen Starkstromabteilung zur Siemens-Schuckert GmbH verschmolzen, die Helios-Werke teilten sich die beiden Großen. Und als 1910 die AEG die vorher fusionierten Felten & Guilleaume-Lahmeyerwerke aufgesogen hatte, wurden der ökonomisch gesunden Bergmann Elektricitätswerke AG von der Deutschen Bank die Kredite entzogen, um diese Firma in die Hände der Siemens-Schuckert-Werke zu bringen und damit das Gleichgewicht der Großen zu erhalten. Aus acht Elektrounternehmen waren innerhalb von wenigen Jahren zwei unter der Oberaufsicht der Deutschen Bank rivalisierende – nennen wir ausnahmsweise einmal das unschöne Wort – Monopole geworden.

Zwischen beiden Großfirmen, die ihren Kooperationsvertrag 1894 gelöst hatten, gab es seit 1897 wieder eine Reihe von Abkommen. »Diese Periode der Bündnisse ist charakteristisch für unsere Zeit und hierauf beruht nicht unerheblich unsere Prosperität«, äußerte der Leiter des Hauses, Wilhelm von Siemens. Neben zahlreichen Preisabkommen waren Siemens und AEG einander verpflichtet durch Kartellverbände, mit denen sie die gesunkenen Preise für Glühbirnen endlich wieder erhöhen konnten und ihre Marktanteile festlegten. Andere Zusammenschlüsse wurden wie gewöhnlich von staatlichen Stellen (Kriegsministerium) gefördert.

Welche Vorteile brachten diese Verschmelzungen? Die beiden Konzerne konnten zu einer strafferen Lenkung und Rationalisierung übergehen – also ihre Arbeitskräfte optimaler nutzen. Sie konnten gleichmäßiger und risikoloser produzieren. Dumping und Schleuderkonkurrenz wurden vermieden, beträchtliche Summen für Forschung und Werbung gespart – insgesamt konnten gesunde Gewinne gesichert werden. Und international waren beide Partner so stark geworden, daß man darangehen konnte, die elektrische Welt unter sich aufzuteilen.

1905 schloß Siemens ein Abkommen mit dem amerikanischen Westinghouse-Konzern, und 1907 regelten AEG und General Electric ihr Verhältnis. Sie wiesen einander die Märkte zu, ließen andere zum gemeinsamen Arbeiten offen, gründeten Tochtergesellschaften und vereinbarten Geheimklauseln, die Vorsorge trugen, daß im Kriegsfalle die Fronten nicht quer zum Geschäft liefen.

Im Deutschen Reich besaßen die beiden Siemens-Unternehmen faktisch das Liefermonopol für elektrische Schiffsausrüstungen und zahlreiche Rüstungsgüter. Die für diese kaiserlichen Aufträge eigens eingerichtete Siemenssche Marine-Abteilung brauchte bei der Preisgestaltung nicht allzu zurückhaltend zu sein, da nahezu unbegrenzte Mittel bereitstanden. Vor Kriegesbeginn kam die Ausrüstung der neuen, vom Freund des Hauses, Konteradmiral Tirpitz durchgesetzten U-Boot-Flotte und der großen Schlachtschiffe dazu. Dank der weiterhin ausgezeichneten Beziehungen zur Reichspost konnte Siemens auch den Liefervertrag auf sämtliche Telefonzentralen und -ausrüstungen an Land ziehen. Über die Mannesmann AG war Siemens maßgeblich an der Produktion nahtloser Gewehrläufe beteiligt. Des weiteren hatten die Firma durch die von ihr gegründete Berliner Hochbahngesellschaft nicht nur dem Verkehrsleben zu neuen Impulsen, sondern auch durch die geheimnisvolle Linienführungspolitik den Berliner Grundstücksmaklern zu außerordentlich guten Zeiten verholfen. Andere Projekte wie die Auto- und Luftschiffproduktion brachten zwar keine derartigen Erfolge, sie zeigen aber nachträglich die Potenz einer Firma, die ihre kommerziellen und technischen Interessen außergewöhnlich taktvoll auf die des Staates und seiner führenden Männer abzustimmen wußte.

Streiks und neuer Siemens-Geist

Die gute Entwicklung mußte sich auch in der Bilanz niederschlagen. Die Gewinne nahmen schneller zu als die Umsätze.

Während des steilen Aufstiegs konnten die Löhne sogar vorübergehend gesenkt werden; Hilfsarbeiter und Arbeiterinnen erhielten 1904 drei Pfennige weniger in der Stunde als fünf Jahre vorher (37 Pfg. für den Hilfsarbeiter, 32 Pfg. für die Arbeiterin – immerhin ein Gegenwert von fast 5 Eiern). Die Finanzierung der Fusion mit Schuckert verlangte Opfer von allen. Die Arbeiterdurchschnittsverdienste waren um ca. 350 Mark im Jahr, d. h. rund 30% gegenüber 1890 gesunken; erst 1912 war der alte Stand wieder erreicht. Ebenso fielen die Angestelltendurchschnittsverdienste von 1897 bis 1907 um rund 25%.

Mehr und mehr Werke zogen nach Spandau um – in einen Stadtteil, der bald Siemensstadt heißen und zur Wirkungs- und Wohnstätte zahlloser Berliner Arbeiter werden sollte. Das gigantische Wachstum (1890: 2900 Mitarbeiter, 1900: 16000, 1905: 35000; 1913: 1910: 49000, 82000) hatte freilich auch innerbetriebliche Konsequenzen. In den Werkstätten wurden Stechuhren und Strafen für Zuspätkommen eingeführt und zahlreiche andere Verhaltensweisen reglementiert, z. B.: »Während der Arbeitszeit ist es verboten, Flaschen, Gläser etc. auf den Tischen oder sonstwo offen herumstehen zu lassen, dieselben von Hand zu Hand zu geben, sich gegenseitig zuzutrinken oder überhaupt in auffälliger Wiese die Flasche zu gebrauchen. Zuwiderhandelnde müssen sofortige Entlassung gewärtigen.« Die Firma lehnte es kategorisch ab, mit den Gewerkschaften zu verhandeln: Die Arbeiter sollten sich mit ihren Wünschen einzeln an ihre Vorgesetzten wenden. Wie uneinsichtig sich die Arbeiter noch gegenüber dem schon damals weithin beneideten fortschrittlichen Siemens-Geist verhielten, zeigt ein Spruch, der nach der Jahrhundertwende durch die Berliner Hinterhöfe und Arbeiterkneipen ging: »Wer nie bei Siemens-Schuckert war / bei AEG und Borsig / der weiß nicht, was ne Quetsche is, / der hat das Glück noch vor sich.«

Trotz der intensiven Bemühungen der Firmenleitung zu Ordnung, Betriebsfrieden und einer für alle vorteilhaften Vergrößerung des Unternehmens kam es 1903 zu einer Gärung, zu Unzufriedenheit und sogar zum Streik. Die Arbeiter forderten höheren Lohn, Urlaub, Überstundenzuschlag und protestierten gegen, wie sie sagten, Willkürmaßnahmen und Grobheiten der Meister. Die Leitung reagierte schnell, indem sie Arbeiterausschüsse (Vorläufer des Betriebsrats) institutionalisierte, die »das Interesse der Arbeitnehmer und die Ehre und Wohlfahrt des Unternehmens überhaupt« zu fördern hatten und vorerst von den Arbeitern unmittelbar und geheim gewählt wurden – erst als die Sozialdemokraten 1906 die Mehrheit erhielten, mußte die Verhältniswahl eingeführt werden. Weil die Firma jedoch auf die meisten Forderungen der Ausschüsse, deren Mitglieder Wilhelm von Siemens als »geistig unselbständig« erkannt hatte, nicht eingehen konnte, verlor dies grundsätzlich positive Instrument mehr und mehr seine ordnende und beschwichtigende Funktion.

Im Herbst 1904 brachen neue Streiks aus. Wieder mußte man auf die einschlägigen Mittel zurückgreifen. Man verpflichtete sich im Verband Berliner Metallindustrieller, schwarze Listen zu führen, streikende oder ausgesperrte Arbeiter anderer Firmen nicht einzustellen und jedes bestreikte Unternehmen bei der Erfüllung seiner Verträge zu unterstützen. Diese Taktik und diese Drohung hatten Erfolg.

Doch ein Jahre später sah sich die Firma erneute erpreßt: 170 Schraubendreher, auf die das ganze Werk angewiesen war, hatten, um ihre Lohnforderungen durchzusetzen, fast die gesamte Produktion stillgelegt. Gleichzeitig streikten die Lagerarbeiter bei AEG. Die Antwort der beiden Konzerne war die Aussperrung ihrer Arbeiter, auf die eine Massenaussperrung in der gesamten Branche folgte. 40 000 Arbeitsplätze waren verwaist, während Eisenbahner, Feuerwehrleute und Soldaten zum Einsatz in den Betrieben bereitstanden. In dieser zugespitzten Situation brachen die Gewerkschaftsführer den Streik ab. Die Arbeitgeber bewilligten den Arbeitern nicht mehr, als sie vor dem Streik angeboten hatten, und konnten auch die Forderung nach einem Tarifvertrag abschmettern.

Es war höchste Zeit, das Unkraut unternehmensfeindlicher Aktivitäten schon im Keim zu jäten. So gründete man 1906 eine betriebseigene »gelbe« Gewerkschaft, den Werkverein der Siemenswerke, dem sich 1908 57% und 1914 80% aller Siemensarbeiter angeschlossen hatten. Dieser schöne Erfolg war nicht nur das Ergebnis nachhaltiger Werbung – jeder neu Eintretende erhielt gleich einen Aufnahmeschein vorgelegt –, sondern auch niedrigster Mitgliedsbeiträge und minimaler Verwaltungskosten – die Beiträge wurden gleich vom Lohnbüro einbehalten, was der Firma den Überblick über die Mitgliedschaft ihrer Mitarbeiter erleichterte. Außerdem halfen gewisse materielle Verbesserungen, die als Erfolg des Werksvereins gebucht wurden.

Nicht nur diese sozialen Verdienste, auch die systematische Entwicklung des Hauses zum Großunternehmen sind im wesentlichen dem unternehmerischen Talent der beiden ältesten Söhne von Werner Siemens, Arnold und Wilhelm, zu danken. Nach der Devise Arnolds, »Getrennt marschieren, vereint schlagen!«, nahm er als der ältere vor allem die repräsentativen Aufgaben wahr. Er vertrat die Firma in mehreren Aufsichtsräten und im Zentralausschuß der Deutschen Reichsbank. Er pflegte die Beziehungen zu den Spitzen des Reiches, zur kaiserlichen Familie, zur Familie Bismarck, zu den Reichskanzlern Bülow und Bethmann-Hollweg, zum Handelsminister Delbrück und besonders zum Chef des Reichsmarineteams, Tirpiz. Die führenden Häupter aus Adel, Wirtschaft und Regierung nahmen am Siemensschen Familienleben, an Reisen, Festen und Jagden regen Anteil. Sie ließen sich gern von den in Arnolds Villa gegebenen Laienspielen beglücken, sei es mit Darstellungen aus der ruhmreichen deutschen Geschichte oder mit – erst später wahr gewordenen – Spielen von der Eroberung der Welt durch den Namen Siemens.

Arnold von Siemens hat sich nicht zuletzt als Förderer sozialer Einrichtungen einen Namen gemacht. Wie tief er dem sozialen Gedanken verhaftet war, zeigen die Notizen seiner Tochter Gerda über den Streik von 1905: »Auch hier im eigenen Heimatland hat unser armer Papa sehr viele Unruhe unter seinen Arbeitern erlebt. Die Unruhestifter haben sich gerade ausgedacht, dort Aufruhr zu üben, wo es ihnen eigentlich am besten geht; denn sie meinen, wenn sie den Gipfel eines Berges in die Höhe treiben, so müsse der ganze Berg mit wachsen. Draußen im schönen neuen Wernerwerk, wo sie lauter Licht und Luft und schöne Häuser bekommen haben, wollen sie die Arbeit einstellen. Unser Papa ist viele Wochen sehr traurig darüber; aber endlich gibt es doch einen Frieden; sie heißen die ›Gelben‹ – im Gegensatz zu den ›Roten‹ –, und mit ihnen geht alsbald alles wieder im alten Geleise – sie willen nicht Weib und Kinder hungern lassen, um lauter Tagesdiebe mit ihren Ersparnissen zu beköstigen, mit denen sie gar nicht eines Sinnes sind.«

Dem zwei Jahre jüngeren Wilhelm von Siemens, der ebenso wie sein Bruder 1,2 Millionen Goldmark Einkommen jährlich zum Nießbrauch erhielt, waren Leitung und Organisation des immer größeren Siemens-Komplexes anvertraut. Aber auch er blieb nicht betriebsblind. Er machte sich über die Menschheitsentwicklung ebenso Gedanken wie über die Zukunft des Arbeiters und über die Zukunft des Deutschen Reiches: »Das lebensfähige Starke darf nicht geopfert werden dem Unlebensfähigen und Unnützen ... Die arische Kultur verdrängt die schwarze und hat sich der gelben gegenüber zur Geltung zu bringen. Germanische Entwicklung drängt die romanische zurück. Deutschland hat mehr Anrecht an Land und Absatzgebieten als Frankreich und Spanien, weil die Bevölkerung zunimmt und die Energie größer ist.« Diese Überlegungen vertraute er nicht nur seinem Tagebuch an, sondern versuchte auch, sie tatkräftig zu vertreten als Mitglied des Deutschen Flottenvereins, des Deutschen Ostmarkenvereins, der Nationalliberalen Partei und schließlich der Vaterlandspartei, die noch am Ende des Weltkrieges Annexionen und Siegfrieden durchzusetzen hoffte.

1. Weltkrieg: Sieg der Wirtschaft

Wir haben gesehen, wie sich das Haus Siemens in wenigen Jahren von einem Familienunternehmen zu einem der bedeutenden Machtzentren des erstarkten Deutschen Reiches emanzipierte. Dank der Führungskunst der Banken konnte das risikobeladene, freie Spiel der Marktkräfte mehr und mehr abgebaut werden durch wohlorganisierte Absprechen einerseits zwischen den Elektrounternehmen, andererseits zwischen diesen Firmen und den staatlichen Behörden. Mit dieser Konzentration verschmolzen die Interessen der Elektroindustrie naturgemäß immer mehr mit denen des Staates. Also besonders export- und weltmarktorientierte Industrie konnte sie die staatlichen Großraumgedanken bruchlos ergänzen und stützten.

Die Wellen der Erleichterung, ja sogar der Begeisterung über den Ausbruch des Krieges 1914 machten selbstverständlich nicht vor den Siemensschen Werktoren halt. Diese Begeisterung war ja nicht allein im Selbstvertrauen des Wilhelminischen Deutschland begründet. Die Siemenssche Unternehmenspolitik, die nach neuen Ufern strebte und zudem die Mittel zum Erreichen dieser Ufer entwickelte, korrespondierte aufs glücklichste mit der Regierungspolitik. Und auch das »Siemens-Bewußtsein«, das Gefühl der großen Schicksalsgemeinschaft, das den Firmenchef mit dem kleinsten Angestellten, die Werksleiter mit den Hilfsarbeiterinnen verband, war im kleinen das, was sich Kaiser Wilhelm II. für das ganze Reich wünschte: »Ich kenne keine Parteien mehr, ich kenne nur noch Deutsche.«

Noch im Frühjahr 1914 hatte eine Wirtschaftskrise das Deutsche Reich bedroht. Erst der Krieg macht ihr mit einem Schlag das Ende. Für die Großbetriebe der Elektronindustrie und des Maschinenbaus brachen glänzende Zeiten an. Ein Auszug aus der stattlichen Liste der Siemens-Produkte jener Zeit sollte in unserer Chronik nicht fehlen: elektrische Ausrüstungen für Kreuzer, Schlachtschiffe und U-Boote, U-Boot- und Flugzeugmotoren, Feldkabel und Feldtelephone, Schnelltelegraphen, Wurf- und Seeminen, Großscheinwerfer, Granaten aller Kaliber, Zündpulver, ja sogar Ladegurte und Patronentaschen, Kochgeschirre und Zeltpflöcke. Dazu kamen bedeutsame Neuentwicklungen wie Abhörgeräte, Telephonverstärker, Erdtelegraphen, Maschinengewehre für Kampfflugzeuge, die ersten elektrisch geladenen Stacheldrahtverhaue und die größten und schwersten Bombenflugzeuge jener Zeit.

Für die Dimensionen dieser Geschäfte nur ein Beispiel: Hatten die Siemens-Werke bis 1914 U-Boot-Aufträge für 7,5 Mio. RM erhalten, so lieferten sie in den ersten drei Kriegsjahren für 63,5 Mio. RM. Überdies verlangte der Kriegsboom, der die gesamte deutsche Wirtschaft auf Hochtouren laufen ließ, immer mehr die traditionellen Siemens-Produkte: Elektromotoren, Transformatoren, Installationsmaterial usw.

Diese Lieferungen konnten jedoch nur deshalb zum bislang größten Geschäft der Siemens-Firmen werden, weil einige Freunde des Hauses gleichzeitig an der Festlegung der Kriegsziele mitwirkten und damit eine kontinuierliche Produktion sicherstellten. Unter Führung von Karl Helfferich, dem Direktor der siemensnahen Deutschen Bank und Finanzberater der Regierung, hatte eine Gruppe von Bankiers und Unternehmern – besonders aus der Elektro- und Chemieindustrie – ihre Wünsche für ein Kriegszielprogramm vorgetragen, das der mit der Familie Siemens befreundete Reichskanzler Bethmann-Hollweg offiziell übernahm. Um die von allen gewünschte Hegemonie der deutschen Großindustrie über Europa zu sichern, wollte man – im Gegensatz zu der von der Schwerindustrie geforderten Annexion großer Teile Europas – sich mit territorialen Forderungen bescheiden, dafür aber das militärische Übergewicht nutzen, um die ökonomische Vormachtstellung Deutschlands im kontinentaleuropäischen Raum zu verankern.

Das Rohstoffproblem wurde im Krieg besonders akut. Die Beschaffung und Verteilung der Rohstoffe wurde deshalb unter Leitung der Großindustrie geregelt, so vom Kriegsausschuß der deutschen Industrie, dem u. a. Wilhelm von Siemens, Hugenberg, Krupp und Stresemann angehörten. Und in der Kriegsmetall AG wurden unter der Führung von AEG und Siemens alle zur Verfügung stehenden Nichteisenmetalle an die Unternehmen verteilt. Eine weitere Gelegenheit zu Ertrags-Triumphen schufen die Demontagen in den eroberten Gebieten, an denen auch Siemens führend teilhatte. Die vor dem

33

Krieg an ausländische Firmen gelieferten Maschinen, Motoren, Ausrüstungen usw. konnten, sofern sie noch brauchbar waren, ins Reich zurückgebracht, überholt und erneut verkauft werden.

Wie andere Konzerne belieferte auch Siemens über das neutrale Ausland die sogenannten Feindstaaten. Nicht nur Sprengstoffe und Kruppsche Granaten, auch wertvolle Siemenssche Elementstifte und Elektrokohle – hiervon z. B. wurden allein von Juli bis September 1916 400 Tonnen an dänische und norwegische Firmen zum Weiterverkauf an die englische Kriegsflotte geliefert – mögen im Endeffekt für die tapferen deutschen Feldgrauen hie und da tragische Folgen gehabt haben. Aber eine freie Wirtschaft kann, wenn sie frei bleiben will, auch im Krieg nicht nur einem Herrn dienen – und diese Freiheit fordert nun einmal ihren Preis.

Wer ausschließlich von den 8 Millionen toten Soldaten, den 20 Millionen Verwundeten und 5 Millionen Vermißten des 1. Weltkrieges spricht, der verschweigt bewußt, daß der Krieg durch seine besonderen Anforderungen allem technischen Schaffen einen starken Auftrieb gab. Folgerichtig beeinflußte er auch die Entwicklung und den stolzen Aufstieg unseres Hauses. So wurden für die Daheimgebliebenen und Hinterbliebenen neue Arbeitsplätze geschaffen, wurde der Stadtteil Siemensstadt großzügig erweitert. Die Direktion konnte 1917 befriedigt feststellen: »Die Schwankungen in der Produktion sind beseitigt«. Das Kapital wurde erneut erhöht und sowohl Gewinne wie Dividenden taten ein übriges, die Firmenleitung und die Aktionäre über so manchen unerfreulichen Frontbericht hinwegzutrösten.

Daß dieser bis ins Letzte eingehende Einsatz von Kapital, Material und Menschen nicht zum erhofften Sieg führte, dürfte viele Gründe gehabt haben. Unter anderem war es wohl die durch die Kriegsanleihen stimulierte inflationäre Entwicklung. So verdoppelten sich im Laufe des Krieges die Löhne in der Elektronindustrie. Doch diese enorme Erhöhung wurde durch die Steigerung der Lebenshaltungskosten um 300% und der

Nahrungsmittelkosten um 150% mehr als wieder wettgemacht, so daß auch die Arbeiterschaft ihr Scherflein zu diesem Krieg beitrug. Dennoch waren Streiks, also Lähmungen der für die Landesverteidigung so wichtigen Produktion, die Folge – wobei mit Genugtuung zu vermerken ist, daß sich nur wenige Siemens-Arbeiter zur Teilnahme an den Anti-Kriegs-Streiks von 1917 und 1918 hinreißen ließen.

Die Rettung des Unternehmertums

Einflußreiche Industrielle wie Walther Rathenau hatten bereits 1917 das Dilemma dieses Krieges erkannt und Überlegungen über eine neue Zukunft des Reiches angestellt: Deutschland sollte durch staatliche Stärkung der Großkonzerne seine Wirtschaftsmacht wieder ausbauen, gleichzeitig jedoch die Arbeiter und Gewerkschaften mittels höherer Löhne und gewisser Demokratie langfristig integrieren und befrieden. Mit diesem Programm begann sich im Jahr der Niederlage auch Carl Friedrich von Siemens zu befreunden – der jüngste Sohn des Gründers, der nach dem Tod seiner Brüder Arnold (1918) und Wilhelm (1919) die Führung des Hauses übernahm. Er hatte erkannt, daß das Unternehmertum, wollte es nicht wie so viele Errungenschaften des 19. Jahrhunderts auf dem großen Trümmerfeld des Weltkrieges enden, nur durch ein Arrangement mit den Gewerkschaft zu sichern war.

So sehen wir ihn im Spätherbst 1918 neben Hugo Stinnes unter maßgeblichen Industriellen und verhandlungswilligen Gewerkschaftsfunktionären, die in einer Arbeitsgemeinschaft das Programm für die 20er Jahre aufstellen: Anerkennung der Gewerkschaften, Auflösung der »gelben« Firmengewerkschaften, Abschluß von Tarifverträgen, gemeinsame Ausschüsse sowie, unter Vorbehalten, 8-Stunden-Tag. Während auf den Straßen des Reiches die Novemberrevolution tobt, die die überkommenen Eigentumsverhältnisse abschaffen will, verhüten Carl Friedrich von Siemens und seine Freunde das

Schlimmste. Indem sie den loyalen Gewerkschaften Zugeständnisse machen, stärken sie diese, treiben den Keil weiter in
die Arbeiterschaft – und kämpfen von nun an nicht mehr allein
für die Erhaltung der freien Unternehmerwirtschaft und des
sozialen Friedens.

Aber nicht nur auf dieser Ebene war Siemens aktiv. Zusammen mit Stinnes, Borsig und anderen prominenten Unterneh-
merpersönlichkeiten bildete er im Januar 1919 einen Fonds in
Höhe von 500 Millionen Mark. Mit dieser für die damalige Zeit
astronomischen, aber aus den Überschüssen der Kriegszeit un-
schwer aufzubringenden Summe wurde nun jenen Arbeitern
die Stirn geboten, die den Krieg überlebt hatten und jetzt soviel
Unruhe in die Wirtschaft brachten. Unterstützt wurden Organisationen wie das Generalsekretariat zum Studium und zur
Bekämpfung des Bolschewismus, die Vereinigung zur Bekämpfung des Bolschewismus, die Antibolschewistische Liga sowie
nationalgesinnte Freikorps gegen links von ihrer Gewerkschaft
stehende Arbeiter. Eine weitere Maßnahme, die rebellische Arbeiterschaft wieder in den Griff zu bekommen, war die Vereinigung der Industriellen-Verbände zum Reichsverband der Deutschen Industrie, dessen Präsidium auch Carl F. von Siemens
angehörte.

Über den ersten Jahren nach dem Krieg lagen die finsteren
Schatten der Verluste, der Reparationen und die Inflation. Siemens hatte nicht nur seine ausländischen Zweigniederlassungen,
sondern auch die wichtigen Fertigungsstätten in Rußland und
England verloren. Nachdem der russische Siemens-Zweig noch
drei Jahre durch den Krieg gegen Deutschland prosperiert hatte,
wurde er 1917 von den Bolschewiken gnadenlos enteignet.

Die Expansion der 20er Jahre

Der Friedensvertrag hatte einen fast vollständigen Abbau der
Rüstungsproduktion verlangt – lediglich die so erfolgreiche
Sparte der Kriegsschiffselektronik wurde, unter alliierter Auf-

sicht und unter einem anderen Firmennamen, weitergeführt. So galt es, für die entfallende Kriegsproduktion Ersatz zu suchen, die Betriebe wieder zu wettbewerbsfestem Arbeiten zu erziehen, zahlreiche organisatorische Änderungen vorzunehmen sowie die Auslandsbeziehungen neu aufzubauen.

Einen großen, wenn auch problematischen Schritt nach vorn stellte die Zusammenarbeit mit Hugo Stinnes dar, dessen Mischkonzern schon 1920 ein Viertel der gesamten Produktion des Ruhrreviers kontrollierte. Dieser erstaunliche Mann hatte, wie einige Herren aus dem Haus Siemens, den an sich richtigen Gedanken, daß man bei einem organisatorischen Zusammenschluß zu einer Gemeinschaftsarbeit kommen könne, bei der einer die Bedürfnisse des anderen besser kennenlerne, und im planmäßigen Erfahrungsaustausch beide Teile ihre Vorteile fänden. So gründete man im Dezember 1920 die Siemens-Rheinelbe-Schuckert-Union. Das Siemenssche Kapital wurde verdoppelt, die Gewinne sollten geteilt werden.

Doch Carl F. von Siemens sollte mit dieser Gemeinschaft nicht recht glücklich werden. Die Reaktion der Öffentlichkeit, die das traditionsreiche Unternehmen an den Stinnes-Trust verkauft wähnte, und die zu teilenden Gewinne, die bei Siemens wesentlich höher waren als bei Stinnes, ließen bei allen Einsichtigen gewichtige Zweifel über den Sinn dieser »Union« aufkommen. Zum Glück, muß man sagen, starb Stinnes im Frühjahr 1924. Siemens einigte sich schnell mit Stinnes' Nachfolger Vögler über die Auflösung des Vertrags. Für weitere Zusammenarbeit gründeten sie noch die Stahl-Elektro-Union und tauschten Aufsichtsratsitze aus. Doch damit war eine bedenkliche Epoche der Siemens-Geschichte abgeschlossen.

Ein wesentlicher Beitrag zum Aufstieg des Hauses nach dem 1. Weltkrieg ist der Post zu danken. Seit langem spannen sich zahlreiche persönliche Fäden zwischen der Reichspost und Siemens und aus ihnen entwickelte sich eine Zusammenarbeit, die in manchem an das frühere Verhältnis zur Marine erinnerte. Das deutsche Fernsprechkabelnetz wurde zügig ausgebaut, die handbedienten Fernsprechvermittlungen wurden auf Selbstwählbetrieb umgestellt – immer war Siemens vorn! Schon 1928 hatte das Haus ein Viertel aller öffentlichen Vermittlungseinrichtungen der Welt geliefert.

Kurz nach dem Krieg, 1919, legten Siemens und AEG ihre Glühlampenproduktion zusammen in der noch heute wohl renommierten Firma Osram. Gleichzeitig bereiteten die beiden Firmen ein internationales Glühlampenkartell vor, das 1924 in Genf gegründet werden konnte und nicht nur die Preise und den Absatz regelte, sondern auch durch eine beispielhafte Werbung für die Anwendung elektrischen Lichts von sich reden machte. Ab 1920 stellte sich das Haus mit den von der Siemens-Elektrowärme GmbH produzierten Bügeleisen, Elektrotöpfen, Elektroherden usw. in den Dienst der Hausfrau. Ab 1921 mit den Spezialisten der Siemens-Bauunion in den Dienst industrieller und öffentlicher Bauherrn. Siemens trieb weiterhin die so segensreiche Elektromedizin derart voran, daß man 1925 das wichtigste Konkurrenzunternehmen aufkaufen und sich mit ihm zur Siemens-Reiniger-Gesellschaft vereinigen konnte. Mit dem vielversprechenden Geschäftszweig Rundfunk machte man den Namen und die Fabrikmarke der Firma breiten Kreisen bekannt, mit der (zusammen mit der AEG 1928 gegründeten) Klangfilm GmbH nutzte man die erstaunliche Suggestivkraft des Tonfilms auf die Massen.

Mehrheitlich war die Firma an der Vereinigte Eisenbahnsignalwerke AG beteiligt, die u. a. bei der Reichsbahn, deren Präsident Carl F. von Siemens war, das Liefermonopol hatten. Bei Signalanlagen für den Straßenverkehr konnte sich Siemens schnell eine führende Stellung in aller Welt erobern. Um die Auftragschancen im Ausland zu erhöhen, wurde das Netz der außerdeutschen Filialen und Fabrikationsstätten beharrlich weitergeknüpft. Bald rief die Siemens-Familie in der Schweiz, in Japan, in der Tschechoslowakei, Argentinien, Uruguay und Griechenland Tausende von Arbeitnehmern zu sich. Großaufträge wie das irische und das sowjetrussische Kraftwerk – das seinerzeit größte der Welt – setzten dem Namen Siemens neue Denkmäler überragender Ingenieurleistungen.

Doch ohne kräftige Finanzierungshilfen, vor allem aus den USA (48 Millionen Dollar und 35 Millionen RM), und ohne die nach USA-Vorbild durchgeführten Rationalisierungen wäre die Schale des Jahrfünfts von der Inflation bis zur Wirtschaftskrise nicht in der Weise bis zum Rand mit den Früchten technischen und wirtschaftlichen Fortschritts gefüllt gewesen. Mit Zeitstudien nach den Richtlinien des Reichsausschusses für Arbeitszeitermittlung (Refa) erhielt das Akkordsystem endlich eine vernünftige Basis: die menschliche Arbeitskraft konnte rationeller genutzt werden. Obwohl die Durchschnittsnettolöhne der Arbeiter das amtliche Existenzminimum nicht immer erreichten, stieg die Arbeitsleistung pro Arbeiter von 1923 bis 1928 um das Doppelte, so daß man von 1928 bis 1930 jährlich 14% Dividende zahlen konnte. Bei diesen so interessanten und damals so neuen Aufgaben der Rationalisierung und Menschenführung taten sich bereits einzelne Direktoren hervor, die als Inspiratoren des neuen Geistes Ideen in die Fabriken trugen, die der dann aufkommende Nationalsozialismus mit Schlagworten wie Betriebsgemeinschaft, Gefolgschaftstreue, Arbeitsethos belegte.

Taktvolles Engagement für die nationale Bewegung

Mit der 1919 erfolgten Übernahme seines Amtes als Vater der einhunderteinunddreißigtausendköpfigen (1929) Betriebsfamilie hatte Carl F. von Siemens die Leitung des Hauses neu strukturiert und delegiert, nicht zuletzt deshalb, um sich außerhalb des Unternehmens in Politik und Gesellschaft vielseitig zu engagieren. Er wirkte nicht nur in den Industriellenverbänden, sondern ließ sich auch, als Mitglied der Demokraten, in den Reichstag wählen – allerdings mußte er sein Mandat aufgeben, als er 1924 Präsident des Verwaltungsrates der Deutschen Reichsbahn wurde. Im Arbeitsausschuß des Aufsichtsrats der Deutschen Bank war er maßgeblich an deren Finanzpolitik beteiligt. Im Senat der Kaiser-Wilhelm-Gesellschaft führte er

Aufsicht über die wichtigsten nicht-industriellen Forschungen seiner Zeit. Doch auch während der Wirtschaftskrise und der Etablierung des Nationalsozialismus sollte ihm, dem Demokraten und führenden Exponenten der Elektroindustrie, eine wichtige historische Schlüsselstellung zuwachsen.

Der gewaltige Nachholbedarf nach Jahren der Zerstörung und Entbehrung hatte in der ganzen Welt einen Warenhunger, zunächst nach Konsum-, dann nach Investitionsgütern erzeugt, der, von Spekulanten ausgenutzt, zu einem krankhaften Boom wurde, der beim Ausbruch einer gewöhnlichen zyklischen Krise im Oktober 1929 die große Weltwirtschaftskrise herbeiführte. Die enge finanzielle Verflechtung des amerikanischen mit dem deutschen Kapital wirkte beschleunigend auf die Entwicklung der Krise in Deutschland. Ein neues Chaos tat sich auf. Die Verantwortlichen waren sich aber bald darüber im klaren, daß alle möglichen Gegenmaßnahmen nicht die Dominanz der Industrie gefährden durften.

So wurde zunächst die SPD als führende Regierungspartei durch das Brüning-Kabinett abgelöst, das die Industrie und Großagrarier entschiedener förderte und deren Einfluß auf die politischen Geschicke verstärkte. Dann setzte Carl F. von Siemens, der das Dilettantentum im Geschäft haßte, als Präsident der Reichsbahn zuerst das Programm des Lohnabbaus durch, das schließlich von fast allen Industriebranchen übernommen wurde. Die Löhne fielen durch diese Notverordnung insgesamt um mehr als 10% (die Lebenshaltungskosten um 4,5%), so daß die Unternehmer allein im Jahr 1931 durch Lohn- und Gehaltskürzungen 4 Mrd. RM einsparen konnten, was erheblich zu ihrer Konsolidierung beitrug.

Während die von Siemens angeregten Notverordnungen die Ängste der breiten Massen vergrößerten und diese für das Ideengut der NSDAP empfänglicher machten, während die Zahl der Arbeitslosen auf 5 Millionen (1931) stieg – allein bei Siemens ging die Belegschaft bis 1932 um 55% zurück, der Umsatzrückgang hingegen konnte bei 39% gehalten werden –, während Hitler bei der durch die reinigende Depression wiedererstarkten Industrie finanzkräftige Verbündete suchte und fand, konnte sich Siemens noch nicht zu einer definitiven politischen Entscheidung durchringen. Er hatte die Wahl zwischen Brünings Diktatur der Notverordnungen (die der »Stegerwald-Kreis« bevorzugte, dem mindestens ein namhafter Siemens-Manager angehörte) und zwischen Hitlers nationalsozialistischer Diktatur – dem »Freundeskreis der NSDAP« und späteren »Keppler-Kreis« gehörte der führende Siemens-Mann Rudolf Bingel an; außerdem der mit Carl F. eng befreundete Albert Vögler.

Erst im Oktober 1931 und weit weg von der deutschen Öffentlichkeit, in New York, vor amerikanischen Industriellen, gab Carl F. von Siemens seine Ansicht »vertraulich und rückhaltlos« bekannt. Er sprach sich gegen den relativ gewerkschaftsfreundlichen Kurs Brünings aus, gegen Tarifrecht und Sozialpolitik. Er erkannte die Bekämpfung des Sozialismus als das Hauptziel der NSDAP und gab zu erkennen, was ihn, den liberalen Unternehmer, mit Hitler verband: »Hitler hat seine wirklichen Anhänger zu starker Disziplin erzogen, um revolutionäre Bewegungen des Kommunismus zu verhindern.« Siemens lobte die NSDAP als ein ideelles Bollwerk gegen die materialistischen Bestrebungen und setzte Vertrauen in Hitlers Legalitätspolitik, der er die kommunistische Revolutionsdrohung entgegenstellte, obwohl er als Realpolitiker von der Zerstrittenheit der Arbeiterbewegung wußte.

Der nächste Schritt war die Ablösung Brünings und die Bildung der Regierung Papen, die das – mit Siemens, Bosch und Krupp abgesprochene – Wirtschaftsprogramm vom Sozialklimbim befreite, die Großunternehmen mit beträchtlichen Steuermitteln ermunterte und die Hitler-Bewegung auf die Regierungsverantwortung vorbereitete, was durch deren von der Schwerindustrie finanziell geförderten Wahlsieg (Juli 1932) erleichtert wurde. Nach dem Stimmenrückgang der NSDAP bei den Wahlen vom November 1932 schrieben die führenden Unternehmer einen Brief an den Reichspräsidenten Hindenburg. Sie begrüßten, »durchdrungen von heißer Liebe zum deutschen

Volk und Vaterland«, die nationale Bewegung und empfahlen, das Parlament aufzulösen und die Leitung der Regierung »an den Führer der größten nationalen Gruppe« zu übertragen. Zu den vorgesehenen Unterzeichnern gehörte, als einer der wenigen Vertreter der liberalen Elektro- und Chemieindustrie, auch Siemens. Die Weichen für die Machtergreifung waren gestellt.

Wir sahen, wie Carl F. von Siemens bei seinem Kampf um das gute Wirtschaften nichts anderes übrig blieb, als zum Fürsprecher der nationalsozialistischen Bewegung zu werden. Wie fast alle Großunternehmer handelte auch er nur konsequent, indem er seine Freiheit, die er gefährdet glauben mußte, in die Obhut der nationalsozialistischen Bewegung gab. Dieses Bündnis betrieb Siemens jedoch nicht so eindeutig wie manche seiner Freunde, sondern mit der ihm eigenen Bescheidenheit. Während jene die Machtergreifung mit den gewöhnlichen politischen und finanziellen Mitteln vorbereiten halfen, konnte sich Siemens taktvoller, im Windschatten der Kanzlermacher Hitlers engagieren. Als einstiger Demokrat mag er gewußt haben, daß auch dies bescheidene Engagement die demokratischen Kräfte schwächte. Ohne sich allzu sehr mit den ungehobelten Hitler-Anhängern einzulassen, hatte er das Wohlwollen der neuen Kräfte erkauft. Nicht zu Unrecht rühmt ihn sein Biograph G. Siemens als ein Genie an Fleiß, Sachlichkeit und gesundem Menschenverstand, dem es gelang, »die widerstrebenden Interessen und menschlichen Gegensätze auszugleichen und zu gemeinsamem Werke zu verbinden«.

Große Aufrüstung und innerer Widerstand

Im Februar 1933, neun Tage nach seiner Amtsübernahme löste Hitler das seinem industriellen Förderkreis gegebene Versprechen ein, der militärischen Aufrüstung den absoluten Vorrang bei allen wirtschaftlichen Maßnahmen zu geben. Dazu mußten Staatsmacht und Kapitalmacht noch enger verschmolzen werden. So berief Hitler 17 führende Industrie- und Parteivertreter in einen »Generalrat der deutschen Wirtschaft«, in dem neben Siemens auch Krupp, Thyssen, Vögler und Bosch saßen. Diese Unternehmer waren es auch, die sich an der Gründung einer Rüstungs-Finanzierungsgesellschaft beteiligten, an der Metallurgischen Forschungsgesellschaft mbH, die für die Rüstungsaufträge Wechsel der Wehrmacht akzeptierte, die dann von der Reichsbank übernommen und eingelöst wurden – die damit ausgelöste schleichende Inflation wurde bescheidener Ersatz für so manches Opfer unternehmerischer Freiheit, das in den folgenden 12 Jahren zu bringen war. Zur direkten Unterstützung der Parteiaufgaben richtete man die »Adolf-Hitler-Spende der deutschen Wirtschaft« ein, an die auch das Haus Siemens jährlich etliche Millionen abführte.

Gleichzeitig bemühten sich führende Siemens-Männer im Ausland um ein gutes Image ihrer neuen Regierung. Schon 1933 wurde ein Wirtschaftsführerkreis gegründet (Siemens-Vertreter: von Winterfeld), der in enger Zusammenarbeit mit dem Propagandaministerium den durch manch unschönes Ereignis gefährdeten deutschen Ruf zu bessern bemüht war und dessen Mitglieder im Ausland vorwiegend die kulturellen und ökonomischen Leistungen der Regierung zu loben wußten. Damit wurde sowohl der Industrie, die ihre durch die Machtübernahme gestörten Exportchancen verbessern mußte, als auch dem Propagandaministerium geholfen, das die Verbindungen, welche die Industrie im Ausland hatte, für seine Zwecke nutzen und darauf bauen konnte, daß die Industriellen kaum als bezahlte Propagandisten abzustempeln waren.

Im Zuge des allgemeinen Abbaus demokratischer Grundrechte wurden die Gewerkschaften durch die Deutsche Arbeitsfront ersetzt. Diese Entwicklung konnte dem Haus nicht ganz ungelegen kommen – doch gab es auch mit der neue Organisation Reibereien, die dadurch entstanden, daß die Arbeitsfront bei Siemens sozialpolitische Ziele des Nationalsozialismus durchsetzen wollte, die in der Praxis schon lange durchgesetzt waren. So konnte der Personalchef selbstbewußt den

Funktionären der Arbeitsfront entgegentreten und melden: »Hier gibt es nichts auszurichten, hier können Sie höchstens noch lernen.«

Das Geheimnis des gigantischen Aufbaus jener Jahre lag ohne Zweifel in der Rüstung. Zwar war das Haus schon in den 20er Jahren auf diesem seinem traditionellen Sektor nicht untätig gewesen, aber erst ab 1933/34 sollte er Dimensionen annehmen, die die großen Rüstungsjahre des 1. Weltkrieges weit in den Schatten stellten. 1933 wurde die Siemens Apparate und Maschinen GmbH gegründet und zur zentralen Verhandlungsstelle für die Geschäfte mit der Wehrmacht bestimmt. Diese Firma übernahm die wichtigsten militärischen Neuentwicklungen: Für die Marine die mit dem damals vollkommensten Know-how gefertigten Feuerleitanlagen, ferngelenkte Zielschiffe und Regelapparaturen zum Dämpfen des Schlingerns bei Zerstörern. Für die Luftwaffe Ortungs- und Richtgeräte, selbsttätige Flugzeugsteuerungen und Lade- und Feuersysteme für Bomber. Für das Heer insbesondere Nachrichtengerät, Großscheinwerfer sowie fast alle anderen Erzeugnisse des Hauses, vom Starkstromkabel bis zur Schmalfilmkamera und zum Fernschreiber.

Doch mit Waffen allein hätte Hitler seine Bestrebungen, besonders die nach mehr Lebensraum, nicht durchsetzen können. Deshalb wurde gleichzeitig – von so bedeutenden Männern der Wirtschaft wie Abs, Blessing, Bingel, Flick u. a. befürwortet – das Programm der »Tiefenrüstung« durchgeführt. Das bedeutete: Ausbau des Verkehrsnetzes, der Produktionskapazitäten und Aufbau zahlreicher Fabriken zur synthetischen Herstellung wichtiger Rohstoffe und Chemikalien. Auch hier bot sich für Siemens ein reiches Arbeitsfeld. Man baute ausgedehnte Schalt- und Regelanlagen sowie elektrische Antriebsanlagen für die neuen Produktionsstätten. Mit den stärksten E-Lok-Motoren, den größten Antriebsmaschinen für Panzerplattenwerke, den schwersten Schwimmkranen für Werften und Marine und mit den raffiniertesten Schaltanlagen für die Großspeicher, in denen Nahrungsmittelvorräte für den Fall des Falles lagerten, fanden die Siemens-Werke willkommene Aufgaben, die die ganze Leistungskraft der »Gefolgschaft« erforderten.

Man kann aber schwerlich behaupten, daß Siemens sich ausschließlich militärischen Projekten gewidmet hätte. Immerhin stattete man auch die »Kraft-durch-Freude«-Vergnügungsdampfer mit der üppigsten elektrotechnischen Ausrüstung aus. Dort konnten sich Tausende von deutschen Arbeitern erholen, ehe sie von den, ohne Siemens-Leistung schwer vorstellbaren, Panzern aus die weiten Länder Europas kennenlernten. Als Carl F. von Siemens Ende 1936 mit führenden Industriellen die »Kriegsspiele« aller Waffengattungen inspiziert hatte, vermochte er die Zukunft besser einzuschätzen als die breite Masse.

Obwohl Siemens und der nationalsozialistische Staat Hand in Hand arbeiteten und der Führer es sich nicht nehmen ließ, persönlich in den Siemens-Werken aufzutreten, war das Verhältnis nicht so herzlich, wie man zunächst vermuten könnte. Schon die komplette Überwachung aller wirtschaftlichen, gesellschaftlichen und persönlichen Lebensgebiete war dem Leiter des Hauses lästig genug – wobei tragischerweise die Siemensschen Fernschreiber zur Vervollkommnung des Totalitarismus erheblich beitrugen. Ebensowenig konnte der beschränkte Nationalismus Hitlers in einem Haus, dessen Erzeugung bis zu einem Drittel ins Ausland ging, Beifall finden, noch weniger der kurzsichtige Anitsemitismus – man half also, solange das ging, leitenden Juden bei ihrer Ausreise! Was Carl F. von Siemens jedoch am meisten bedrückte, war das Gefühl, nicht mehr Herr im eigenen Haus zu sein. Der allmächtige Staat hatte die Wirtschaft völlig in seinen Bann geschlagen und ihr Schicksal untrennbar mit dem seinen verbunden. Siemens sah die Gefahr einer Entwicklung, die jeden Drang nach Wirtschaftlichkeit und damit jeden gesunden Unternehmergeist abtötet. Aber auch er konnte sein Innerstes nur in Briefen und vertraulichen Gesprächen offenbaren. Auch diesem großen Unternehmer ließ die Tragik der Geschichte nur den inneren Widerstand!

Obwohl der 1939 begonnene Krieg, wie wir gesehen haben, gut vorbereitet war, hatte man bei Siemens bis zur Grenze der Leistungsfähigkeit von Mensch und Maschine damit zu tun, die zahlreichen direkten und indirekten Anforderungen der Kriegsführung zu erfüllen. So gut wie alle Privataufträge mußten jetzt abgelehnt werden. Nicht ohne Stolz konnte Carl F. von Siemens 1940 den Aktionären berichten, »daß jedes Flugzeug eine kleine, aber komplizierte elektrische Anlage enthält. Aber nicht nur in der Wehrmacht selbst, sondern auch in den für sie arbeitenden Industrien hat sich der Verbrauch elektrischer Kraft um ein Vielfaches gehoben.« ██████████████

██

██████

Die Ertragslage nahm in den Kriegsjahren solche erfreulichen Ausmaße an, daß einer der weitsichtigsten Bankiers jener Zeit, Hermann J. Abs, 1941 dem Reichskabinett vorschlug, die Gewinne weniger auf Dividende und Rücklagen zu verteilen, sondern sie zum steuerbegünstigten Ausbau der Kapitalgrundlage zu benutzen. Die kleineren Siemens-Werke stockten ihr Kapital um 25 oder 50% auf, die Siemens-Schuckert konnte es auf 240 Millionen RM verdoppeln und Siemens & Halske erhöhte ebenfalls aus Eigenmitteln ihr Kapital um das Dreifache auf sensationelle 400 Millionen.

Die mit dem Rußlandfeldzug einsetzenden schlimmen Wendungen des Krieges brauchte Carl Friedrich von Siemens nicht mehr zu erleben. 1940 hatte der jüngste Sohn des Firmengründers sich von der Leitung des Hauses zurückgezogen. Er starb, noch kurz zuvor mit dem Kriegsverdienstkreuz 1. Klasse geehrt, im Juli 1941. Nachfolger wurde sein Neffe Hermann von Siemens, der älteste Sohn Arnolds. Hermann konnte sich weiterhin auf die Männer stützen, die sich schon unter Carl Friedrich bewährt hatten und die Hitler, ihrer Bedeutung gemäß, mit dem Titel Wehrwirtschaftsführer ausgezeichnet hatte. Nach einer unvollständigen Liste führten 1941 mindestens neun Siemens-Vorstände diesen Titel. Diese Herren, die außerdem in zahlreichen staatlichen Ausschüssen und Beiräten tätig waren, waren auf den Führer und Reichskanzler vereidigt und hatten sich rückhaltlos für die nationalsozialistische Politik und Wirtschaftspolitik einzusetzen.

Zu den führenden Beratern durfte Hermann von Siemens nach wie vor den Vorstandsvorsitzenden Dr. R. Bingel zählen, der auch dem »Freundeskreis des Reichsführers SS« angehörte und diesem die Siemens-Spenden überwies. Nicht unerwähnt bleiben soll auch der Industrie- und Werbeberater Hans Domizlaff, der mit seinem Buch »Propagandamittel der Staatsidee« Goebbels wichtige Ideen geliefert hatte und seit Anfang der 30er Jahre für Siemens tätig war. Domizlaff zog sich allerdings schon Ende 1940 zurück, weil es in dem fast ausschließlich für Rüstung und Staat arbeitenden Haus nichts Schöpferisch-Werbemäßiges mehr zu tun gab.

Einer der Siemensschen Wehrwirtschaftsführer, Gustav Leifer, entwickelte im Frühjahr 1942 für die Industrie des ganzen Reiches eine neue Lohnordnung. Die Löhne waren 1934 etwas gestiegen, bis 1937 konstant geblieben und im Laufe des Krieges nur geringfügig erhöht worden. Während die Produktivität und die Arbeitszeit stiegen und die Arbeitsunfälle sich verdoppelten, sanken die Reallöhne unter das Niveau der Wirtschaftskrise, die Relativlöhne (der Arbeiter und Angestellten im Verhältnis zu den Selbständigen) um die Hälfte. Diese Entwicklung setzte Leifer mit seiner neuen Lohngestaltung fort. Sein Plan sah eine Neueinteilung der Lohngruppen sowie die Neufestsetzung von Akkordrichtsätzen vor und förderte den verschärften Wettbewerb der Arbeiter untereinander durch viele kleine finanzielle oder ehrenvolle Privilegien, mit denen die letzten vorhandenen Leistungsreserven mobilisiert werden konnten.

Die Siemens-Belegschaft war dank des riesigen Kriegsgeschäftes und neuer Beteiligungen 1943 auf rund 250000 angewachsen! Eine Zahl, die erst 1965 wieder erreicht werden sollte – oder die, wenn man die damals im großdeutschen Machtbereich Beschäftigten mit den heute im Inland Beschäftigten vergleicht, bis heute nicht wieder erreicht ist (1971: 234 000). Freilich gehörten der großen Siemens-Familie nicht nur freie deutsche Lohnarbeiter, sondern auch Juden und Ausländer an, die die Zeitumstände zu Sklaven gemacht hatten. Da nicht wenige von diesen in die Konzentrationslager eingewiesen wurden, herrschte eine für die kontinuierliche Produktion nicht sehr förderliche Fluktuation. So fügte es sich z. B., ███████████ ██ ██ ███████████████████████████ und so verstummten auch die Zeugen für die Beteiligung des Hauses an diesen unerfreulichen Zeiterscheinungen.

Wie andere große Konzerne hatte auch Siemens mehrere Firmen-Lager, die oft mit KZs verwechselt wurden. So beherbergte das Lager Berlin-Haselhorst etwa 2500 Menschen, darunter Kinder von 10-14 Jahren, meist Ausländer, ███████████ ██ ████████████████ Den Häftlingen ging es nicht wesentlich schlechter als bei anderen Firmen, sie verrichteten schwerste Arbeiten und konnten oft nur mit verfaulten Nahrungsmitteln durchgebracht werden. Jeden Monat wurden die jeweils 100 Schwächsten zwecks anderweitiger Verwendung ins KZ Sachsenhausen überführt. Die bis Anfang 1943 bestehenden Siemensschen Judenabteilungen waren bei den Juden durchaus nicht unbeliebt – bis auch hier der Staat sein bitteres Machtwort sprach.

Trotz aller dieser verzweifelten Maßnahmen war der Krieg nicht zu gewinnen. Das Verhängnis nahm seinen Lauf. Der Hitlerismus wurde immer problematischer – das sollte sich besonders nach dem 20. Juli 1944 zeigen, als der blanke Terror des Regimes auch die Siemens-Vorstände zu beunruhigen begann. Während die feindlichen Bomber das Reich und seine Produktion zerstörten, während die fremden Truppen immer näher rückten, einzelne Betriebe ausgelagert wurden und die bange Erwartung der Niederlage die Skeptiker quälte, bemühte

sich Siemens noch um die mit komplizierten elektrischen Einrichtungen ausgestattete Raketen-Wunderwaffe, die die große
Wendung bringen sollte. Aber für eine gründliche Erprobung
war die Zeit zu kurz, die Katastrophe war nicht aufzuhalten,
und in Trümmern, Blut und Tränen gingen so manche Ideale
und Illusionen unter.

Zusammenbruch und neue Zukunft

Deutschland lag am Boden und mit ihm die deutsche Industrie.
Einige der Siemensschen Wehrwirtschaftsführer machten
durch Selbstmord ihrer Verzweiflung ein Ende. Andere
schmachteten in Lagern der Sieger. Durch Zerstörungen und
Auslandsverluste, durch entwürdigende Demontagen und Be-
schlagnahmungen war das Gesamtvermögen des Hauses auf
ein Viertel seines letzten Wertes geschrumpft – das Aufbau-
werk eines Jahrhunderts schien vernichtet. Doch in dieser Not
sollte der Geist des Hauses seine schönste Bewährungsprobe
bestehen. Denn die überwiegende Mehrzahl der Siemensianer
blieb dem Hause auch in seinem tiefsten Unglück treu. Die
Mitarbeiter, die noch in den letzten Kriegstagen das Werk verteidigt hatten, wertvolle Maschinen vergraben und gewisse belastende Akten verbrannt oder versteckt hatten, stellten sich
wieder ein. Der Wunsch, das Haus wieder aufzubauen und mit
neuem Leben zu erfüllen, beseelte die verbliebene Siemens-Ge-
meinschaft.

Der politische Weitblick der Führungsmannschaft sollte sich
auch in jenen chaotischen Jahren wieder bewähren. Ende 1944
hatte der junge, im neutralen Schweden eingesetzte Prokurist
Gerd Tacke eine geheime Karte mit den Beschlüssen der alliierten Jalta-Konferenz von Stockholm in die Berliner Zentrale
schmuggeln können. Diesen Plan der deutschen Teilung hatte
man mit tiefer Bestürzung, aber auch mit rationaler Voraussicht
zur Kenntnis genommen. Es war klar, daß die Zukunft des frei-
en Unternehmens nur im Westen würde liegen können.

Sogleich wurde Ernst von Siemens, der Sohn Carl Friedrichs, mit einem Arbeitsstab nach München beordert. Bereits im Februar 1945 wurde ihm das Haus treuhänderisch unterstellt. Die äußeren Bedingungen waren katastrophal. Wie richtig aber die rechtzeitige Flucht vor dem sowjetischen Zugriff war, sollte sich schon in der Phase des Wiederaufbaus zeigen. Und es sollte sich auch als richtig erweisen, daß Ernst von Siemens mit den neuen Aufgaben betraut wurde und nicht der Chef des Hauses, der 1945 von den Amerikanern auf die Kriegsverbrecherliste gesetzt wurde, aber bald unbelastet aus der Internierung zurückkehrte, was den guten Beziehungen des Hauses zur amerikanischen Besatzungsmacht und den zahlreiche Industriellen in ihrem Offizierskorps zu danken war.

Die Bewältigung der Vergangenheit lief nicht immer so reibungslos ab. In Berlin hatten die ehemaligen Wehrwirtschaftsführer von Witzleben und Benkert einen besonders schweren Stand. Der eine, weil er Personalchef und Chef der politischen Abwehr im Hause gewesen war. Der andere, weil er sich unvorsichtigerweise bis zum bitteren Ende für den »totalen Krieg bis zum totalen Sieg« eingesetzt hatte und Verbindungsmann zur SS war. Beide wurden 1946 von der entsprechenden Kommission nicht »entnazifiziert«, obschon sie wieder die Verantwortung über eine vieltausendköpfige Belegschaft hatten und sich zur Demokratie bekannten. Als es daraufhin zu Unruhen kam, gelang es ihnen jedoch, an die politische Reife des Betriebsrats zu appellieren und das Heft in der Hand zu behalten.

Obwohl es offiziell verboten war, neue Industriegebiete anzusiedeln, gelang es dennoch, vom örtlichen Gouverneur in Erlangen die Erlaubnis für eine Niederlassung zu ertrotzen. Mit Hilfe des schon erwähnten Hans Domizlaff wurde der Konzern, »wandlungs- und anpassungsfähig« (Peter von Siemens) wie immer, auf neuen Kundenbedarf umgestellt. Die Zerstörungsmittel, die dem Haus zugleich Gewinn und Leid gebracht hatten, sorgten nachträglich umso mehr für eine gute, lebensbejahende Aktivität; sie weckten das Bedürfnis nach

Wiederaufbau und trieben die neue Konjunktur an, die ohne Siemens nicht zu denken ist.

Während Deutschland noch hungerte, begannen die Siemens-Aktien wieder zu steigen. Und als mit Hilfe von Panzern, der Außerkraftsetzung der auf Enteignung zielenden Volksentscheide und den Segnungen des Marshall-Plans den Gewerkschaftern die Sozialisierungsideen ausgeredet worden waren, bot Siemens & Halske dem erfahrenen Finanzpraktiker der 30er und 40er Jahre, Hermann Josef Abs von der Deutschen Bank, einen Platz im Aufsichtsrat an. Die Sicherung der unternehmerischen Zukunft war jedoch erst abgeschlossen, als man die Leitung der wichtigsten Siemens-Betriebe nach Westdeutschland verlegt hatte – Siemens-Reiniger und Siemens-Plania bereits vor der großen Berlinkrise von 1948, Siemens & Halske und Siemens-Schuckert fanden schließlich während der Berlin-Blockade ihren (aus politischem Takt als Zweitsitz deklarierten) Hauptsitz in München bzw. Erlangen.

Schon 1950/51 konnte man bei Siemens wieder aufatmen. Die Umsätze lagen bereits höher (allerdings bei verdoppelten Preisen) als im Jahr der Rüstungshochkonjunktur 1937/38. Und 1951/52 wurden dank des amerikanischen Koreakrieges, der in der ganzen westlichen Welt das Konjunkturbarometer glühen ließ, auch mengenmäßig wieder die Zahlen der Vorkriegszeit erreicht. Mit 1168 Mio. DM Umsatz war Siemens zu 22,3% am westdeutschen Gesamtindustrieumsatz beteiligt, einschließlich Beteiligungsgesellschaften sogar zu 25%! Diese unglaublich klingenden Zahlen sprechen eine deutliche Sprache: Eine der wichtigsten Voraussetzungen für den Wiederaufbau waren die Leistungen des Hauses Siemens. Die gesamte gewerbliche Wirtschaft vom kleinsten bis zum größten Unternehmen, ferner die Verkehrswirtschaft und die Nachrichtentechnik wurden von uns wieder hochgebracht. So konnte Not und Zusammenbruch, Elend und Chaos schnell vergessen und bewältigt werden.

Begünstigt durch das Exportsteuergesetz, hatte man im Ausland wieder Fuß fassen können. Aber auch die Auslandsproduktion lief wieder an. Als die Westmächte Anfang 1952 den deutschen Unternehmen endlich die Genehmigung für Auslandsniederlassungen und Kapitalbeteiligungen erteilten, verfügte Siemens bereits über ein inoffizielle Netz von Werken und Beteiligungen, u. a. in der Schweiz, in Österreich, in Schweden, Spanien, Italien, Südafrika, Japan, Brasilien, Argentinien.

Diese Erfolge waren einer Reihe von Führungskräften zu danken, die schon im Dritten Reich alles für das Wohl des Hauses getan hatten (H. von Siemens, E. von Siemens, F. Bauer, Th. Frenzel, C. Knott, G. Leipersberger, E. Mühlbauer, W. von Witzleben) und sich rasch auf die Gegebenheiten der freien Marktwirtschaft einzustellen vermochten. Siemens war wieder ein Vorbild geworden. Selbst der damalige Wirtschaftsminister und Vater des Wirtschaftswunders, Ludwig Erhard, bekundete seinen tiefen Respekt. Aus Anlaß des 50jährigen Bestehens der Siemens-Schuckert-Werke 1953 erklärte er: »Aus dem großen Unternehmen, wenn sie wollen aus dem Konzern, fließen der Fortschritt und der Geist, denen auch die kleine Industrie und der Mittelstand verhaftet sind ... Ich bin bereit, die dem Unternehmen durch wohlverdiente Leistungen erworbene Macht voll anzuerkennen.«

Auch das Verhältnis zwischen Leitung und Belegschaft entwickelte sich außerordentlich befriedigend. Die Löhne (von 1950 bis 1960) stiegen unaufhaltsam, ohne allerdings die erhebliche Steigerung der Gewinne zu gefährden: der Lohnanteil am Umsatz sank in der Elektroindustrie von 17,1% auf 14,4%. Dafür erhielten große Teile der Belegschaft soziale Vergünstigungen, Prämien, Aktien, Renten usw. (mehr darüber im Kapitel »Unsere Mitarbeiter«), die das für alle Seiten so schöne Gefühl der Verbundenheit mit dem Betrieb vertieften.

Das Programm für die zweite Hälfte der 50er Jahre und für die 60er Jahre wurde von Ernst von Siemens, der jetzt seinen Vetter Hermann von der Führung des Hauses abgelöst hatte, so formuliert: »Der Name unseres Hauses hat heute in der Welt wieder einen guten Klang; ihm seinen alten Rang zurückzugewinnen, muß das Ziel unserer Arbeit bleiben, ein Ziel, das uns nicht versagt werden wird, wenn wir in gewohnter Einigkeit nach ihm streben.« Man baute kapital-strategisch und politisch wichtige Produktionszweige auf, die ebenso wissenschaftliche wie finanzielle Potenz voraussetzten: Atomindustrie, Datentechnik und Rüstung. Man engagierte sich bei verschiedenen Elektrofirmen, bei der Lufthansa und der Max-Planck-Gesellschaft sowie bei der wichtigsten Rohstoffgesellschaft, der Metallgesellschaft AG. Kapitalerhöhungen, besonders zu Anfang der 60er Jahre, sorgten für eine solide Grundlage der Geschäftspolitik, deren Ergebnisse der Vorstand stolz mit »Rekordernten« vergleichen konnte. 1965 steht Siemens an der 37. Stelle in Europa, an 2. in Deutschland. Der Durchbruch zur Weltklasse war wieder einmal geschafft!

Das Haus, das überdies zum industriellen Arbeitgeber Nr. 1 in Deutschland geworden ist, wurde am 1. Oktober 1966 organisatorisch umgestaltet. Die verschiedenen Arbeiten der einzelnen Siemens-Firmen hatten sich so verflochten, daß man sie jetzt unter dem gemeinsamen Dach einer mächtigen Siemens AG vereinen konnte. Die innere Neuorganisation wurde dann im Herbst 1969 vollzogen. Mit der Gliederung in sechs überschaubare, selbständige Unternehmensbereiche (Bauelemente, Datentechnik, Energietechnik, Installationstechnik, Medizinische Technik, Nachrichtentechnik) wurde dem Bedürfnis nach besserer Markterfassung und schnellerer Marktanpassung, nach erhöhter Schlagkraft und Reaktionsschnelligkeit Rechnung getragen. Fünf kraftvolle Zentralabteilungen (Betriebswirtschaft, Finanzen, Personal, Technik, Vertrieb) wahren die Einheit des multinationalen und multiproduktiven Hauses.

Wir wollen an dieser Stelle die Geschichte unseres Hauses, dessen gegenwärtige Leistung und zukünftige Bedeutung in den folgenden Kapiteln dargestellt werden, ausmünden lassen in ein Bekenntnis zu dem Erfolgsrezept, das sich in der 125jährigen Geschichte der Firma niemals geändert hat: Die Klarheit der Konzeption, daß man die Wirtschaft in den Dienst des technischen Fortschritts und diesen in den Dienst der jeweils gültigen Politik stellen muß, wenn man die Regierungen und den technischen Fortschritt wiederum in den Dienst der Wirtschaft stellen will. Diese Einsicht ist das Geheimnis der Wandlungsfähigkeit und der Lebenskraft, die das Haus heute zu nicht geringeren Leistungen befähigt, als sie vor 30 oder 60 oder 100 Jahren ins Werk gesetzt wurden. Das Spannungsverhältnis zwischen Technik, Wirtschaft und Politik hat jenen nicht abreißenden Prozeß wechselseitigen Gebens und Nehmens in Gang gesetzt, der Werner Siemens' innigen Wunsch, »Macht und Ansehen in der Welt« zu erlangen, auf wahrhaft Siemenssche Weise erfüllt hat: durch richtige Ideen, harte Kämpfe, große Geschäfte.

Unsere Technik, unsere Produkte, unsere Größe

»Worauf unser Haus in dem technologischen Wettrennen unseres Zeitalters
zu achten hat, ist nur, daß wir auf den Gebieten, die wir als unsere
eigentlichen Arbeitsschwerpunkte betrachten, Weltklasse bleiben.«
Ernst von Siemens

Wir sind heute so stark wie nie zuvor – weil wir uns nie zuvor
mit einem so vielseitigen Warenangebot auf so vielen Märkten
etablieren konnten. Und wir wachsen weiter, weit schneller als
der Durchschnitt der Weltelektroindustrie. Unsere Stärke grün-
det u. a. darauf, daß wir sowohl die Wünsche der öffentlichen
Hand (Post, Bahn, Militär, Verwaltung, Energieversorgung) wie
die der Industrie (Investitionsgüter) als auch die der Privatver-
braucher (Konsumgüter) erfüllen. Unsere Stellung auf dem
Weltmarkt behaupten wir durch ein differenziertes Angebot an
Geräten, Anlagen und Know-how in allen Zweigen der Elektrotechnik – und durch eine geschickte Kooperations- und Fu-
sionspolitik.

Unsere Partner sind nicht nur Banken und Versicherungen
(vor allem: *Deutsche Bank, Allianz-Versicherung*), sondern auch
die Großen der deutschen Industrie (wie *Hoechst, Thyssen,
Blohm, Degussa, MAN, Dornier, Diehl* u. v. a.). Wiewohl wir
besonders gern mit unsern deutschen Konkurrenten zusammenarbeiten (*AEG-Telefunken, Bosch, SEL, Felten & Guilleau-
me*), geht doch der Trend auf große europäische Partnerschaften, wie unsere Zusammenarbeit in Datentechnik mit *Philips*
und *CII* ankündigt. Dabei bleiben unsere Verbindungen zu
außereuropäischen Firmen (wie *General Electric, Westinghouse,
Allis Chalmers, Fuji Electro* usw.) weiterhin eng und herzlich. Bei
all diesen Partnerschaften sind wir in der Regel mindestens
gleichrangig, wenn nicht sogar der dominierende Teil.

Bei alledem bleibt unsere Technik stets das klarste Beweis-
mittel für die Tatsache, daß wir alle, ob als Industrielle, Staats-

beamte oder Verbraucher, aufeinander angewiesen sind. Unsere technischen Leistungen und Produkte müssen aber auch als Mittel dienen, den vielfältigen sozialen Einfluß des Hauses zu wahren und, wo möglich, auszubauen. Nur wenn unsere technischen Leistungen sich auf dem Weltmarkt behaupten, können wir unseren Beitrag zur Lösung der großen Probleme erfüllen, vor die sich eine Weltfirma heute gestellt sieht. Peter von Siemens: »Nur eine gesunde Ertragskraft gibt uns den Freiheitsspielraum, den wir brauchen, um unseren Verpflichtungen als Teil der Gesellschaft nachkommen zu können.«

Deshalb ist jede Marktposition auch eine Machtposition – und noch mehr: Jede technische Schlüsselstellung ist Voraussetzung gesellschaftspolitischer Mitsprache. Gerade darum dürfen wir auf das bisher Erreichte stolz sein und auf den folgenden Seiten einen kleinen Überblick über unsere technischen Aktivposten geben.

Atomtechnik

Da wir die großartigen Möglichkeiten der Nutzbarmachung der Kernenergie nicht der Konkurrenz überlassen konnten, haben wir uns in den 60er Jahren erfolgreich bemüht, den durch alliierte Vorurteile bedingten Rückstand unserer Kerntechnik aufzuholen. Dank intensiver und staatlich geförderter Forschungsarbeit – wieviel wir von den insgesamt 10 Mrd. DM erhielten, kann hier nicht erörtert werden – und Erfahrungs- und Lizenzaustausch mit der US-Firma *Westinghouse* haben wir heute den Anschluß an die Weltspitze gefunden. Projekte wie die Kernkraftwerke in Obrigheim/Neckar, Stade und Biblis und im Ausland sind Grundsteine unseres weltweit geplanten Atomkraftwerkbaus geworden.

Diese Aktivitäten laufen mittlerweile über die *Kraftwerk Union AG*, an der wir mit der *AEG* zu je 50% beteiligt sind. Die *KWU*, die sich im Bundesgebiet fast eine Monopolstellung im Kernkraftwerkbau erobert hat, entwickelt derzeit die noch wirtschaftlicheren Schnellen Natrium-Brüter, die etwa ab 1980 zur Stromerzeugung dienen werden. Auf die Schnellen Natrium-Brüter, die auch den Rohstoff für Kernwaffen liefern können, ist ebenfalls die *Internationale Atomreaktorbau GmbH* spezialisiert, an der wir unseren Anteil innerhalb von 5 Jahren von 33 auf 75% erhöht haben. Hier sind auch unsere Arbeiten an Schiffs-, Versuchs- und Raumfahrtreaktoren konzentriert.

Die *Interatom* wiederum hat gemeinsam mit der *MAN* und dem Rüstungsunternehmen *Dornier* die *Gesellschaft für nukleare Verfahrenstechnik mbH* gegründet (*Interatom*-Anteil: 50%), die mit der Entwicklung von Isotopentrennanlagen und mit der Gewinnung des strategisch nicht zu unterschätzenden angereicherten Urans 238 beschäftigt ist. Um der steigenden Nachfrage nach Brennelementen für Kernreaktoren zu entsprechen, haben wir mit der *Nukem GmbH* die *RGB Reaktor-Brennelemente GmbH* gegründet (unser Anteil: 60%). Mit Plutonium und Reaktorbrennstäben werden wir von der *Alkem GmbH* versorgt (unser Anteil: 30%). Reaktorgraphit erhalten wir von der *Sigri Elektrographit* (an der wir mit 33% beteiligt sind) und Natururan aus allen Kontinenten von der *Urangesellschaft*, an der wir über die *Metallgesellschaft* partizipieren.

Mit dieser sich harmonisch ergänzenden Atomtechnik halten wir die Schlüssel zu Großaufträgen auf einem der lukrativsten und zukunftsträchtigen Weltmärkten in der Hand. Innerhalb der 1971 eingeleiteten Kooperation zwischen den auf dem Nukleargebiet führenden europäischen Unternehmen verfügen wir mit *AEG* bereits über die beste Ausgangsposition. Daß alle diese Aktivitäten auch rüstungspolitische Aspekte haben, versteht sich für den Kenner der Materie von selbst. Das vielfältige Ineinander von Kerntechnik, Raumfahrt- und Rüstungstechnik läßt es uns auch geraten erscheinen, die Ratifizierung des Atomwaffensperrvertrages nicht zu fördern.

Die Elektronik ist das Herzstück der modernen Technik. Die elektronischen Bauelemente, von denen wir etwa 50 000 Typen liefern, schalten und steuern Kraftwerke, Lokomotiven, Fernsprechnetze. Ohne sie gäbe es keine Computer, Farbfernseher, Satelliten und keine bahnbrechende Automatisierung, keine Hilfe beim Informieren, Organisieren, Disponieren, Fertigen und Verwalten. Als Schrittmacher und Grundsteine der Technik sind Bauelemente und Halbleiter einer stürmischen Nachfrage auf dem gesamten Weltmarkt ausgesetzt, die 1971 wegen der Kürzung des amerikanischen Raumfahrt- und Rüstungsprogramms vorübergehend nachließ. Die von uns maßgeblich beschleunigte technische Entwicklung verlangt immer mehr elektronische Elemente, damit beispielsweise auch die Verbraucher von Kraftwagen, Kameras, Hausgeräten und Uhren in den Genuß vollautomatischer Steuerungen kommen. Mehr als ein Drittel unserer Bauelementeproduktion ist für die Perfektionierung der Unterhaltungselektronik bestimmt. Unsere Röhrentechnik bauen wir vor allem bei unserer 70prozentigen Tochter *Heimann GmbH* aus. Die Zulieferung von metallischen Werkstoffen und Legierungen erfolgt großenteils durch unsere 100prozentige Tochter *Vaccumschmelze GmbH*.

Datentechnik

Kein Gebiet der Eletrotechnik hat sich in den letzten Jahren so explosiv entwickelt wie die Datentechnik. Der Computer ist zu einem Symbol des Fortschritts geworden und zu einem unersetzlichen Partner der Verwaltung und der Wirtschaft, die von der Konkurrenz zur Rationalisierung und zur exaktesten Berechnung der Marktsituation gezwungen wird.

Innerhalb von 10 Jahren haben wir unseren inländischen Marktanteil von 0 auf über 16% (Umsatz: 1 Mrd. DM) erhöhen können. Wir liegen damit an 2. Stelle hinter dem Branchenführer *IBM* und sind der zweitgrößte europäische Computerhersteller geworden. Diese Position verdanken wir neben eigenem Investitionsaufwand von 1 Mrd. DM der großzügigen staatlichen Förderung (bis 1970 schon 58 Mio. DM) und unserem früheren amerikanischen Partner *RCA*.

Unsere Prozeßrechnerfamilie 300 und unser mittelgroße Rechnerfamilie 4004 arbeiten heute an zahllosen Schaltstellen der Industrie. Auch auf dem hart umkämpften Markt der öffentlichen Auftraggeber gelingen uns immer wieder neue Durchbrüche, neuerdings auch im Bildungswesen. Computer für den militärischen Bereich werden von unserer Tochter *Zuse KG* gestellt. Mit der Bundespost, *AEG* und *Nixdorf* betreiben wir die *Deutsche Datelgesellschaft für Datenfernverarbeitung mbH* (unser Anteil: 20%). Der Bedarf an wirtschaftlicher und verwaltungstechnischer Effizienz wird in den kommenden Jahren gewaltig steigen und läßt eine kräftige Geschäftsausdehnung erwarten, die u. a. den Bau einer »Denkfabrik« in München-Perlach erforderlich macht, in der 1980 8000 Datentechniker unter optimalen Bedingungen tätig sein sollen. Die Entwicklung neuer Technologien, größerer Datenspeicher mit Zugriffszeiten von Mikrosekunden für Milliarden Zeichen, neue Programmiersprachen und Programmiersysteme eröffnen uns ebenso erfreuliche Aussichten wie die Datenfernverarbeitung und die engere Verzahnung von EDV und Nachrichtentechnik.

Der steigende Anfall von Daten verlangt aber auch die Schulung von Programmierern und Technikern. Wir verfügen über Europas größtes Schulungszentrum für Prozeßautomatisierung und bilden jährlich etwa 30000 Spezialisten aus. Wir machen sie mit der Technik der Siemens-Anlagen vertraut, was u. a. auch den Vorteil hat, daß sie für die Arbeit mit Konkurrenzprodukten nur bedingt einsatzfähig sind. Noch wichtiger allerdings wird die Entwicklung der Software, der Bestimmung und optimalen Nutzung der Programme. Wir haben uns gerade auf diesem Gebiet besonders qualifizieren können. An vielen Schaltstellen der Verwaltung und der Wirtschaft sind wir dabei, wenn die Daten für technische und organisatorische Aufgaben, für Finanzfragen, Operations Research, Lehrzwecke u. v. a. mehr erstellt und programmiert werden.

Aus genauer Kenntnis der zukünftigen Aufgaben der Datenverarbeitung wissen wir, daß sie am besten mit leistungsfähigen europäischen Partnern zu lösen sind. Deshalb haben mir mit *Philips* und der französischen *Compagnie Internationale pour l'Informatique (CII)* eine enge Zusammenarbeit verabredet – freilich unter Respektierung unserer Dominanz. So betreiben wir die Umstrukturierung der Großindustrie auf europäisches Format.

Energietechnik

Ebenfalls unentbehrlich für die moderne Wirtschaft ist die Energietechnik. Sie macht elektrische Energie überall und zu jeder Sekunde verfügbar, setzt sie in Antriebskraft um und nutzt sie zur Erzeugung von Wärme. Für diese vielfältigen Aufgaben produzieren wir Maschinen, Generatoren, Energieübertragungsanlagen und Elektromotoren aller Art. An den ertragsstarken Großprojekten des Kraftwerk-, Turbinen- und Transformatorenbaus sind wir durch unsere *Kraftwerk Union AG* und unsere *Transformatoren Union AG* zu je 50% beteiligt. Schaltanlagen werden u.a. in unserer Neuerwerbung *Voigt & Haeffner GmbH* gebaut.

Zu den Aufgaben der klassischen Starkstromtechnik tritt mehr und mehr die Automatisierungstechnik, also das Messen, Steuern und Regeln. Die Informationselektronik verbindet sich mit der Leistungelektronik zur Industrieelektronik, auf die bereits mehr als die Hälfte unseres Energiegeschäfts entfällt. Auf diesem Sektor sind gleichfalls die *Bergmann-Elektro GmbH* und die *P. Gossen GmbH* tätig, beides 100prozentige Töchter der *Bermann-Elektricitätswerke AG*, die wir mit einem 37prozentigen Anteil beherrschen.

Die Entlastung der Hausfrau von der schweren und oft undankbaren Hausarbeit und ihre Freistellung für den Arbeitsprozeß ist das Anliegen der *Siemens-Electrogeräte GmbH* und ihrer Tochter *Constructa Werke GmbH*. In diesem Geschäft stehen wir in harter Konkurrenz zum größten Hausgerätehersteller Europas, der *AEG*, die uns 1967 nötigte, gemeinsam mit *Bosch* die *Bosch-Siemens Hausgeräte GmbH* zu gründen, um so vereint den Kampf gegen die Konkurrenz und für unsere treuen Kunden zu führen. Diese Kooperation hat sich im Laufe ihres fünfjährigen Bestehens äußerst befriedigend entwickelt.

Obwohl der deutsche Markt mit Bügeleisen, Staubsaugern, Kühlschränken, Elektroherden usw. weitgehend gesättigt ist, gelingen unseren Geräten dank vorbildlichen Designs und technischer Finessen immer wieder erfreuliche Durchbrüche. Auf dem hart umkämpften Waschmaschinenmarkt hat uns unsere Werbeabteilung zu einer hervorragenden Position verholfen. Auch bei anderen Geräten trägt unsere Werbung wesentlich zur Geschäftsausweitung bei, indem sie die Neigung der deutschen Hausfrau unterstützt, auch über teure Geräte lieber allein zu verfügen als sie mit anderen gemeinsam zu nutzen. Trotz des noch unterentwickelten Verkaufs bei Wäschetrocknern, Geschirrspülmaschinen usw. ist der Hausgerätebereich leider nicht als besonders wachstumsintensiv zu bezeichnen.

Installationstechnik

Die Nachfrage nach Installationsgeräten (Kabel, Sicherungen, Schalter, Leuchten, Heizgeräte, Lüfter) ist besonders stark von der Entwicklung des Baumarktes abhängig, der bekanntlich seit Jahren eine überdurchschnittliche Konjunktur erlebt. So hat sich unser breitgefächertes installationstechnisches Programm mit mehreren 10000 Erzeugnissen zu einer der verläßlichsten Säulen unseres gesamten Geschäfts entwickeln können. Bei Straßenbeleuchtungsanlagen, Befeuerungsanlagen von Flughäfen, Bühnenbeleuchtung und Klimaanlagen erkämpfen wir uns jährlich höhere Marktanteile.

Auf dem Glühlampenmarkt sind wir durch unseren 47prozentigen Anteil am größten, ausschließlich Glühlampen produzieren Unternehmen der Welt, der *Osram GmbH*, vertreten. Die auch im Ausland sehr aktive Osram-Gruppe wird in diesem Jahr mit Hilfe verschärfter Rationalisierung ihren Umsatz auf 1 Mrd. DM steigern können. Auf den gleichen Umsatz kommt schon heute die Holding *Bergmann Elektricitätswerke AG*, die wir (37%) gemeinsam mit der *Deutschen Bank* und der *Bayerischen Vereinsbank* (je 25%) in der Hand haben. Von den acht Töchtern der *Bergmann AG* wollen wir hier nur die *Deutsche Telephonwerke- und Kabelindustrie AG (DeTeWe)* und die *Bergmann Kabelwerke AG* hervorheben. Im Kabelgeschäft mischen wir außerdem bei drei weiteren Beteiligungsgesellschaften mit: *Norddeutsche Seekabelwerke AG* (50%), *Kabelwerk Frowein GmbH* (26% plus 6% der *Bergmann AG*) und *Deutsche Fernkabel GmbH* (17%).

Medizinische Technik

Wann immer das Schlagwort fällt, die kapitalistische Industrie und Technik seien der Feind der Menschen, dient uns die medizinische Technik als bester Beweis für das Gegenteil. Treue Dienerin des kranken und des helfenden Menschen, erweitert sie die Möglichkeiten der Diagnose und Therapie, entlastet Ärzte und Schwestern und sichert uns phantastische Zuwachsraten: Der Weltumsatz verfünffachte sich innerhalb von 12 Jahren und liegt derzeit bei über 1 Mrd. DM, wovon 2/3 im Ausland erzielt werden.

Die größten Geschäfte machen wir nach wie vor mit der Röntgentechnik, z.T. über unsere Tochter *Röntgengerätebau GmbH*. Das Spektrum der medizinischen Geräte reicht vom kleinen Herzschrittmacher über Meßgeräte für Kreislauf-, Herz- und Gehirnuntersuchungen bis zu kompletten Patientenüberwachungsanlagen. Die meisten dieser Geschäfte laufen über unsere 100prozentige Tochter *INAK GmbH Industrielle Anlagen für Krankenhäuser*, die ihrerseits über fünf Tochtergesellschaften und 50% der *Hospitalia International GmbH* verfügt.

Unser Haus profitiert also nicht nur am allgemeinen Wachstum unserer Industriegesellschaft, sondern ebenso an den physischen und psychischen Folgen, die unsere Gesellschaft, wenn sie weiter wachsen und bestehen will, nun einmal fordert. Ob wir es wünschen oder nicht, auch die Angst vieler unserer Mitbürger, dem allgemeinen Streß nicht mehr gewachsen zu sein, belebt unsere Auftragsbücher. Deshalb sind wir seit einiger Zeit auch ins Diagnosegeschäft eingestiegen – wir haben uns mit 26% als Hauptaktionär bei der *Deutschen Klinik für Diagnostik AG* engagiert. In dieser ersten deutschen Mayo-Klinik wird die gesundheitliche Leistungskraft vornehmlich von Führungskräften der Wirtschaft, hohen Beamten und zahlungskräftigen Privatleuten untersucht.

Nachrichtentechnik

Weitgehend unabhängig von der Konjunktur entwickelt sich weltweit ein gigantischer Bedarf an Nachrichtenmitteln. Immer mehr werden die nachrichtentechnischen Produkte unseres Hauses zum Schrittmacher dieser Entwicklung (Umsatz 1971: 3 Mrd. DM). Wir gehören zu den fünf größten Weltmarktlieferanten von Fernsprech-Vermittlungseinrichtungen und -Apparaten. In mehr als 50 Länder lieferten wir bisher weit über 20 Millionen Teilnehmeranschlüsse – wobei die Leistungen unserer stolzen Enkel-Unternehmen wie *DeTeWe* noch nicht mit eingerechnet sind. Zur Übertragung von Fernsehsendungen und Ferngesprächen bauen wir zahllose Geräte- und Antennenanlagen für Richtfunk- und Satellitentechnik. Gute Beziehungen zu den staatlichen Behörden sind Voraussetzung für diese Erfolge.

Sobald wir mit dem Bestelleingang wieder einigermaßen Schritt halten können, werden wir die Werbung für den Bildfernsprecher forcieren. Dann wird zu zeigen sein, daß beim Dialog Mensch-Mensch innerhalb von Nachrichtennetzen das gesprochene Wort immer weniger ausreicht. Denn das Bildtelefon eröffnet, wenn es in den 80er Jahren Allgemeingut wird, großartige technische Investitionen, beispielsweise die hundertfache Übertragungskapazität des jetzigen Weitverkehrsnetzes.

Schon jetzt verbinden wir Telefone mit Datensichtgeräten. In naher Zukunft werden auch der Dialog zwischen Mensch und Maschine (sprechender Computer) und der Dialog zwischen Maschine und Maschine eine wesentliche Rolle spielen. Die außerordentlich starke Expansion der Nachrichtentechnik mit dem Trend zu weitgehend integralen Kommunikationssystemen wird unsere Welt-Spitzenposition festigen.

Rüstungstechnik

Auch wenn sich die Grenze zwischen der zivilen und militärischen Produktion und Forschung immer weniger exakt ziehen läßt, wollen wir hier gesondert auf unseren Beitrag zur westeuropäischen Verteidigung eingehen. Kein Unternehmen von der Größe unseres Hauses kann es sich heute leisten, die rüstungstechnische Entwicklung zu ignorieren, in der die Elektronik eine Schlüsselstellung einnimmt. Denn zum einen ist die militärische Technik immer noch der Hauptschrittmacher der technischen Entwicklung, zum anderen sichert der Rüstungssektor immer noch die ertragreichsten Geschäfte – so konnten allein von 1970 auf 1971 Preisaufschläge von rund 15% durchgesetzt werden. Der Bundeswehr und den Stationierungsmächten liefern wir Fernmeldegeräte und elektronische Fahrmotoren für die größten LKWs der Bundeswehr, Flugplatzausrüstungen, Computer, Brennstoffzellen und Supraleiter für Raketen, Radaranlagen, Fahrzeugelektronik usw. – allein 1971 für ca. 180 Mio. DM. Unsere Forschungszentrale entwickelt u. a. Kühlaggregate für Flugzeuge und U-Boote, baut thermionische Konverter für Raumfahrzeuge und Satelliten, entwickelt den Antrieb für Raketen auf Plasmabasis und wassergekühlte Rubinlaser zur Satellitenortung.

Größere Projekte werden, was schon aus Gründen der Diskretion vorteilhaft ist, in einigen unserer Beteiligungsgesellschaften durchgeführt. In der Flugzeug- und Raketenindustrie sind wir durch unseren Anteil (8,4%) bei der *Messerschmidt-Bölkow-Blohm GmbH (MBB)* vertreten. Dieser Konzern, der mehr als 2/3 seiner Umsätze (schon 1970: über 1 Mrd. DM) mit Rüstung und Raumfahrtaufträgen macht, baut Hubschrauber, Raketen und Satelliten, baut und repariert in Lizenz Starfighter und Phantom-Düsenjäger, und ist in der Meeres- und Sprengstofftechnik aktiv. *MBB* ist dabei, sich durch seine 42,5prozentige Beteiligung an der *Panavia Aircraft GmbH* weiter zu profilieren, die das Mehrzweckkampfflugzeug MRCA/Panavia 200 mit kräftiger Subvention des Bundes entwickelt. Dieser Atombomber, auch Jagd- und Aufklärungsflugzeug, soll demnächst die Starfighter- und Phantom-Generation ablösen und u. a. eine Eindringtiefe von 2500 km erreichen, also im Verteidigungsfall bis zum Ural vorstoßen können.

Dieser endgültige Schritt der europäischen und besonders der deutschen Rüstungsindustrie hin zur modernen technologischen Emanzipation erfordert in den nächsten Jahren für die ca. 1000 Flugzeuge Aufwendungen von mindestens 30 Mrd. DM, wovon ein staatlicher Prozentsatz unserem Haus und u. a. unserer Beteiligungsgesellschaft *Elektronik-System GmbH* (25%) zugute kommen wird. Obwohl die Panavia 200 die ihr zugedachte Funktion (defensiver Einsatz, Unterstützung der Infanterie) nicht optimal wird erfüllen können, wird das Milliardenprojekt vorerst weiterlaufen; das ist u. a. der von *MBB* besonders kräftig unterstützten CSU unter ihrem Vorsitzenden, Dr. F. J. Strauß, zu danken, dem Aufsichtsratsvorsitzenden der *MBB*-Tochter *Airbus GmbH*, außerdem dem ehemaligen stellv. Inspekteur der Luftwaffe, Friedrich Schlichting, der heute für *MBB* tätig ist.

Bei *Blohm & Voss* (unser Anteil: 12,5%) sind es vor allen Dingen Zerstörer, Geleitboote, Küstenminensuchboote und Spezialausrüstungen für die Marine, mit denen wir und den

Aufgaben der Verteidigung widmen. Mit anderen Großfirmen ist unser Haus in der *Gesellschaft für Satellitensysteme Eurosat* (Genf) und an der *Marinetechnik-Planungs-GmbH* engagiert, die die Marineelektronik der Zukunft entwickelt. In der *Deutschen Betriebsgesellschaft für drahtlose Telegraphie GmbH* (unser Anteil: 50 %) produzieren wir Radar- und Navigationsgeräte für die Bundesmarine. Unsere *DeTeWe* (*Bergmann*-Tochter) steuert Fernsprechmaterial aller Art, unsere *Zuse KG* Computer bei. Auf unsere Aktivitäten in der Atomindustrie wurde bereits oben verwiesen.

Die Freunde des Hauses, denen unser Verteidigungsbeitrag zu gering erscheint, dürfen wir auf zwei Punkte aufmerksam machen. Unsere Forschung und Entwicklung widmet sich besonders intensiv den zukünftigen Rüstungsprojekten. Zum zweiten sind in unserer hochtechnisierten Gesellschaft die Grenzen zwischen militärischen und nichtmilitärischen Produkten so fließend geworden, daß wir bei Bedarf beispielsweise in unseren Kernforschungszentren in relativ kurzer Zeit eine Atombombe herstellen oder einen Wettersatelliten auf militärische Ziele umpolen können; ein anderes Beispiel: Die von uns entwickelten hochempfindlichen Detektoren, mit denen z. B. die Wärmestrahlung eines Menschen noch in 80 m Entfernung deutlich zu registrieren ist, können in den bevorstehenden Dschungelkriegen zu entscheidenden Waffen werden. Das Überleben unserer Gesellschaftsordnung hängt also nicht von dem einen oder anderen Panzer ab – sondern von der Kapazität einer mächtigen, flexiblen und forschungsintensiven Industrie, die sich, eingebettet in die europäische Zusammenarbeit, jederzeit auf die noch vor uns liegenden Verteidigungsaufgaben einstellen kann.

Unterhaltungstechnik

In den letzten Jahren hat die Industrie den Menschen großartige Hilfsmittel zur optimalen Bewältigung ihrer Freizeit bereitgestellt. Trotzdem sind die Aufgaben nicht einfacher geworden, die Mitbürger von der Schönheit und Ordnung unserer Welt zu überzeugen. Deshalb arbeiten wir sowohl an der Entwicklung neuer unterhaltungstechnischer Bedürfnisse wie an der Programmierung der Unterhaltung mit Platten, Videokassetten und unseren Stars in Funk und Fernsehen.

Unsere Radio- und Fernsehgeräte (*Siemens Electrogeräte GmbH*) und unsere Röhrenproduktion (*Heimann GmbH*) sind gut etabliert. Auf die Einführung eines Privatfernsehens, das früher oder später über Kabel laufen dürfte, sind wir bereits vorbereitet – das Kabel wird zum wichtigsten Glied in der Kette der audiovisuellen Totalversorgung der Zukunft werden. Die Unterhaltungsangebote des Sports und des Theaters verbessern wir mit Lichtflutern bzw. mit raffiniertesten Bühnenbeleuchtungsanlagen.

Eine der schönsten Kühe im Stall Siemens, wie Dr. Tacke einmal sagte, ist jedoch das Musikgeschäft. In der gemeinsam mit *Philips* betriebenen Managment- und Holdinggesellschaft *Polygram* (Weltumsatz 1971: ca. 1,2 Mrd. DM, 30% Marktanteil in der BRD) ist unsere internationale Schallplattenproduktion konzentriert, die wir unter verschiedenen Markennamen vertreiben: Polydor, Deutsche Grammophon, Polyphon, Archiv, Heliodor, Brunswick, Coral. Die Markenvielfalt erlaubt uns u. a., eigene Läden einzurichten, die ein reichhaltiges Markenangebot präsentieren, obwohl sämtliche Platten, Musikkassetten usw. aus unserem Hause kommen. Freddy Quinn und Herbert von Karajan, Roy Black und Dietrich Fischer-Dieskau, James Last, Jimi Hendrix und Hans Werner Henze – ihnen und ihren Millionen in- und ausländischen Hörern verdankt unser Haus viel von seiner Standfestigkeit.

Mit der *Polymedia Gesellschaft für audio-visuelle Kommunikation mbH* (100prozentige Tochter der *Polygram*) sind wir in das Video-Kassetten-Geschäft eingestiegen, das uns in den kommenden Jahren große Möglichkeiten verspricht, zumal unser Partner *Philips* mit dem Magnetband die bisher fast einzige marktreife Technik entwickelt hat. Und auch in der traditionsreichen Druckindustrie sind wir vorn: Wir besitzen 60% der *Rudolf Hell GmbH*, die als führende europäische Herstellerin von Erzeugnissen und Anlagen für elektronische Satz- und Reproduktionstechnik gelten darf. Auf allen Gebieten der Kommunikation und Unterhaltung spricht unser Haus also ein gewichtiges Wort mit!

Verkehrstechnik

Die wachsende Mobilität des Menschen und seiner Güter – ob auf dem Land, im Wasser oder in der Luft – wird von uns aktiv gefördert. Der Automobilindustrie liefern wir wichtiges Zubehör. Die hohe Verkehrsdichte helfen unsere weltbekannten Signalanlagen zu bewältigen – und wo sie nicht mehr ausreichen, in über 50 europäischen Großstädten, lenken Siemens-Computer den Straßenverkehr. An der Straßenbeleuchtung verdienen wir ausgezeichnet, am Autowaschgeschäft sind wir über die *MBB- Fahrzeugwaschanlagen GmbH* beteiligt.

Da die Grenzen des gesteigerten Individualverkehrs, den wir dennoch weiter fördern, immer sichtbarer werden, wurden in den letzten Jahren die Nahverkehrsmittel – die großenteils mit Siemens-Motoren, Steuer- und Signalgeräten arbeiten – kräftig ausgebaut und das Streckennetz der Deutschen Bundesbahn beschleunigt elektrifiziert. Für sie bauen wir, teils über unsere *Gesellschaft für elektrische Zugausrüstung mbH* (50%), die schnellsten E-Loks, Signalsysteme und rechnergesteuerte Anlagen zur integrierten Steuerung des Schienenverkehrs. Durch unseren Anteil von 12,5% bei der *Blohm & Voss AG* partizipieren wir am wieder attraktiven Schiffsbaugeschäft. Denn mit der gegenwärtigen Umrüstung sämtlicher Flotten der Welt auf Super- und Containerschiffe steigt der Bedarf an modernster Bordelektronik und elektronischen Verladesystemen rapide an.

Zur Flugsicherheit tragen unsere funkelektrischen Führungshilfen und die auf zahlreichen Flughäfen der Erde von uns installierte Befeuerung bei. Am großen Fluggeschäft werden wir jedoch erst ab Mitte der 70er Jahre teilnehmen: Wenn der von der *MBB*-Tochter *Airbus GmbH* (*MBB*-Anteil 65%) und französischen Firmen gebaute Europa-Jet Airbus 300 B die Lüfte beherrscht. Da mit Dr. F. J. Strauß ein besonders einsatzfreudiger Aufsichtsratsvorsitzender für die *Airbus GmbH* gewonnen wurde, der umfangreiche staatliche Subventionen (1,2 Mrd. DM) für dieses Großverkehrsflugzeug durchsetzen konnte, ist nicht zu befürchten, daß mögliche Nachteile des Airbus (unklare Marktchancen, hoher Preis) negativ zu Buche schlagen werden. Auch das leise »Stol«-Flugzeug der 80er Jahre wird bereits bei *MBB* geplant.

Über *MBB* greifen wir in die ebenfalls hoch subventionierte Entwicklung neuer Verkehrssysteme ein: die Magnetkissenbahn für den Fernverkehr, die Kabinenbahn für den innerstädtischen Verkehr und das abgasfreie Stadtauto. Bei dieser Magnetkissenbahn und dem Linearmotor, der sie antreibt, rechnen wir auch mit wesentlichen Beiträgen unseres Hauses. Außerdem sind wir als Mitglied der *Gesellschaft für bahntechnische Innovationen* direkt am Verkehr der Zukunft engagiert.

Hier wäre noch unsere *Siemens-Bauunion GmbH* zu erwähnen, deren spezialisiertes Programm für Verkehr (U-Bahnbau, Kaianlagen, Brückenbau usw.) und Industrie sie so stark machte, daß sie in diesem Jahr mit der renommierten Baufirma *Dyckerhoff & Widmann AG* fusionieren konnte. Damit ist unser Haus auch im Bauwesen führend.

Unsere Forschung und Entwicklung

An jedem Arbeitstag investieren wir über 4 Mio. DM in unsere Zukunftsprojekte! Das sind im Jahr etwa 1 Mrd. DM, also rund 7% unseres Weltumsatzes. Neun Zehntel dieses Betrages sind der projektorientierten Forschung gewidmet, die oft auf den Ergebnissen der öffentlich finanzierten Forschung aufbaut. Indem wir Forschungsprogramme des Bundes sorgfältig in unser Konzept einbauen, sichern wir uns neben den kräftigen Subventionen auch die beste Ausgangsposition bei zukünftiger Auftragsvergabe.

Schwerpunkte der Arbeit unserer 18000 Forscher und ihrer Helfer sind die Entwicklung eines Brennstoffzellenatommotors, der einmal den Elektro-Dynamo ablösen soll, von Kühlaggregaten für Flugzeuge und U-Boote und thermionischer Konverter (Strom aus Uran) für Raumfahrzeuge und Satelliten. Wir entwickeln neue Antriebssysteme auf Plasmabasis für interplanetare Raketen und treiben mit hohen staatlichen Subventionen die Atom- und die Datentechnik voran. In der Lasertechnik können wir uns mit den größten amerikanischen Konkurrenten messen, ebenso auf dem vielversprechenden Feld der Supraleitung.

Der technische Fortschritt wird nicht um seiner selbst willen betrieben. Mehr denn je gilt unsere Devise: Wer die Zukunft beherrschen willen, muß eine besondere Aktivität in Forschung und Entwicklung an den Tag legen. Die großartigen Forschungsergebnisse werden sich nur dann auszahlen, wenn es uns gelingt, neben ihren direkten Erträgen (Kapital) auch die indirekten Erträge (gesellschaftspolitischer Einfluß) dem Hause optimal zu sichern. Deshalb müssen wir unsere Mitsprache bei Einsatz und Nutznießung der Atomreaktoren und Computer, der Unterhaltungsmittel, der Lasertechnik usw. wahren und im Verein mit der Privatindustrie und den staatlichen Stellen weiter ausbauen. Wir meinen, daß wir mit unserer technischen Leistungsfähigkeit – für die unsere erfreulich positive Lizenzbilanz nur ein Indiz ist – einen besonderen Anspruch auf die Berücksichtigung unserer Zielvorstellungen haben, die ja letztlich auch der Allgemeinheit zugutekommen.

Unsere Auslandserfolge

»Selbst Großfirmen wie unser Haus werden in Deutschland nur überleben, wenn sie in ihrem technischen Wissen, ihrer Forschung und Entwicklung dem Weltstandard voraus und dazu imstande sind, dieses geistige Potential auch in das Ausland zu übertragen.«
Dr. Gerd Tacke

Seit eh und je ist das Haus Siemens bestrebt, auch ausländischen Märkten zu dienen und sich im internationalen Geschäft das Renommee zu erwerben, das es im deutschen Raum genießt. Freilich haben sich mit der Entwicklung von Wirtschaft und Technik im Laufe der Jahrzehnte auch gewisse Notwendigkeiten ergeben, zu exportieren und den breitgestreuten internationalen Absatz auch durch eine weltweit verteilte Fertigung zu ergänzen und zu sichern.

Im Inland zwingt uns die Konkurrenz zu einem ausgedehnten Warenangebot, das sich wegen der Enge des Marktes jedoch nur mit wachsenden Schwierigkeiten und stagnierenden Gewinnen absetzen läßt. Deshalb müssen wir, dem Zwang und Drang zum Wachstum gehorchend, neben verstärkten Bemühungen um staatliche und öffentliche Aufträge vor allem auf ausländische Märkte vordringen.

Unsere Auslandsfertigung

Auf die Dauer gesehen genügt es allerdings nicht, die ausländischen Absatzgebiete allein durch Exporte (Warenexporte) zu erschließen – was Ernst von Siemens kürzlich als Bilderbuchvorstellung bezeichnete. Erst ein sorgfältig geplantes Netz von Auslandsfabriken (Kapitalexporten) garantiert die langfristige Integration europäischer und überseeischer Märkte in unseren Einflußbereich und damit unser Überleben. Wir müssen Freiheit, Kapital, Material, Technologie und Techniker ausschicken, wann immer und wo immer sie Nutzen bringen: Maximierung des Wachstums, der Konkurrenzfähigkeit und der Erträge.

Bei dieser unserer Wachstumspolitik kommt den sogenannten Entwicklungsländern eine Schlüsselstellung zu. Da diese Länder dank der Entwicklungshilfe zumeist hoffnungslos verschuldet sind, was ihren Importmöglichkeiten enge Grenzen setzt, und da die Industriestaaten sich naturgemäß nicht darauf beschränken können, diese Länder nur als Rohstoffquellen zu nutzen, ist man in den letzten Jahren verstärkt dazu übergegangen, dort Kaufkraft zu schaffen – Voraussetzung dafür, daß dort sowohl die Produkte ausländischer Gesellschaften gekauft werden, als auch die Exporte aus den Industrieländern bezahlt werden können. Konkret heißt das, daß z. B. die Bundesrepublik – vor allem über die Kreditanstalt für Wiederaufbau unter Leitung von Dr. Abs – mehr und mehr den Aufbau der Industrie großzügig fördert; und daß wir mit dem Bau von ebenfalls geförderten Fertigungsstätten nachziehen und dort Märkte für unsere Produkte schaffen, wo noch keine sind, und ausdehnen, ehe sich unsere Konkurrenz dort etablieren kann.

Mit dieser Entwicklungspolitik verbindet sich eine Reihe von Vorteilen. Wir nutzen das in diesen Ländern oft phantastisch niedrige Lohnniveau. Wir verkürzen die kostspieligen Transportwege für den Export. Wir können in Ländern mit Einfuhrbeschränkungen die Zollschranken unterlaufen. Wir binden ausländische Arbeitskräfte, Fachkräfte und Zulieferer an unser Haus, an unser Land. Wir können die Krisen durch die Dezentralisierung besser auffangen.

Die Risiken unserer Auslandsgeschäfte werden wenigstens teilweise von den betreffenden Ländern oder von der Bundesrepublik übernommen – durch Bürgschaften, Garantien und Investitionshilfen einerseits und durch steuerliche Vergünstigungen andererseits. So z. B. durch das »Gesetz über steuerliche Maßnahmen bei der Auslandsinvestition der deutschen Wirtschaft«, demzufolge Verluste ausländischer Betriebsstätten abgesetzt und durch die Möglichkeit steuerfreier Übertragung stiller Reserven Verlustrisiken sogar vorweggenommen werden

können. Außerdem werden nach einem neuen Gesetz ausländische Tochtergesellschaften von Gewerbesteuer und Vermö-
genssteuer befreit.

Natürlich begünstigt der Staat die Investitionen der Wirtschaft nicht nur aus reiner Liebe zum Unternehmertum, sondern aus politischen Überlegungen, die wiederum den unternehmerischen Interessen entgegenkommen. Denn mit jeder
Fabrik, die wir draußen in der Welt errichten, erfüllen wir auch
eine politische Mission. Wir setzen nicht nur funktionstüchtige
Denkmäler unserer Technik und deutscher Qualitätsarbeit,
sondern auch gewaltige Zeugen der Leistungskraft unserer gesunden kapitalistischen Wirtschaftsform. Das ist ein Teil unseres Beitrags zum Kampf gegen die in den Ländern der »Dritten Welt« immer wieder aufflackernden Unruhen und zur
Stabilisierung der dortigen Regierungen – sofern sie der freien
unternehmerischen Betätigung in ihren Ländern aufgeschlossen gegenüberstehen. Verständlicherweise fühlen wir uns
besonders den Regierungen verbunden, die durch kompromiß-
loses Vorgehen gegen gewerkschaftliche und sozialistische Opponenten für eine stabile innere Ordnung und damit für ein
günstiges Investitionsklima Sorge tragen – wir nennen hier nur
Portugal, Spanien, Griechenland, Türkei, Iran, Südafrika, Brasilien, Argentinien, Indonesien.

Auch die innenpolitischen Vorteile der intensiveren Auslandsproduktion sind nicht zu unterschätzen. Wir werden un-
abhängiger vor den konjunkturellen Entwicklungen in unserem
Land. Wir tragen zur Entspannung des deutschen Arbeits-
marktes bei, also zur tendenziellen Erhöhung der Arbeitslosen-
quote, die wir nach wie vor als sozialpolitisches Instrument
brauchen. Wir können bei steigenden Lohnforderungen und
bei Streiks die Produktion der Auslandsfilialen verstärken und
damit den Forderungen besser ausweichen. Und schließlich
werden durch eine starke Position im Ausland auch im Inland
unser Einfluß und unsere Stimme bei allen wirtschaftspolitischen Auseinandersetzungen gewichtiger. Diese außen- und innenpolitischen Vorteile sind zusammengefaßt in unserer sozia-

len Devise: Die Arbeit zum Menschen bringen! Statt mehr und mehr ausländische Arbeitskräfte ihrer Familie, ihrem Dorf und ihrem Land zu entwurzeln, möchten wir ihnen lieber in ihren Herkunftsländern Fabriken einrichten – wo immer das Investitionsklima es erlaubt.

Für die sogenannte Dritte Welt gelten zusätzliche Überlegungen. Hier liegen gewisse Risiken in der wachsenden Selbständigkeit dieser Länder. Freilich wünschen wir auch diesen Ländern nichts mehr als Selbständigkeit. Aber dieses natürliche Streben darf nicht den Rahmen der internationalen Arbeitsteilung sprengen und nicht zur Diskriminierung der großen Investoren führen. Deshalb fällt der Industrie noch auf Jahre hinaus die Rolle eines Lehrmeisters der »Dritten Welt« zu – die Aufgaben, die hier zu meistern sind, hat ja schon Werner Siemens im Kern erfaßt (vgl. »Unsere Geschichte«, S. 20). Bildungspolitik, Investitionspolitik und Außenpolitik werden dabei eng gekoppelt. Beste Kontakte zu den Politikern und Wirtschaftlern der betreffenden Länder sind ebenfalls erforderlich. Allerdings pflegen wir, um die Kontrolle über unsere Geschäfte und die weltweite Einheit unserer Technik zu wahren, bei allen Siemens-Töchtern Fremdbeteiligungen nur bis 49 % zuzulassen.

In Erwägung aller dieser ökonomischen und politischen Faktoren treiben wir unsere Expansion zügig voran. Wir sind in 52 Ländern durch einige Gesellschaften, in weiteren 67 Ländern durch Vertretungen und Stützpunkte vertreten. Unsere sechs Unternehmensbereiche verfügen über 54 ausländische Fertigungsstätten (gegenüber 37 in der Bundesrepublik) – wir haben damit mehr Auslandsfabriken als jedes andere deutsche Unternehmen. Freilich stehen den 228000 inländischen Siemensianern erst 73000 ausländische zur Seite, aber auch hier wird es bald bedeutende Verschiebungen geben. Allein für die nächsten 5 Jahre haben wir bei der Auslandsbelegschaft eine Zuwachsrate von etwa 50 % eingeplant, während die Inlandsbelegschaft mehr oder weniger stagnieren dürfte. Entsprechend nimmt der Auslandsumsatz stetiger und stärker zu als der Inlandsumsatz, der 1970/71 nur noch 59 % des Weltumsatzes ausmachte. Sehr beachtlich ist die Eigenleistung der Auslandsgesellschaften mit 20%, die die Höhe der Exporte (21%) so gut wie erreicht hat. Von den Direktinvestitionen im Ausland entfallen etwa die Hälfte auf Entwicklungsländer (inkl. die europäischen). Und auch die Erträge aus dem Ausland werden immer stattlicher.

Um die Expansion auf die noch wenig erschlossenen Märkte zu forcieren, haben wir mehrere Holdings gegründet. So befassen sich die *Siemens-Europa-Beteiligungen AG* (die an 46 Gesellschaften mehrheitlich beteiligt ist) und die *Siemens Asia Investment AG* (mit 6 Gesellschaften mit Anteilen von mehr als 50%) von der Schweiz aus sowie in Kanada die *Siemens Overseas Investment Ltd* (25 Gesellschaften mit Anteilen von mehr als 50% in Amerika und Afrika) mit Gründung, Finanzierung und Ausbau unserer Auslandsunternehmen. Durch die Holdinggesellschaften erleichtern wir uns speziell den Zugang zu ausländischen Kapitalmärkten und gewinnen beträchtliche Steuervorteile. Ein weiterer Nutzen: Da wir bemüht sind, im Ausland so wenig wie möglich Kapital selbst anzulegen (und an direkter Investition oft nur Maschinen liefern, die z. T. schon abgeschrieben sind), lassen wir den neue Werken von einer Holdinggesellschaft Kredite geben; dazu kommen Kapitalbeteiligungen und/oder Kredite aus den betreffenden Ländern. Die Kredite der Holdinggesellschaften müssen natürlich verzinst werden. Dadurch wird der Gewinn der Tochtergesellschaften zwar nominell geringer, aber – und das ist besonders bei Gesellschaften in Ländern wichtig, die den Rücktransfer von Gewinnen einschränken – uns ist auch noch die Verzinsung eines Teils des investierten Kapitals gesichert. Unsere Gewinne aus ausländischen Gesellschaften erhalten wir demnach meist in Form von Zinsen auf Kredite, von Lizenzgebühren usw. Die Konstruktion der Holdinggesellschaften sorgt also auch dafür, daß die teilweise beträchtlichen Gewinne der Auslandgesellschaften nicht voll in Erscheinung treten.

Einige Beispiele unserer Auslandsaktivitäten, besonders die in Entwicklungsländern, wollen wir auf den folgenden Seiten unter regionalen Aspekten betrachten.

Etwa in Drittel unseres Auslandsumsatzes wird in der EWG erzielt (ohne die vier neuen Mitgliedstaaten). Vor allem konnten wir in unseren Nachbarländern verstärkt Fuß fassen. In *Frankreich* fertigen wir außer in Paris jetzt auch, dank nachhaltiger staatlicher Hilfe, im elsässischen Haguenau und in Bordeaux. Wir arbeiten außerdem mit der weit entwickelten französischen Atomindustrie (Jeaumont-Schneider) und Datentechnik (vgl. »Unsere Technik«, S. 60) zusammen.

In *Belgien*, das für ausländische Firmen ein äußerst günstiges Investitionsklima geschaffen hat und als Sitz der NATO-Zentrale besondere Reize bietet, produzieren wir in Oostkamp (Nachrichtentechnik) und Lanklaar (Datentechnik), demnächst auch in drei weiteren Orten. Mit der belgischen Regierung haben wir einen EDV-Entwicklungsvertrag geschlossen, der uns und Philips für fünf Jahr je 25 % der entsprechenden Aufträge der öffentlichen Hand (einschließlich Gemeinden, halbstaatlichen Betriebe, Universitäten usw.) sichert. Die *Niederlande*, wo unser Partner Philips dominiert, bauen ihre Vorurteile gegenüber der deutschen Technik allmählich ab. Das zeigt der Auftrag an unsere Kraftwerk Union, in Borssele ein 400 MW-Kernkraftwerk zu bauen – der erste Exporterfolg der deutschen Reaktor-Industrie.

Gute Erträge sind mehr und mehr auch aus *Italien* zu erwarten (ca. 6000 Mitarbeiter). Die beträchtlichen Steuervorteile, das große Arbeitskräfteservoir sowie die staatlichen Auftragsgarantien motivieren uns, unser soziales Anliegen zu dokumentieren und neben dem Ausbau neuer Fabriken ganze Produktionsabteilungen besonders nach Süditalien zu verlegen. Von dort aus werden vor allem ausländische Abnehmer und sogar der deutsche Markt versorgt. Unsere Kraftwerk Union erhielt 1971 den Auftrag, ein großes römisches Kraftwerk im Wert von einer halben Milliarde DM zu bauen. Wegen angeblicher Rücksicht auf die italienische Konjunktur und mangelndem Verständnis für die Überlegenheit der Siemens AEG-Technik drohte dieser Auftrag zurückgenommen zu werden. Wir sagen das hier, weil diese nicht gerade europafreundliche Intervention zeigt, welchen Vorurteilen fortschrittliche Unternehmungen sogar noch in Europa begegnen. Wir meinen: Was hier zählen muß, ist allein die objektive Leistung, nicht Nationalitäten, nicht Konjunkturen, nicht subjektive Empfindlichkeiten.

Wir und das übrige Europa

Wir sind heute wieder ein wichtiger Teil der Elektorindustrie *Österreichs*. Mit der Zusammenfassung unserer alten und neuen Gesellschaften in die Siemens AG Österreich, an der wir den Staat Österreich mit 44% beteiligt haben, wurde jetzt ein wesentlicher Schritt zur Straffung unserer dortigen Interessen gemacht. Wir haben auch die Kapitalmehrheit der in ihrer Branche führenden Uher AG für Zähler und elektronische Geräte erworben. Wir beschäftigen 12000 Mitarbeiter in Wien, Villach, Deutschlandsberg und Fohnsorf/Steiermark.

Auch unsere Interessen in der *Schweiz* sind kürzlich neu geordnet worden. Von der neuen Siemens-Albis AG besitzen wir 80% des Kapitals. Die übrigen Anteile liegen bei der Elektro Watt AG, an der die Schweizerische Kreditanstalt beteiligt ist, die unter den Schweizer Banken mit über den reichhaltigsten Industriebesitz verfügt. Wesentliche Entwicklungsarbeiten haben wir nach Zürich ausgelagert. Neben der Merkur-Finanz AG und der Siemens Leasing AG lassen wir unsere wichtigsten Holdings von der steuergünstigen Schweiz aus operieren.

Eines der interessanten europäischen Entwicklungsländer stellt *Portugal* dar. Unsere Werke in Porto, Setubal, Evora und Sabugo erweitern ständig ihre Kapazitäten – bis 1974 4000 Arbeitsplätze. Da die portugiesischen Arbeiter die billigsten Europas sind (eine Arbeiterin erhielt 1970 einen Tageslohn von 36 Escudos, rund 4,50 DM), Kaufkraft und Massenkonsum also noch relativ unterentwickelt sind, ist Portugal für und das geeignetste Land, von dem aus wir zollfrei in den EFTA-Markt exportieren können. Das niedrige Lohnniveau erlaubt sogar, arbeitsintensive Waren in Portugal herstellen zu lassen und die Fertigwaren in die Bundesrepublik zu reimportieren – trotz der hohen Transportkosten immer noch ein lohnendes Geschäft.

Unser portugiesischer Präsident darf mit Recht sagen: »Siemens kann schon jetzt als eine nationale Firma betrachtet werden und soll deshalb an den Interessen und Problemen des Landes teilnehmen, in dem sie Wurzeln gefaßt hat.« Das gilt besonders für unser neues Werk (Evora) für nachrichtentechnische Erzeugnisse, auf deren militärstrategische Bedeutung für Portugals Verteidigung in Afrika hier nur am Rande verwiesen sei. Die ungewöhnliche politische Stabilität der Regierung – die etwa 60% des Staatshaushalts für ihre Verteidigung ausgibt – fördern wir nicht nur durch Investitionen, sei es in den Überseeprovinzen (vgl. S. 84) oder im Mutterland, nicht nur durch unsere Planungen im »Gemischten Ausschuß für deutsch-portugiesische Zusammenarbeit«, sondern auch durch Waffenhilfe über unsere Beteiligungsgesellschaft Blohm + Voss, die bereits drei Kriegsschiffe im Wert von 150 Mio. DM zur Unterstützung der portugiesischen Afrika-Politik geliefert hat.

In *Spanien* arbeiten wir unter ähnlich günstigen Bedingungen. Eine Reihe von Großaufträgen für Kraftwerkausrüstungen haben uns zu einem der führenden Lieferanten des Landes auf diesem Gebiet gemacht. Neben der umfangreichen Fertigung in Madrid, Malaga und Cornellá tragen wir auch in Spanien zur Automatisierung der Verwaltung bei. Daneben liefern wir über Blohm + Voss für die Marine Kriegsschiffe (da Waffenlieferungen an sogenannte faschistische Staaten derzeit nicht opportun sind, mußten diese Schiffe in Hamburg vorgefertigt und in Spanien zusammengebaut werden).

Seit in *Griechenland* das Militär die Regierungsverantwortung übernommen hat, haben sich auch dort unsere Geschäfte außerordentlich belebt. Im Bereich der Haus- und Fernsehgeräte betreiben wir lohnende Kooperationen, auf anderen Gebieten verfügen wir über Mehrheitsbeteiligungen. Unsere Fabrik in Thessaloniki, die Peter von Siemens und der stellv.

Ministerpräsident Pattakos 1969 als Ausdruck gemeinsamer Verbundenheit feiern durften, vergrößert ständig ihre Kapazität. Wir erhalten jährlich mehrere millionenschwere Aufträge staatlicher Gesellschaften, u. a. für Fernmeldeanlagen, Kraftwerke oder Umspannstationen. Diese und andere gute Beziehungen, die uns wie der gesamten deutschen Großindustrie am Herzen liegen, werden auch außenpolitisch relevant. Sie werden nach und nach das getrübte Bild, das sich die Öffentlichkeit von der griechischen Regierung gemacht hat, abbauen helfen.

Die *Türkei* wird ebenfalls mit fester Hand geführt und bietet ein entsprechend gutes Investitionsklima. Wenn das unter unserer Leitung gebaute riesige Keban-Kraftwerk fertiggestellt ist, haben wir Aussicht, an weiteren 21 geplanten Staudämmen und Kraftwerken zu profitieren. Unsere türkische Fertigung muß weiter ausgebaut werden. Denn langfristig kommt es darauf an, den Strom der Gastarbeiter zu dämmen durch die Fabrikation in deren Herkunftsländern, von denen die Türkei eins der wichtigsten ist. Mit der 1970 erfolgten Abwertung des türkischen Pfunds um zwei Drittel, mit der den industriellen Aufbau vorbereitenden staatlichen Entwicklungshilfe und Militärhilfe sowie mit der relativ konkurrenzfreien Binnenmarktlage sind in diesem strategisch bedeutenden Raum wesentliche Anreize geschaffen worden, die Arbeit zum Menschen hinzuführen.

Wir und Osteuropa

Als neuer Schwerpunkt unser Exporttätigkeit treten die osteuropäischen Staaten immer mehr ins Rampenlicht. Schon seit den 50er Jahren liefern wir für die *Sowjetunion* Fernschreibgeräte, elektrische Ausrüstungen für Eisbrecher und Lokomotiven, Dampfumformer für Kraftwerke sowie elektrotechnische Anlagen für das weltberühmte Bolschoi-Theater. Die langjährige Aktivität unseres Hauses in *Jugoslawien* führte bereits zu mehreren Kooperationsverträgen. Doch erst seit der Periode der politischen Wetterbesserung und dem gleichzeitigen Aufbau unseres Zentralvertriebs Ost (Anfang 1970) kommt das Geschäft mit den Oststaaten etwas zügiger in Gang. So arbeiten unsere elektromedizinischen Geräte und Computer heute in der *UdSSR*, in der *DDR*, in *Polen, Ungarn, Rumänien* und in der *CSSR*. Mit der Sowjetunion besteht eine Rahmenvereinbarung über wissenschaftlich-technische Zusammenarbeit, besonders bei der Automatisierung bestimmter Fertigungen. Wir haben auch schon Seminare zur Schulung russischer Techniker durchgeführt. Seitdem unsere Moskauer Niederlassung offiziell akkreditiert ist, sind die Auspizien für eine Kooperation auf ausgewählten Tätigkeitsgebieten und für die Intensivierung des Ostgeschäfts ausgesprochen günstig.

Aber auch hier muß vor Illusionen gewarnt werden: Trotz der ermunternden Entwicklung ist in absehbarer Zeit nicht zu erwarten, daß wir in Osteuropa produzieren können und daß unsere Geschäfte mit diesen nunmehr einer anderen Wirtschaftsform verhafteten Ländern wieder das prozentuale Volumen früherer vorkommunistischer Zeiten erreichen.

Wir und Nordamerika

Trotz anhaltender Schwierigkeiten europäischer Firmen, in den *USA* Fuß zu fassen, konnten wir Produktion und Absatz auf diesem Markt von Jahr zu Jahr verbessern. Die bilaterale Partnerschaft zur wichtigsten Großmacht der Welt erfordert auch von uns ein verstärktes Engagement. Über die Siemens Corporation, New York, laufen kontinuierliche Lieferungen unserer Spezialitäten (Elektronenmikroskope, Bauelemente und elektromedizinische Geräte), für die wir in den USA die höchsten Preis nehmen können. Mit Westinghouse ▓▓▓▓ wir seit vielen Jahren auf dem Gebiet elektrotechnischer Ausrüstungen für ▓▓▓▓ und ▓▓▓▓▓▓ zusammen. Durch fast 200 lukrative Lizenzverträge mit den verschiedensten Unternehmen sind wir der amerikanischen Wirtschaft eng verbunden. Seit zwei Jahren haben wir eine fest Zusammenarbeit mit Allis-Chalmers vereinbar, dem führenden US-Hersteller von Wasserkraftturbinen, und über die Kraftwerk-Union mit ihm eine gemeinsame Tochter gegründet. Auch auf dem größten Musikmarkt der Welt steuern wir nicht weniger als vier Schallplattenfirmen. Am Raumfahrtgeschäft sind wir durch unseren Elektroluminiszenz-Leuchtstoff beteiligt.

Als steuergünstiges Land haben wir *Kanada* zum Sitz unserer Siemens-Overseas Ltd., Pointe Claire, gemacht. Von hier aus helfen wir bei der Finanzierung unserer 25 Gesellschaften in Amerika, Afrika und Australien und projektieren neue Investitionen. Aber auch unsere Produkte sind in der kanadischen Wirtschaft äußerst begehrt.

Wir und Südamerika

Besonders stolz sind wir auf unsere Erfolge in Süd- und Mittelamerika. Seit dem Krieg haben wir hier über eine viertel Milliarde DM angelegt. Wir werden bis 1974 weitere 200 Mio. DM investieren und unsere Beschäftigtenzahl (1970: 10000) auf 17500 erhöhen. In allen Ländern dieses reichen Halbkontinents unterhalten wir Fabriken oder Werkstattfertigungen, außer in Kuba und Haiti. Die antinordamerikanischen Stimmungen mancher Südamerikaner erleichtern in zunehmendem Maß die Konkurrenzbedingungen und die Beherrschung der Märkte.

Unsere vier Produktionsstätten in *Argentinien* konnten dank anhaltender staatlicher Großaufträge besonders in den Bereichen Nachrichtentechnik und Energietechnik zügig ausgebaut werden. Das öffentliche Telefonnetz Argentiniens besteht zu 40-50%, das Telexnetz zu 100% aus Siemens-Anlagen. Bei den Wasserkraftwerken haben wir die Hälfte der installierten Leistung beigesteuert. Unser Projekt mit dem höchsten Prestigewert jedoch ist das Atomkraftwerk Atucha. Gegen härteste Konkurrenz erhielten wir Anfang 1968 den Auftrag, Südamerikas erstes Kernkraftwerk zu bauen. Nach sorgfältiger Einschätzung auch der politischen Stimmungen hatten wir empfohlen, einen Natururan-Reaktor zu bauen – auf Natururan haben die USA kein Monopol, während die Argentinier davon über große Lagerstätten verfügen. Nach diesem Durchbruch rechnen wir damit, alle zwei Jahre einen Auftrag für ein Atomkraftwerk in Südamerika zu bekommen.

Nicht weniger erfolgreich gestalten sich unsere Beziehungen zu *Brasilien*. Da sich etwa 3/4 der brasilianischen Industrie in ausländischer Hand befinden, davon der zweitgrößte Anteil in deutscher Hand, da wir schließlich auch den ehemaligen Außenminister Correira als Direktor gewinnen konnten, gibt es optimale Voraussetzungen für gute Geschäfte. Wer heute in Brasilien produziert – wie wir mit fünf Fabriken –, darf nicht nur die Vorteile einer strengen Lohnpolitik und eine bevorzugte Stellung auf dem gesamten lateinamerikanischen Markt wahrnehmen, sondern dort auch eine Art Monopolstellung genießen. Diese konnten wir in der Nachrichtentechnik, Elektromedizin und der Energietechnik, bei Bauelementen und Glühlampen (Osram) erobern. Unsere Wasserkraft-Generatoren in den größten Kraftwerken Brasiliens beschleunigen die industrielle Erschließung des Landes und den Abbau der Rohstoffe gerade auch durch deutsche Firmen. Da die gegenwärtige Regierung der Militärs, die die Gewerkschaften weitgehend ausgeschaltet hat, für Brasilien und für uns wirtschaftlich sehr erfolgversprechend arbeitet, gehen wir verstärkt dazu über, sie bei ihrer Verteidigung gegen Guerillas und andere Oppositionskräfte zu unterstützen, z. B. durch die elektronische Ausrüstung von Spezialbooten mit hochwertigen Sonderanlagen zum Küstenschutz und für die Freihaltung der bedrohten Schifffahrtswege. Diese Spezialboote kann Brasilien auch in seiner Funktion als Ordnungsmacht gebrauchen – zur Kontrolle seines unruhigen Nachbarn Uruguay.

In Mittelamerika stützen wir uns in erster Linie auf *Mexiko*. Von hier aus dringen wir vor allem mit unserer Fernschreiberproduktion auf den lateinamerikanischen Markt vor. Weitere Fabriken befinden sich in *Kolumbien* und *El Salvador*, außerdem betreiben wir Werkstattfertigungen in *Peru, Chile, Uruguay, Nicaragua* und *Venezuela*. In diesen und anderen kleinen Ländern Südamerikas dominiert bereits das Siemens-Know-How, halten wir auf mehreren Gebieten überragende Marktanteile.

Wir und Afrika

Unsere größte ausländische Zweigniederlassung steht in einem Land, dessen Wirtschaftskraft, dessen politischem Schneid und dessen Mentalität wir seit über 75 Jahren verbunden sind – *Südafrika*. Wir finden in diesem Paradies der Investoren unsere wichtigste Stütze auf dem afrikanischen Kontinent, die Südafrikaner sehen in uns ihren größten Partner in der Elektrotechnik. Die fast unerschöpflichen Rohstoffquellen, die vorteilhaften Arbeitsgesetze, die billigen Arbeitskräfte – der schwarze Arbeiter ist auch bei gleicher Arbeit immer noch mit einem Fünftel vom Lohn des weißen Arbeiters zufriedenzustellen – und unsere guten Beziehungen zur einheimischen Industrie haben uns auf allen unseren Arbeitsgebieten einen großen Vorsprung und äußerst hohe Erträge gesichert. Fast das gesamte Fernschreibnetz Südafrikas und der Aufbau des automatischen Fernmeldewesens gingen auf unsere Rechnung. Wir sind ständig am Bau von Kraftwerken, Stahl- und Walzwerken beteiligt, am Schiffbau sowie an zahllosen Projekten, die z. T. über Beteiligungsgesellschaften laufen, die ihrerseits wieder südafrikanische Tochtergesellschaften betreiben. Die Fülle der Aufträge gibt uns Gelegenheit, unsere sechs Fertigungsstätten zügig zu erweitern. Wir können es nur begrüßen, wenn sich die deutsche Industrie immer mehr in Südafrika engagiert (derzeit über 300 Unternehmen). Denn es sähe wahrlich finster aus auf dem schwarzen Kontinent, wenn es in dessen Süden nicht eine Regierung mit starker Hand gäbe, die die Voraussetzungen für unser aller Wohlstand zu schaffen und zu erhalten weiß.

Doch die Industrie darf sich, wenn sie sich diesen sorgenbeladenen Kontinent bewahren will, nicht damit begnügen, allein in der Wirtschaftsoase Südafrika tätig zu sein. Deshalb sind auch wir bald nach Ausbruch revolutionärer Unruhen in den portugiesischen Überseeprovinzen *Mozambique* und *Angola* aktiv geworden. Wir taten das zugegebenermaßen nicht aus reiner Freude am Risiko, sondern weil wir der Meinung sind, daß der frische Wind der modernen Technik immer noch das beste Mittel gegen unterentwickelte Verhältnisse ist. Um die Erfüllung dieser Mission zu erleichtern, hat Portugal für seine Provinzen ausländischen Investoren u. a. volle Steuerfreiheit bis zu 10 Jahren garantiert. In Angola sind wir erst durch ein Konsortium zur Entwicklung von Eisenerzgruben und indirekt über Beteiligungsgesellschaften (u. a. Urangesellschaft) am Werk. In Mozambique dagegen nehmen wir an dem zukunftsträchtigsten Investitionsprojekt des südlichen Afrika teil, am Bau des Staudamms und Kraftwerks Cabora Bassa, ein Projekt, das unverständlicherweise sehr viele Gemüter erregt hat.

Da die Kritik an diesem unseren Engagement bis heute nicht verstummen will, sollen hier, in der gebotenen Kürze, unsere guten Gründe für diesen Bau wiederholt werden. Die Fakten: Gemeinsam mit französischen, südafrikanischen, italienischen und portugiesischen Firmen erstellen fünf deutsche Unternehmen (außer uns AEG, BBC, Hochtief und Voith) den größten Damm und die größte Energiequelle Afrikas. Der deutsche Anteil an diesem Auftrag im Wert von 2 Mrd. DM beläuft sich auf ca. 700 Mio. DM. Wir erhalten die Gelegenheit, in einem bisher nicht gekannten Ausmaß neue, mit 16 Mio. DM-Hilfe der Deutschen Forschungsgemeinschaft entwickelte Techniken anzuwenden – eine Hochspannungs-Gleichstrom-Übertragung in einer Länge von 1400 km! – und dürfen uns davon beträchtliche Anschlußaufträge versprechen.

Abgesehen davon, daß uns dieses Projekt wahrscheinlich nicht gerade Verluste bringen wird, motivieren uns eine Reihe von allgemeineren sozialen Folgen zur Mitarbeit, die ohne die ideologische Brille gesehen werden müssen, weil sie nichts mit Politik zu tun haben: Wir schaffen verbesserte Infrastrukturen und somit Voraussetzungen für die Nutzung südafrikanischer,

rhodesischer, malawischer und mozambiquischer Bodenschät-
ze – was vor allem für das devisenarme und mit Verteidigungsaufgaben überlastete Portugal eine Lebensfrage ist. Wir dienen
auch der deutschen Industrie, indem wir ihr den Weg zu wichtigen Rohstoffen ebnen. Ebenso der eng mit uns verbundenen
südafrikanischen Industrie, an die bereits die erfolgverspre-
chendsten Schürfrechte rund um den Damm vergeben wurden.
Wir schaffen somit ein Bauwerk mit langfristigen humanitären
und sozialen Wirkungen nicht zuletzt für die Länder, mit denen
wir unsere guten Geschäftsbeziehungen zu erhalten und zu erweitern wünschen; und niemand, der auch nur eine leise Ahnung von wirtschafltlichen Gegebenheiten hat, sollte sich darüber erregen, daß wir in diesen unseren Partnern Portugal und
Südafrika die stärksten Garanten der westlichen Zivilisation sehen, Garanten auch für unternehmerische Freiheit in einem
noch unstabilen Kontinent. Und noch ein menschliches Argument: In Mozambique gibt es die herrlichsten Golfplätze der
Welt, die sich zumindest die Golfspieler unter unseren Führungskräften auch langfristig zu erhalten wünschen.

Wir sorgen deshalb mit für die Aussiedlung Eingeborener
und die Ansiedlung von möglicherweise einer Million Europäer
im Sambesital, die den Portugiesen die Begründungen für die
Zerschlagung der Buschkämpfer der sogenannten »Frelimo«-
Bewegung erleichtern werden. Wir sorgen mit dafür, daß
südafrikanische Truppen am militärischen Schutz der Damm-
anlagen und Leitungen teilnehmen und damit die Allianz zwischen Südafrika, Rhodesien und Portugal und ihre gemeinsame
Vorwärtspolitik intensivieren. Wir teilen schließlich die Erwartung der Portugiesen, daß ein für viele Länder und Firmen noch
ertragreicheres Mozambique die internationalen Bemühungen
um die Aufrechterhaltung der gegenwärtigen Ordnung in diesem Gebiet bedeutend verstärken wird – wobei wir bereits auf
unseren bescheidenen Anteil in Form der von Blohm + Voss
gebauten Anti-Guerilla-Flußkampfschiffe verweisen dürfen.

Und unseren allzu ängstlichen Kritikern dürfen wir sagen,
daß unsere Unternehmerrisiken äußerst begrenzt sind. Denn

neben der Gewährung eines Exportkredits in Höhe von 286 Mio. DM bürgt die Bundesrepublik mit 404 Mio. DM gegenüber uns und den anderen deutschen Firmen für den Tag, an dem der Damm wider Erwarten in schwarzafrikanische Hände fallen sollte. Und selbst dann werden die Schwarzen von dem Damm nicht profitieren können, wenn sie sich nicht mit der Südafrikanischen Republik arrangieren – da die Kraftwerke vorerst nur dann wirtschaftlich arbeiten werden, wenn Südafrika ihr Hauptabnehmer mit 70% bleibt. Kurz, wir leisten einen gewichtigen Beitrag zur Stabilisierung wirtschaftlicher, sozialer und politischer Verhältnisse in gesamt Südafrika.

Gegenüber diesem gewaltigen Projekt nehmen sich unsere anderen afrikanischen Aktivitäten freilich unscheinbar aus. Dennoch ist die Tatsache, auch in Ländern wie *Äthiopien, Algerien, Kenia, Kongo, Marokko, Nigeria* und *Tunesien* immer mehr ins Geschäft zu kommen, nicht nur eine Bestätigung für den multinationalen Charakter unseres Hauses, sondern zugleich ein Zeichen unseres Bemühens, Märkte der Zukunft schon heute zu sichern.

Wir und Asien / Australien

Der asiatische Markt ist vergleichsweise noch wenig von uns erschlossen. Das hängt zum einen damit zusammen, daß wir hier manches unseren japanischen Partnern überlassen, zum anderen aber auch damit, daß uns von dem riesigen asiatischen Raum nur ein kleiner Teil offensteht.

Unser größter vorderasiatischer Stützpunkt ist der *Iran*. Das niedrige Lohnniveau, die minimale Steuerlast sowie die stabilen politischen Verhältnisse haben ein äußerst freundliches Investitionsklima geschaffen, das neuerdings zu einer starken Repräsentanz der deutschen Industrie im Iran führt. Neben Transformatoren fertigen wir vor allem Fernsprech- und Fernschreibgeräte, die dem Schah bei seinem schwierigen innenpolitischen Kampf gegen seine zahlreichen und oft uneinsichtigen

Gegner tatkräftig unter die Arme greifen. Die häufigen wechselseitigen Besuche zwischen dem Monarchen bzw. seinen Ministern und unseren Experten und die kaiserlichen Auszeichnungen hoher Siemens-Mitarbeiter legen von der guten Zusammenarbeit ein ebenso beredtes Zeugnis ab wie unsere Partnerschaft mit persischen Unternehmungen. Auch im Iran leisten wir Siemens-Entwicklungshilfe – mit unserem bisher größten Trainingscenter für Fernsprechtechnik.

Mit drei Fabriken und über 4000 Mitarbeitern unterhalten wir in *Indien* ebenfalls eine große Auslandsgesellschaft, die seit nunmehr 105 Jahren besteht. Zwar sind in diesem Land, in dem etwa jeder zweite Bewohner mit einem Monatseinkommen unter 20 DM auskommen muß, der Kaufkraftverbesserung und damit dem Expansionstempo gewisse Grenzen gesetzt. Auf der anderen Seite bietet jedoch die Partnerschaft bei Investitionen meist marktbeherrschender indischer Firmen, die entweder Amerikanern oder einigen indischen Familien anvertraut sind, eine Gewähr für gute Gewinne. Deshalb sind wir hier in erster Linie in den Bereichen Energietechnik und Installationstechnik tätig – und nicht zuletzt auf dem Musikmarkt. Gegenüber der Vormachtstellung der US-Industrie hoffen wir uns mit unserer soliden Technik zu behaupten, die wir u. a. in unserer Musterwerkstatt Bombay den Indern vermitteln.

Mit der Zunahme kommunistischer Aktivitäten in *Pakistan* haben auch wir, im Verein mit der Entwicklungshilfe der Bundesrepublik und der Weltbank, unsere Hilfe in diesem Land verstärkt, das aus der Bundesrepublik mehr Elektrogeräte bezieht als aus jedem anderen Land der Welt. Wir sind im Ausbau des Stromnetzes, am Bau von Kraftwerken, an der Ausrüstung der größten Flughäfen und mehrerer Fabriken beteiligt. Im ökonomisch günstigeren Ostpakistan, dem jetzigen *Bangla Desch*, unterhalten wir mehrere Fertigungsstätten (vgl. S. 91).

Immer lebhafter gestalten sich unsere Beziehungen auch im südostasiatischen Raum, besonders im wiedererstarkten *Indonesien* General Suhartos, wo wir u. a. zusammen mit der indonesischen Postverwaltung eine Telefonfabrik betreiben. Der wegen seiner Mini-Löhne, seiner disziplinierten und fleißigen Bewohner interessante Stadtstaat *Singapur* ist uns als Fertigungsstandort besonders wertvoll. Natürlich sind wir auch in *Südkorea*, in *Malaysia* und auf den *Philippinen* nicht untätig. Und auch in *Australien* und *Neuseeland* hat unser Name einen guten Klang.

Mit *Japan*, dem bedeutendsten Elektromarkt Asiens, haben wir unsere traditionelle Zusammenarbeit in den letzten Jahren weiter vertiefen können. In der Nachrichtentechnik verbindet uns eine enge Partnerschaft zur Firma Fujistu, in der Meßtechnik arbeiten wir mit der bekannten Fuji Electric zusammen. Beide Firmen haben schon 1968 für rund eine Milliarde DM nach Siemens-Technik gefertigte Geräte verkauft! Daneben haben sich Siemens-Japan und die Nippon Grammophon (von der unsere Polygram 50% hält) selbständig auf diesem wichtigen Markt etablieren können. Immer interessanter werden auch die Möglichkeiten einer noch stärkeren internationalen Kooperation – insbesondere in der Datentechnik und Energietechnik –, um den finanziellen und politischen Gegebenheit des Weltmarkts und den Notwendigkeiten seiner optimalen Aufteilung Rechnung zu tragen.

Unser Beitrag zur Rohstoffgewinnung

Ein Haus mit der technischen Vielfalt wie das unsere muß im Interesse seiner Zukunftssicherung auch darauf bedacht sein, immer neue Rohstoffquellen zu erschließen oder sich wenigstens an deren Aneignung zu beteiligen. Deshalb sind wir seit vielen Jahren über die gemeinsam mit der Deutschen Bank und der Allianz Versicherung betriebene Allgemeine Verwaltungsgesellschaft für Industriebeteiligungen mit 30% an der mit Abstand größten deutschen Rohstofffirma, der Metallgesellschaft AG (Weltumsatz 5 Mrd. DM), beteiligt. Im Aufsichtsrat dieses Unternehmens, dem auch der erfahrene Dr. Abs zur Verfügung steht, ist unser Dr. Hans Kerschbaum stellvertretender Vorsitzender. Die Metallgesellschaft hat in den 60er Jahren nicht nur ihre Marktanteile bei allen Nichteisen-Metallen beträchtlich erhöht, sondern auch eine stattliche Anzahl neuer ausländischer Lagerstätten erwerben können.

Da der Staat erkannt hat, wie lebensnotwendig diese Initiative der Privatindustrie sind, pflegt er mehr und mehr die Risiken dieser Geschäfte zu übernehmen. So trägt er uns z. B. bei der Uranprospektion 75% der Kosten, die selbst bei Fündigkeit nicht rückerstattet werden müssen, wenn diese Subventionen erneut investiert werden. So kann die deutsche Industrie ihren lange verloren geglaubten Einfluß auf die Rohstoffmärkte der freien Welt endlich wieder geltend machen. Die Metallgesellschaft und ihre 42 Beteiligungsgesellschaften (darunter die Urangesellschaft mbH, Norddeutsche Affinerie und Lurgie GmbH) stehen dabei in vorderster Front. Das zeigt vor allem der Kampf um die für uns zur Lebensfrage gewordenen Uranvorkommen, die wir vor allem in Kanada, in den USA, in Niger, Südafrika und Australien prospektieren bzw. ausbeuten. Aber auch die weltweiten Geschäfte mit Kupfer, Blei, Zink, Chrom, Nickel, Wolfram, Platin, Flußspat, Asbest und Graphit kommen uns zugute. Und selbst im zukunftsträchtigen Tiefseebergbau haben wir über die Metallgesellschaft wie über Messerschmidt-Bölkow-Blohm gleich zwei Eisen im Feuer.

Unsere Öffentlichkeitsarbeit

*»Heute und künftig hat die Kommunikation einen entscheidenden Beitrag
für den Bestand der freien Gesellschaft und für das Gedeihen der Gesellschaft
zu leisten. Die dabei zu lösenden Teilaufgaben sind vielfältig wie die
Beziehungen eines Unternehmens mit seiner Umwelt.«
Georg Letz, Leiter der Abteilung Firmenwerbung*

Selbst multinationale Unternehmen wie unser Haus können
sich, wenn sie führend bleiben wollen, nicht allein auf ihre
überzeugende Technik, ihre weltweite Produktion und ihren
schlagkräftigen Vertrieb verlassen. Je mehr das Auseinanderleben zwischen den Kräften der Wirtschaft und der Masse der
Konsumenten fortschreitet, desto mehr bedarf es kommunika-
tiver Arbeit, um das Verständnis für unsere Ziele und das Vertrauen in die Leistungsfähigkeit unseres Hauses zu stärken. Dabei fällt den großen Firmen die Aufgabe zu, zugleich mit ihrer
vielfältigen Aufklärungs- und Öffentlichkeitsarbeit auch die
Werbung für unsere gesamte Wirtschafts- und Gesellschaftsordnung voranzutreiben.

Unsere Bilanzoptik

Eine der vornehmsten und diffizilsten Aufgaben dieser Art
kommt Jahr für Jahr mit der Aufstellung der Bilanz und der Ge-
winn- und Verlustrechnung auf uns zu. Bekanntlich stellen die
Aktiengesellschaften insgesamt drei Bilanzen auf: eine streng
vertrauliche Rohbilanz für den Hausgebrauch, eine Steuerbi-
lanz für die Finanzämter sowie die für die Öffentlichkeit bestimmte Handelsbilanz mit der Gewinn- und Verlustrechnung.
Jede dieser Bilanzen hat einen anderen Zweck. Der Zweck der
veröffentlichen Handelsbilanz liegt vor allem darin, den guten
Namen und die Solidarität des Hauses vor Banken, Aktionären,
Presse und Mitarbeitern mit Zahlen zu belegen. Diese Bilanz

und die ihr zur Seite gestellte Gewinn- und Verlustrechnung haben also – selbstverständlich im Rahmen aktienrechtlicher und steuerrechtlicher Möglichkeiten – in erster Linie kommunikative und optische Funktionen, weshalb man oft von der »Bilanzoptik« spricht.

Die Kunst des Bilanzierens muß sich an zwei Zielgruppen orientieren. Sie muß diejenigen Institute und Personen, die mit wirtschaftlichen Gegebenheiten vertraut sind, von der soliden Expansion, Kapitalkraft und finanztechnischen Geschicklichkeit unseres Hauses überzeugen. Zweitens sollte die Bilanz diejenigen Personen, die sich in der Komplexität unserer Wirtschaft nicht zurechtfinden, vom Schicksal maximaler Risiken und minimaler Gewinne überzeugen. Beide Aufgaben – für die einen Ertragsstärke, für die anderen Ertragsschwäche zu beweisen – laufen auf den selben Bilanzgrundsatz hinaus: die Gewinne dahin zu verstecken, wo sie der Laie nicht vermutet, wo sie aber der Fachmann zu finden weiß.

Wie wir dabei vorgehen, soll an der Gewinn- und Verlustrechnung für das letzte abgeschlossene Geschäftsjahr (1970/71) gezeigt werden. Allerdings können wir hier nicht alle bilanzanalytischen Varianten durchspielen, sondern nur einen sehr groben Überblick geben.

Die Siemens AG und 97 ihrer in- und ausländischen Gesellschaften erreichten eine Gesamtleistung von 14 980 Mio. DM. Dazu kamen Erträge aus weiteren Beteiligungen, anderen Finanzanlagen, Zinsen usw. in Höhe von 233 Mio. DM und Sonstige Erträge (darunter Kursgewinne bei Rückzahlung von Währungsschulden, umsatzsteuerliche Berlinvergünstigungen und Bundeszuschüsse für unsere Forschung) von 446 Mio. DM. Diesen insgesamt 15 659 Mio. DM stehen an Aufwendungen gegenüber: Für Roh-, Hilfs- und Betriebsstoffe sowie für bezogene Waren wurden 6628 Mio. DM aufgewandt – wobei diese Summe durch mögliche Unterbewertung der Materialbestände evtl. höher liegt als sie liegen könnte. Für Löhne und Gehälter, inklusive 12,2 Mio. DM für Vorstand und Aufsichtsrat, zusammen 4811 Mio. DM. Nebenbei: Trotz des ungeheueren Lohndrucks liegen die Löhne und Gehälter immer noch relativ niedriger als vor 10 Jahren, als wir 35,5% des Inlandumsatzes an die Belegschaft auszahlen mußten – während wir heute nur 32,7% des Weltumsatzes und 33,5% des Inlandumsatzes direkt für die Mitarbeiter ausgeben.

Es bleibt also ein Betrag von 4220 Mio. DM, der unseren Bilanzexperten zur Verfügung steht. Davon fielen auf Abschreibungen (Aufwendungen für die Abnutzung der Maschinen und Gebäude innerhalb des einen Jahres) 603 Mio. DM. Da diese Kosten jedoch in etwa um ein Drittel über der realen Abnutzung liegen, bleiben uns hier mindestens 201 Mio. DM als zinsloser Steuer-Kredit. Auch die Abschreibungen auf Finanzanlagen (die u. a. das Entwicklungshilfe-Steuergesetz gestattet; außerdem haben wir für alle Fälle unser Investment in Bangla Desh voll abgeschrieben) konnten mit 15 Mio. DM wenigstens um 50% überbewertet werden, es bleiben uns also ca. 8 Mio. DM.

Obwohl wir im vergangenen Jahr 120 Mio. DM an Pensionen ausgezahlt haben, konnten wir dem steuerlich zulässigen Jahresbetrag entsprechend 371 Mio. DM verbuchen, also weitere 251 Mio. DM im Hause behalten. Bei dem mit 351 Mio. DM dotierten Posten Zinsen und ähnliche Aufwendungen handelt es sich großenteils um Zinsen für Kredite, also um das Entgelt für finanzielle Vorleistungen unserer Banken, das wir mehr oder weniger als notwendige Aufwendung zu betrachten haben. Bei den Aufwendungen aus Verlustübernahme von nicht konsolidierten Beteiligungsgesellschaften (8 Mio. DM) handelt es sich lediglich um Buchverluste. Die 7 Mio. DM-Einstellung in Sonderposten stellt ebenfalls keine echte Ausgabe dar.

Die Sonstigen Aufwendungen haben wir diesmal auf 1648 Mio. DM erhöhen können. Sie enthalten neben verschiedenen Rückstellungsbildungen für meist sehr hoch angesetzte Risiken gewissen Ausgaben für Werbung und Vertrieb, vor allem aber Repräsentationsausgaben (Dienstvillen, Dienstwagen, Messen und zahllose andere Spesen) sowie Zuwendungen an Verbände und Organisationen. Streng genommen ist allenfalls die Hälfte dieses Betrages, also rund 842 Mio. DM, wirklich für Produktion und Absatz von Bedeutung. In unsere Rechnung haben wir schließlich den ausgewiesenen Jahresüberschuß in Höhe von 221 Mio. DM einzubeziehen, der für die Dividende und Rücklagen verwendet wird.

Während also neben den Material- und Personalkosten ca. 1,722 Mrd. DM als notwendige Aufwendungen zu bezeichnen sind, ohne die ein Geschäftsbetrieb in unserer Wirtschaftsordnung nicht aufrecht zu erhalten wäre, konnten wir die stattliche Summe von nicht weniger als ca. 1,539 Mrd. DM erreichen, die uns unmittelbar zur inneren und äußeren Stärkung des Hauses und seiner Eigentümer zur Verfügung stand und steht.

Den restlichen Betrag von knapp 1 Mrd. DM mußten wir an verschiedene staatliche Institutionen abgeben, die diese Gelder jedoch letztlich wieder in unserem Interesse verteilen – sei es allgemein zur Stärkung unseres Wirtschaftssystems, also zur Aufrechterhaltung von Ruhe und Ordnung und optimalen Produktionsbedingungen, sei es zur Finanzierung von Subventionen, Rüstungsaufträgen, Infrastruktur, Gesunderhaltung der Arbeitskräfte usw. Diese Summe setzte sich zusammen aus 375 Mio. DM Steuern, aus 8 Mio. DM Lastenausgleich-Vermögensabgabe und aus Sozialen Abgaben in Höhe von 576 Mio. DM. Hier handelt es sich weitgehend um den von den Gewerkschaften ertrotzten Arbeitgeber-Pflichtanteil für die Sozialversicherungen, den wir lieber zum Personalaufwand rechnen, während er statistisch leider Gottes zu den staatlichen Aufgaben zählt.

Halten wir noch einmal fest: Durch Ausschöpfung aller aktienrechtlichen und steuerrechtlichen Möglichkeiten gelang es, einen Betrag von mehr als 1,5 Mrd. DM, der im Bereich des Siebenfachen des ausgewiesenen Jahresüberschusses liegt, zur Stärkung des Hauses und seiner Geldgeber zu verbuchen und damit sowohl den Forderungen der Kleinaktionäre wie dem gewerkschaftlichen und linksdemagogischen Anspruchsbereich zu entziehen.

Und ein anderer erfreulicher Aspekt: Wenn wir diese 1,5 Mrd. DM in Beziehung setzen zu dem eingesetzten Kapital von 6,8 Mrd. DM (Grundkapital, Rücklagen, Rückstellungen), dürfen wir feststellen, daß wir allein im letzten Geschäftsjahr fast 23 % dazuverdient haben – freilich »unsichtbar«, da der größte Teil dieser Gelder bereits ausgegeben oder wieder investiert wurde und weiter für uns arbeitet. Und wenn wir weiterhin gewisse Unwägbarkeiten einbeziehen wie die mögliche Überbewertung der Zinsen (durch versteckte Zinsen auf eigene Rückstellungen) oder die mögliche Unterbewertung unserer Bestände bei der Festlegung der Aufwendungen für Roh-, Hilfs- und Betriebsstoffe bis zu 3 oder gar 5 %, was einer Stärkung um eine weitere viertel Milliarde gleichkäme, werden die Dimensionen einer geschickten Bilanzierung einigermaßen deutlich.

Noch ein Wort über unsere Investitionen. Im Geschäftsjahr 1970/71 haben wir insgesamt 916 Mio. DM investiert. Vier Fünftel dieses Betrags, 737 Mio. DM, flossen uns durch steuerliche Abschreibungen und Abgänge zu, so daß wir nur ein Fünftel unserer Investitionen selbst finanzieren mußten. Damit ist unser wirtschaftspolitisches Argument, daß Investitionen aus Gewinnen finanziert werden müssen, noch nicht völlig ohne reale Grundlage.

Ebenso wie wir hoffen, den Schein eines minimalen Gewinns zu wahren, so kommt es darauf an, die Größe und Vielfalt unseres Unternehmens nicht allzu deutlich werden zu lassen und optisch lieber auf seine kleinste Größe zu reduzieren. So tauchen all die nicht konsolidierten Beteiligungsgesellschaften, von denen wir Anteile bis zu 50 % besitzen, in der Bilanz nur bescheiden unter Beteiligungswerten (342 Mio. DM) auf. Darunter sind so bedeutende Töchter wie die Kraftwerk Union AG (Umsatz 522 Mio. DM) und die Transformatoren Union AG (Umsatz 340 Mio. DM), die wir mit der AEG zu je 50 % halten. Unser großartiges Musikgeschäft (Umsatz 1 Mrd. DM), das wir mit Philips betreiben, ist ebenso wenig erfaßt wie die Aktivitäten der Osram-Gruppe (Umsatz 830 Mio. DM) und der Bergmann-Gruppe (1 Mrd. DM), die beide faktisch von unserem Haus beherrscht werden. Weiterhin fehlen so wichtige Beteiligungen wie Blohm + Voss, Interatom, Sigri und die Allgemeine Verwaltungsgesellschaft für Industriebeteiligungen, die an der Gruppe

Metallgesellschaft beteiligt ist. Zwar sind deren Reingewinne, soweit sie uns zustehen, als Erträge in unser obigen Rechnung berücksichtigt, aber nicht deren reale Ertragskraft.

Unsere traditionell vorsichtige Bilanzierungspolitik dient aber auch der wirtschaftspolitischen Auseinandersetzung unserer Tage. Wenn immer die Kostenlawine rollt, die wir, wo immer der Markt eine Chance läßt, durch Preiserhöhungen weitergeben, verweisen wir mit unseren Bilanzen auf den Ernst der Lage. Wenn die Personalaufwendungen überdurchschnittlich steigen, helfen unsere Zahlen und im Notfall Dividendenkürzungen zur ernsten Mahnung, den Bogen nicht zu überspannen. Und wenn ein Geschäftsjahr wie das letzte zum Jahr des Kampfes um den Ertrag wird, das uns immerhin die bewußten 1,5 Mrd. DM sicherte, geben wir der Wirtschaftspresse Anlaß, über den Rückgang unserer Gewinne zu meditieren – während wir unermüdlich für die innere und äußere Konsolidierung und die internationale Konkurrenzfähigkeit arbeiten. Deshalb ist unsere erfolgreiche Bilanzoptik eine der wichtigsten Grundlagen unserer Öffentlichkeitsarbeit. Sie soll unseren Freunden Argumente liefern, unseren Gegner die Argumente aus der Hand schlagen und uns ein möglichst ungestörtes weltweites Wachstum sichern.

Unsere Aktionäre

Über 300 000 Menschen – etwa so viel wie unsere Belegschaft – sind Eigentümer unseres Hauses. Ihrem Vertrauen in die Ertragskraft des Unternehmens danken wir die 1189 Mio. DM, die uns derzeit als Grundkapital zur Verfügung stehen. 90% dieser unserer Aktionäre sind Deutsche, etwa ein Drittel von ihnen ist in Bayern zu Hause.

Unsere Aktien sind breit gestreut, was nichts an der Tatsache ändert, daß 0,2% unserer Aktieninhaber über 48,2% des inländischen Aktienbesitzes verfügen. Darunter sind vor allem die Deutsche Bank und die Allianz-Versicherung mit größeren

Paketen vertreten. Allein 13,3% gehören, wie nicht anders erwartet, der Siemensschen Vermögensverwaltung, die 75 Familienmitglieder umschließt. Diese Familienaktien sind Vorzugsaktien, die ihren Inhabern in allen entscheidenen Fragen das sechsfache Stimmrecht garantieren, so daß sowohl die bewährten Traditionen als auch das zielsichere Fortschreiten des Hauses gewährleistet bleiben. Über den Aufsichtsratsvorsitz (Peter von Siemens) wahrt die Familie, von der vier Männer im Hause aktiv sind, ihren Einfluß auf die Geschäftspolitik.

Die Garantie dieser Kontinuität und die Verantwortung des Erbes läßt sich die Familie nur bescheiden honorieren. Von den 154 Mio. DM (bzw. 1298 Mio.), die zuletzt (bzw. in den letzten 10 Jahren) als Dividende ausgeschüttet wurden, konnte sich die Familie nur 19,9 Mio. (172 Mio.) gutschreiben lassen – jeder einzelne im Durchschnitt ca. 265 000 DM (2,3 Mio. DM). So erhalten die Familienmitglieder einen gewissen Grundstock für weitere Unternehmungen (Wertpapiere, Immobilien, Getränkebranche) und ein ihrem Namen entsprechendes Auskommen, das sie instand setzt, ohne Dünkel auch über soziale Schranken hinwegzusehen, wie es etwa einer der jungen Erben, Pier Caminneci, von sich berichtet: »Ich habe nichts dagegen, auch einen Wursthändler einzuladen, mit dem ich am Abend vorher gepokert habe. Solch ein Mann ist dann auf meiner Party ein großer Erfolg.«

Geführt von der Familie und der Deutschen Bank, ist und bleibt die Siemens AG eine große und populäre Publikumsgesellschaft. Auch wenn 93,1% der inländischen Aktionäre nur 22,4% der Aktien besitzen, so sollte man daraus keine falschen Schlüsse ziehen. Die Aufgabe dieser guten Bürger – seien sie Mitarbeiter oder Hausfrauen, Ärzte oder Pensionäre – besteht ja allein darin, das Haus mit Kapital zu versorgen und ihr Stimmrecht nach Möglichkeit den mit der Unternehmensleistung verbundenen Banken zu überlassen. Schon Georg von Siemens, der erste Direktor der Deutschen Bank, hat sich in einer Reichstagsrede im Jahre 1900 leidenschaftlich für die Ausgabe von Aktien mit kleinem Nennwert und für ihre breite

Streuung eingesetzt. Sein Grundgedanke, den später Dr. Abs popularisiert hat – das Kapital breiter Kreise der Großindustrie verfügbar zu machen und jene Kreise einerseits dem komplexen Entscheidungsprozeß fernzuhalten, andererseits dem privatwirtschaftlichen System enger zu verbinden –, bleibt auch heute noch die Richtschnur unserer Vermögens- und Beteiligungssysteme (vgl. »Unsere Mitarbeiter«, S. 147).

Für diesen Dienst schulden wir den Kleinaktionären besondere Aufmerksamkeit. Zu ihrer befriedigenden Information gehört neben der Dividendenbekanntmachung ein farbenfroher, bilderreicher und mit technischen Mitteilungen ansprechend zubereiteter Geschäftsbericht. Den wenigen, die ihre besondere Treue zum Haus bekunden und zu den Hauptversammlungen erscheinen – weniger als 1% aller Aktionäre –, müssen wir diese Stunden so angenehm wie möglich machen. Dazu brauchen wir informative Filme und die wenigen Opponenten mit ihren mitunter launigen und belebenden Beiträgen ebenso wie – als Entschädigung für die nüchternen Zahlen – charmante Platzanweiserinnen, gefällige Blumen am Podium und einen verantwortungsbewußt zwischen goldbemalten Orgeln sitzenden Vorstand. Das wichtigste aber ist das Gefühl der Aktionärsdemokratie und der Zusammengehörigkeit, das sich u. a. in der 99,9prozentigen Zustimmung zu unserer Unternehmenspolitik niederschlägt.

Selbstverständlich brauchen wir die Hauptversammlungen auch zur politischen Information und Demonstration. Z. B. sprechen wir gegen die Pläne zur Fusionskontrolle und zur Steuerreform, gegen den selbstzerstörerischen Reformperfektionismus, gegen die Mitbestimmungsanmaßung der Gewerkschaften, gegen die Feinde der Marktwirtschaft und gegen die Anbiederung an scheinbar progressive Systeme. Wenn sich neuerdings eine ganz, ganz kleine Minderheit von Aktionären, die nicht begreifen wollen, daß Wirtschaft und Politik oder gar Ideologie nichts miteinander zu tun haben, das gleiche Recht der freien Rede herausnimmt und für ihre Zwecke mißbraucht, ohne zu sehen, daß solche Agitation bei uns und bei 99% der

Aktionäre überhaupt nicht ankommt, werden wir auch in Zukunft das Rederecht einschränken und wie gehabt mit Hilfe der Polizei den Frieden unseres Hauses aufrecht erhalten. Wir machen uns auch Gedanken darüber, wie einer rigorosen Ausnutzung des Aktionärsfragerechts noch reibungsloser entgegengewirkt werden kann.

Unsere Finanzpolitik

Bei den komplizierten Aufgaben der Finanzierung eines Weltunternehmens kommt es mehr und mehr darauf an, die finanziellen Privilegien extensiv zu nutzen, die uns die öffentlichen Hände anbieten. Welche reizvollen Möglichkeiten wir heute neben den traditionellen Finanzierungsmethoden haben, sollen einige Beispiele aus der Praxis mit Finanz- und kommunalen Behörden zeigen.

Besonders interessant sind unsere mit steigendem Umsatz geringer werdenden Steuerzahlungen – 1969: 496 Mio. DM, 1970: 381 Mio., 1971: 375 Mio. Während der Umsatz in den letzten drei Jahren um 41% stieg, konnten wir 24% weniger Steuern zahlen als 1969! Auch langfristig gesehen wird der Trend für uns immer günstiger. 1961/62 mußten wir noch 5,7% vom Weltumsatz für Steuern ausgeben, heute sind es nur noch 2,6%. Im einzelnen haben wir etwa durch die Fusion von vier unserer Gesellschaften mit der Siemens AG im Geschäftsjahr 1969/70 rund 165 Mio. DM Steuern sparen können. Auch die Übertragung unserer Anteile an MBB auf die uns zu einem Drittel gehörende Fides-Industrie-Beteiligungsgesellschaft mbH erfolgte aus steuerlichen Motiven. Fides verfügt mit 25% über eine Schachtelbeteiligung an MBB und kann deshalb ihre Erträge jetzt steuerfrei beziehen und, soweit sie uns zustehen, an uns weiterleiten. Nicht zuletzt sei erwähnt, daß wir, wie jedes Unternehmen, durch legal verspätete Steuerzahlung jährlich Millionen von DM an Zinskosten sparen.

Bei der Standortplanung in der Bundesrepublik kommen uns

die verständlichen Wünsche der Städte und Gemeinden nach Arbeitsplätzen und Gewerbesteuern sehr entgegen. So konnte unsere Tochter Osram in Berlin ein neues Werk für 40 Mio. DM vollständig aus öffentlichen Mitteln finanzieren. Für 18,6 Mio. DM mußte der Berliner Senat der Osram das alte Werk abkaufen, aus Sonderabschreibungen flossen der Tochter 15 bis 16 Mio. DM zu, 5 Mio. DM kamen als Investitionszulage hinzu, und der geringe Rest wurde dem Marshallplan-Fonds entnommen, mit 4% Zinsen für 10 Jahre. Die Anspielung auf die mögliche Abwanderung von Berlin genügte, um diese Millionensummen zu sichern.

Nicht viel schlechter sind die Verhältnisse in unserer Hauptstadt München, der wir jährlich ca. 20 Mio. DM Gewerbesteuern zahlen und damit über einen entsprechenden Goodwill verfügen. Als wir unsere neue Datentechnik-Zentrale planten, stellten wir die Münchener praktisch vor die Entscheidung: Wollt ihr, daß wir zum industriellen und wissenschaftlichen Ansehen der Stadt beitragen, oder wollt ihr, daß wir nach Bochum gehen? Obwohl wir uns im Ernst dort gar nicht niederlassen wollten, genügte diese Anspielung. So konnten wir von einer Wohnungsbaugesellschaft im Vorort Neu-Perlachein ein 375 000 qm großes Gelände erwerben und brauchten nicht einmal die der hoch verschuldeten Stadt zustehende Grunderwerbssteuer in Höhe von 4,5 Mio. DM zahlen.

Auch wenn, wie die »Zeit« richtig feststellte, für investitionsfreudige Unternehmen das Geld buchstäblich auf der Straße liegt, müssen wir teils mit Preiserhöhungen, teils mit Sparmaßnahmen ständig die Liquidität des Hauses aufbessern. Allein 500 Mio. DM hoffen wir im Jahr 1972 durch Preiserhöhungen zu vereinnahmen. Durch Preisabsprachen (bei Waschmaschinen), etwas überdeutliche Preisempfehlungen (bei Schallplatten) und Industrieverkäufer (das sind Verkäufer unseres Hauses, die nur unauffällig als solche gekennzeichnet sind und in Kaufhäusern unsere Produkte an den Mann bringen) mindern wir das Unternehmerrisiko wenigstens so lange, wie von den entsprechenden Behörden kein Widerspruch erfolgt.

Andere Sparmaßnahmen seien hier als Beispiel dafür genannt, daß auch eine Weltfirma, die Milliarden-Umsätze macht, mit jedem Pfennig rechnen muß, auch wenn er von den eigenen Mitarbeitern kommt. Wenn wir beispielsweise ███████████ ██ ██ ████████████████████████████████████ Wenn wir Broschüren wie »Begegnung mit Siemens«, die wir an Besucher des Münchner Siemens-Museums kostenlos verteilen, unseren Mitarbeitern für 5,50 DM anbieten.

Letztendlich gehört auch die Kurspflege unserer Aktien zum Finanzgeschäft. Nachdem wir im April 1972 die Bankexperten und Mitglieder der Vereinigung für Finanzanalysen und Anlageberatung zu einem Informationsgespräch geladen und ihnen eine Gewinnsteigerung für 1972 und 1973 um je 10% versprochen hatten, zogen unsere Kurse sprunghaft an. Auch das Angebot unserer Optionsanleihe – für jeden Kenner ein todsicheres Geschäft – hat die Siemens-Euphorie an den Börsen und Bankschaltern Europas spürbar beeinflußt.

Unsere Informationspolitik

Voraussetzung einer sinnvollen Informationspolitik ist ein ständiger, guter Kontakt zu den Massenkommunikationsmitteln, insbesondere zur Presse. Unsere Zentralstelle für Information liefert ihr neben Erfolgsmeldungen aus der großen Siemens-Welt stets gut präpariertes Material für die wirtschaftspolitische Auseinandersetzung unserer Tage. Nicht zuletzt dieses guten Service wegen werden die Verlautbarungen unseres Hauses von den Zeitungen fast jeder Couleur mit besonderem Respekt weitergegeben und kommentiert.

Zeitungen und Zeitschriften jedoch, die Negatives über uns berichten zu müssen meinen oder unser Haus als Konzern und nicht, unserer Regelung gemäß, als Haus bezeichnen, lassen wir die Kraft unseres Boykotts spüren. Als die Zeitschrift »Capital«

beispielsweise über unsere Intervention in Bonn zwecks Abbe-
stellung von IBM-Computern und Bestellung von teureren Sie-
mens-Computern berichtete, konnten wir nicht umhin, mit An-
zeigenentzug zu drohen. Als die gleiche Zeitschrift über
Verzögerungen beim Bau unseres Atomkraftwerks in Argentinien berichtete, sahen wir uns gezwungen, ihre Redakteure von
unseren Pressekonferenzen auszuschließen. Noch entschiedener mußte wir nach der Aktion einiger Münchner Lehrlinge gegen unsere Ausbildung reagieren, als die Presse diese Vorfälle
auszuschlachten drohte. Erst durch intensive Gespräche mit
der »Abendzeitung« und der »Süddeutschen Zeitung« ist es gelungen, das Schlimmste zu verhüten. Der Chefredakteur einer
anderen Zeitung, die als einzige im Aufmacher über die Lehr-
lingskosten berichtet hatte, wurde bald darauf entlassen.

Solche Mißklänge werden jedoch mehr als ausgeglichen
durch die Kommentare großer Zeitungen, die in unserem Sinne gewisse Überlegungen anstellen, die wir noch nicht so deutlich äußern möchten. So etwa die »Deutsche Zeitung/Christ
und Welt«, die anläßlich unserer letzten Bilanz schrieb: »Der
Trend zum ›profitlosen Kapitalismus‹, also zu einer Situation,
in der sich die Enteignung nicht einmal theoretisch mehr lohnt,
scheint unaufhaltsam zu sein, obwohl er von den Politikern ge-
flissentlich totgeschwiegen wird, weil diese ihren Machtgewinn
aus Neidkomplexen beziehen müssen.«

Besonders wichtig ist die taktische Informationstechnik. So
haben wir beispielsweise im baden-württembergischen Metall-
streik vom Herbst 1971 mehrfach eingreifen müssen – nicht
nur mit der Autorität unserer Führungskräfte, mit unseren In-
dustrieverbänden usw. In einer Anzeige »Das Geschäft wird
hart« nutzten wir z. B. die geringe prozentuale Verringerung
der Zuwachsrate des Auftragseingangs – wir gaben den Zu-
wachs mit 8 % an, während wir später im Geschäftsbericht immerhin 9 % meldeten. Mit dieser Zahl und einer »Abwärts« si-
gnalisierenden Grafik konnten wir Stimmung gegen die andere
Seite machen. Etwa eine Woche später gaben wir die demon-
strative Kürzung unserer Dividende von 16 auf 14 % bekannt,

die weitgehend als Alarmsignal begrüßt wurde. Obwohl jedermann klar sein mußte, daß unsere Dividende keine Frage des Könnens, sonders des Wollens ist, verfehlte dies Signal seine Wirkung nicht – auch gegenüber unseren Mitarbeitern, deren Erfolgsbeteiligung ja von der Dividendenhöhe abhängig ist (vgl. »Unsere Mitarbeiter«, S. 146).

Dann, wenige Tage nach dem gimpflich überstandenen Tarifabschluß, ließen wir wieder die erste Erfolgsmeldung an die Öffentlichkeit: Auftragseingang bei Bauelementen leicht belebt! Und als wir im Februar 1972 die neuen Bilanzen vorstellten, mit denen wir wenige Monate vorher noch ängstliche Warnungen begründet hatten, ließen wir das Stimmungsbarometer wieder hochschnellen: »Siemens hat den Kampf um den Ertrag gewonnen«, »Siemens baut mehr Sicherungen für die Zukunft ein«, »Siemens hat noch immer gut verdient«, »Siemens sieht keinen Grund zu Klageliedern« – so lauteten die Schlagzeilen.

Es ist heute und morgen zu wenig, nur Informationen zu geben. Wir müssen einen Dialog mit den verschiedenen Zielgruppen der Gesellschaft in Gang setzen und damit Beziehungen herstellen, die wir in unserer heutigen Welt brauchen, um unsere Aufgaben optimal erfüllen zu können. Viele unserer weitverzweigten informationspolitischen Aktivitäten laufen deshalb über Industrieverbände, verschiedene Arbeitskreise, Stiftungen und effektive Interessengruppen. Auf einige dieser Engagement wollen wir wenigstens im Kapitel über unsere Führungskräfte eingehen.

Unsere Bildungspolitik

Obwohl die Ausgaben für das öffentliche Schul- und Bildungswesen in der BRD in den letzten Jahren rapide gestiegen sind, werden diese Einrichtungen den Anforderungen der Wirtschaft nicht mehr gerecht. Darauf gilt es in zweifacher Hinsicht zu antworten. Zunächst müssen wir da, wo der Staat die Bildungsaufgabe noch nicht pragmatisch zu lösen versteht, mit

unternehmenseigenen Maßnahmen nachhelfen. Unser innerbetriebliches Bildungsprogramm, von dem allein im Geschäftsjahr 1970/71 40 000 Mitarbeiter profitieren, ist erst ein bescheidener, wenn auch modellhafter Schritt nach vorn. Da wir aber
vor allem aus Konkurrenzgründen nur relativ kleine Summen
für die Berufsausbildung bereitstellen können, brauchen wir
mehr und mehr Einfluß bei den außerbetrieblichen Ausbildungsstätten.

Deshalb dürfen wir nicht tatenlos zusehen, wenn die gegenwärtige, gegen das Leistungsprinzip unserer Wirtschaftsordnung gerichtete Seuche der Politisierung und Ideologisierung
an den Hoch- und Fachschulen weiter wie bisher grassiert. So
versuchen wir, auch über die Industrieverbände, die zuständigen Stellen dahingehend zu beeinflussen, daß sich Universitäten und Schulen der wirtschaftlichen Wirklichkeit wieder
anpassen, daß klare Ausbildungsziele formuliert und größere
Effizienz erreicht wird. Wir dringen auf Lehrstühle für Managerschulung an der Universität. Und wir entwickeln neue Kooperationsformen mit den Berufsschulen.

Auch wo die staatliche Ausbildung von Politisierung frei ist,
birgt sie immer noch die Gefahr, daß die Auszubildenden mit
zuviel Allgemeinbildung, mit zuviel akademischer »Freiheit«
und ablenkenden Bildungsinhalten belastet werden, was immer
noch zu ideologischen Ausbrüchen führen kann. Nur eine extrem sachbezogene Ausbildung garantiert, daß die technische
Qualifikation in eine distanzierte politische Betrachtungsweise
eingebettet bleibt. Wo die zunehmende Massenbildung nicht zu
vermeiden ist, muß sie wenigstens kanalisiert werden, ehe sie zu
systemgefährdenden Reibungen führt. Die wissenschaftlich-
technische Qualifizierung wird ein immer entscheidenderer
Wachstumsfaktor. Deshalb brauchen wir langfristig die Befreiung vom Ballast der Lehrstoffe und die stärkere Kopplung des
Lernprozesses mit dem Anwendungsprozeß. Die zukünftigen
Ingenieure werden ihren Stoff nicht mehr von den mathematischen, physikalischen und technischen Grundlagen her beherrschen müssen. Im Interesse ihrer wirtschaftlichen Einsatzfähig-

keit und ihrer loyalen Bindung an das Unternehmen müßte es gelingen, sie nur für einen ganz engen, möglichst firmenspezifischen Arbeitsbereich zu spezialisieren.

Alle diese Pläne sind heute noch nicht sehr populär. Deshalb sind wir gewillt, unsere vorbildliche Bildungsarbeit mehr und mehr auch in unsere Öffentlichkeitsarbeit einzubeziehen.

Unsere Olympiade

Im Sommer 1972, wenige Wochen vor unserem 125jährigem Jubiläum, haben wir die zugleich größte und preiswerteste Werbeveranstaltung unserer Geschichte durchführen können. Die großzügige Inszenierung der Olympischen Spiele von München bescherte der Wirtschaft eine Fülle von Aufgaben und den Zuschauern bisher ungekannte technische Höchstleistungen und Rekorde, die viele Rekorde der Athleten weit in den Schatten stellten. Mit Recht wurden die Spiele als Olympiade der Technik und unser Haus als einer der strahlendsten Sieger gefeiert. Wir waren mit allen unseren technischen Disziplinen vertreten: Datentechnik, Energietechnik, Installationstechnik, Medizinische Technik, Nachrichtentechnik – und nicht zu vergessen die Bauelemente als unsichtbare Helfer.

Mit dem schnellsten, größten und am weitesten verzweigten System der Datenfernverarbeitung zur lückenlosen Information über die Wettbewerbsergebnisse gewannen wir den Wettlauf gegen die Zeit und gegen die Konkurrenz – die großartige Werbewirkung dieser Computeranlage im Wert von 30 Mio. DM hatten wir uns durch gezielte Niedrigstangebote erkaufen können. Über unser Informationssystem »Golym« stellten wir der begeisterten Öffentlichkeit an 72 Auskunftsstationen 500 Millionen Daten über sämtliche Sportler vom Gewicht bis zur Kinderzahl und Hobbies, desgleichen über die Sportfunktionäre und über sämtliche Ergebnisse der Olympischen Spiele der Neuzeit zur Verfügung. Auch für die weltweite Fernsehübertragung schufen wir die technischen Voraussetzungen. Nicht nur

Schalträume und Studios, auch die moderne Richtfunktechnik auf dem Olympiaturm und die Antennenanlagen für die Satellitenübertragung in Raisting wurden von uns gebaut und bestückt.

Mit der farbfernsehtüchtigen Flutlichtanlage und der Lautsprecheranlage konnten wir, getreu dem Olympischen Eid, ebenfalls zur Ehre unseres Hauses und Landes beitragen. Für das Ärztezentrum lieferten wir alle elektromedizinischen Ausstattungen. Für die Stromversorgung des Olympiastadiums sämtliche Leitungsnetze, 17 Transformatoren, 100 km Kabel und 4000 Leuchten.

Daß wir auch am Bau der S- und U-Bahn, am Verkaufsrekord bei Farbfernsehen und am allgemeinen Olympiaboom erheblich profitierten, liegt auf der Hand. Weniger bekannt ist, daß wir mit unserem Physiker Dr. Otto Betz auch den Geschäftsführer des Vereins zur Förderung der Olympischen Spiele stellten. Dieser Verein sammelte steuerabzugsfähige Spenden und teilte den Firmen dafür das werbekräftige Etikett »Olympia-Lieferant« zu – auch uns, die wir für 1,3 Mio. DM Geräte bereitstellten.

Mit der ständigen Präsentation technischer und sportlicher Höchstleistungen haben wir schließlich auch der breiten Masse, die solche Leistungen oft nur mangelhaft zu würdigen weiß, zum mindesten das Vergnügen an neuen, unerreichbaren Vorbildern geschenkt und damit viel zur allgemeinen Zufriedenheit und zu einem gesunden Nationalbewußtsein beigetragen. Und wir haben die Öffentlichkeit einmal mehr davon überzeugt, wie grau unsere Welt ohne Siemens-Leistungen aussähe.

Unsere Werbung

Alle Öffentlichkeitsarbeit dient letztlich dem Markt, dem Markt des Wissens, des Vertrauens und damit dem Markt der Siemens-Güter, der ohne die menschenverbindende Werbung nicht mehr vorzustellen ist. Das immer größere und unübersichtlicher werdende Warenangebot unter dem Druck der Konkurrenz – zumindest auf den Sektoren, wo es noch Konkurrenz gibt – an den Mann zu bringen, ist für die Industrie heute das Problem Nr. 1 geworden. Der unternehmerische Erfolg ist längst nicht mehr allein eine Frage seiner Darstellung. Deshalb muß hier die Werbung einspringen und die Waren entsprechend den Wünschen der Konsumenten formen und vorstellen. Grundlage dieser Arbeit ist ein weithin anerkanntes positives Image des Herstellers, das den Kunden in der richtigen Weise aufklärt und leitet.

Nachdem wir Anfang der 60er Jahre durch eine Imageanalyse festgestellt hatten, daß in der Öffentlichkeit wegen unserer Tradition und Qualität einerseits ein »Ur-Vertrauen« zu Siemens besteht, andererseits wegen unserer Größe und Schwerfälligkeit aber auch eine kaufhemmende psychologische Distanz, haben wir unser Image nach und nach den Wünschen der Käufer angepaßt und marktorientiert. Wir profilieren uns durch bessere Anzeigen (weniger Text, mehr Bild, Farbe, persönliche Ansprache), einheitliche siemensspezifische Gestaltung (Typographie, Layout, Firmenschilder, Messestände usw.) und ein engagiertes Informationsangebot (Fachzeitschriften, Bücher, Filme, Multi-Media-Shows). Mit unserem neuen Erscheinungsbild als fortschrittliches, zuverlässiges und kundennahes Unternehmen haben wir mittlerweile die Voraussetzungen für ein optimales »Ankommen« bei unserem breit gefächerten Kundenkreis und in der breiten Öffentlichkeit schaffen können.

Obwohl wir mehr als andere Großfirmen auch die Werbung für Investitionsgüter vorantreiben, liegt unser werbliches Schwergewicht nach wie vor auf Gebrauchs- und Konsumgütern. Die relativ hohe Marktsättigung bei Konsumgütern zwingt uns, ständig neuartige Produkte auf den Markt zu werfen und die Gebrauchszeit der alten Geräte zu verkürzen. So haben wir beispielsweise mit großem werblichen Erfolg einen neuen, von oben zu beschickenden Waschmaschinentyp durchgesetzt und unter dem Slogan »Alte Platten sind öde!«

106

unsere musikalischen Absatzwünsche von den Kunden erfüllen lassen.

Als Teil dieser Marketingkonzeption wird das Design immer wichtiger. Indem es das Funktionelle des Produkts hinter der Poesie origineller Formen und Farben zurücktreten läßt, befriedigt das gelungene Design die Träume der Verbraucher. Zwar steht der Gebrauch der Produkte immer noch an der Spitze der Forderungen der Kunden, aber verkaufsentscheidend sind letztlich Assoziationsqualität, Innovationsqualität, Farbqualität, Repräsentationsqualität und Verpackungsqualität des Produkts. Die immer neuen Verkleidungen helfen nicht nur, unsere Konkurrenzfähigkeit zu erhöhen, sie beweisen auch, daß wir ganz in den Wünschen und Problemen unserer Abnehmer zu denken verstehen.

Wenn die Industrie mit Hilfe von Werbung und Design Waren entwickelt, deren Erscheinung und Sprache den Bedürfnissen der Käufer derart entgegenkommen, daß sie gewissermaßen triebhaft auf sie ansprechen, wird die Industrie zum Anreger einer neuen Menschlichkeit. Denn je mehr es ihr gelingt, mit ihren Produkten auch das Versprechen auf ein besseres, schöneres Leben zu verkaufen, desto mehr lenkt sie Hoffnung und Vertrauen derjenigen auf sich, die nun einmal ohne Einfluß auf die Geschicke unserer Gesellschaft bleiben müssen. Damit lassen wir die Menschen spüren, daß wir es sind, die unter allen gesellschaftlichen Instanzen die größten Anstrengungen zu ihrer Befriedigung unternehmen und deshalb ihr uneingeschränktes Vertrauen verdienen. Diese unsere Vertrauenswürdigkeit bauen wir nach soziologischen, psychologischen und sozialpsychologischen Erfahrungen und Methoden weiter aus.

All diese Formen unserer Öffentlichkeitsarbeit reichen aber noch nicht aus. Da die Träger der Marktwirtschaft, die Unternehmer – das müssen wir hier selbstkritisch anmerken – versäumt haben, rechtzeitig die richtigen Kommunikationsmittel einzusetzen, um ihre Haltung, ihre Idee einer leistungs- und wettbewerbsorientierten Wirtschaft durchzusetzen und das gesellschaftliche Auseinanderleben zu verhindern, bleiben uns noch viele Aufgaben, bei denen die Techniken der Kommunikation verfeinert und konsequent angewandt werden müssen.

Unsere Führungskräfte

»Richtig ist, daß sich auf diese Weise (durch personelle Verflechtung der
Aufsichtsräte) eine eng begrenzte Gruppe herauskristallisiert, die sich
gegenseitig informiert und berät. Dieser verhältnismäßig kleine Kreis von Männern
steuert einen verhältnismäßig großen Teil der Wirtschaft. Aber warum
sollte man darin einen Mißstand sehen? Auch in der Politik werden die großen
Entscheidungen von wenigen getroffen.«
Ernst von Siemens

Im Mittelpunkt der Geschäftspolitik unseres Hauses stand und
steht der Mensch und damit die Zukunft des Menschen. Eine
Zukunft, die wir mit noch besserer Organisation und mit noch
größeren Leitungsbefugnissen auf allen gesellschaftlichen Ebenen zu meistern haben. Dazu bedarf es guter Männer mit
außergewöhnlichen Führungsqualitäten, wie wir sie in unserem
Aufsichtsrat, in unserem Vorstand und unserem Direktorium
in dankenswert großer Zahl besitzen.

Unser Aufsichtsrat

Dr. phil., Dr.-Ing. e.h. HERMANN VON SIEMENS

Der 1885 geborene Enkel des Firmengründers ist heute,
nach einem langen, arbeitsreichen Leben für unser Haus, Ehrenvorsitzender des Aufsichtsrats (AR). Hermann von Siemens, der noch in Bismarcks Forst das Schießen lernte und als
Soldat, wie seine jüngere Schwester überlieferte, die »wahre
Schießstimmung« der Offiziere und Unternehmer gegen die
»Sozis« teilte, wurde 1941 Chef des Hauses, das er bis 1956
führte. Obwohl 1945 auf die Kriegsverbrecherliste gesetzt,
kehrte er bald wieder unbelastet an die Spitze des Hauses zurück (vgl. »Unsere Geschichte«, S. 50). Von 1954 bis 1964 leite-
te er die Fraunhofer Gesellschaft zur Förderung der angewandten Forschung e. V. – eines der bedeutendsten Gremien zur
Koordinierung staatlicher und rüstungswissenschaftlicher In-

teressen. Unser vielfach geehrter Senior ist u. a. Mitglied des Kuratoriums des Stifterverbandes für die Deutschen Wissenschaften.

Dr. rer. pol. PETER VON SIEMENS

Seit November 1971 hat in Peter von Siemens die Generation der Urenkel des Gründers die Führung des Hauses, d.h. den Vorsitz des AR inne. Unser 1911 geborener Chef war während des Krieges vor allem in Südamerika tätig. Er wirkt auch heute in mehreren bedeutenden Aufsichtsräten mit, die in der Übersichtstabelle (S. 118) verzeichnet sind. Als Mitglied des Präsidiums des Bundesverbandes der deutschen Industrie (BDI) und Mitglied des Wirtschaftsrats der CDU setzt er sich unermüdlich für das Wohl und Werden unserer gesellschaftlichen Ordnung ein. Um uns seine Schaffenskraft noch lange zu erhalten, hat sich Peter von Siemens entschlossen, auf die gewöhnliche, von Chemikalien durchsetzte Nahrung zu verzichten und eine eigene Farm einzurichten, deren Produkte er nur noch biologisch düngen läßt. Aber er behält diese Schätze der Natur nicht für sich allein, sondern läßt auch seine zahlreichen Freunde aus der CSU, dem Hochadel und der Kunstwelt daran teilhaben. Auch Peter von Siemens entspannt sich, wie so viele Siemens-Männer, bei klassischer Musik. Die schwierigsten Partituren regen ihn ebenso an wie die schwierigsten sozialen Konflikte, bei denen er mit großer Meisterschaft die Interessen der 75 Familienmitglieder gegenüber denen der 300 000 Mitglieder der Siemens-Familie zu behaupten weiß.

Dr. rer. pol. h.c. HERMANN J. ABS

Hermann Josef Abs – der Dreiklang dieses Namens steht für den Doyen der deutschen Wirtschaft, den als stellvertretenden AR-Vorsitzenden verpflichtet zu haben eine besondere Genugtuung für unser Haus ist. Die großen Verdienste des jahrelangen Chefs der Deutschen Bank reichen bis in die 30er Jahre zurück. Durch seinen Weitblick verhalf Abs nach 1933 manchem deutschen Unternehmer zu günstigen Erwerbungen. Die Pläne zur Ausweitung des deutschen Lebensraums im 2. Weltkrieg wurden zu einem nicht geringen Teil von ihm mitentwickelt

110

und im Gesamtinteresse der Wirtschaft ausgearbeitet. Der große Europäer und Berater des Reichswirtschaftsministers strebte schon damals nach einem vom Deutschen Reich beherrschten »neuen Europa, das auf den Schlachtfeldern dieses Krieges geschmiedet wird«. Im Gegensatz zu zahlreichen anderen Männern der Wirtschaft wurde Abs nicht auf die Liste sog. Kriegsverbrecher gesetzt. Trotzdem hatte auch er genug zu leiden, da die Amerikaner noch 1946 seine Deutsche Bank besudeln und liquidieren zu müssen meinten und in einem umfangreichen Report deren Teilhaberschaft an der »verbrecherischen Politik des Naziregimes« dokumentierten. ████████████████ ██████ Doch beim Wiederaufbau der deutschen Wirtschaft korrigierten die Alliierten schnell solche aus der Hitze des Gefechts resultierenden Einschätzungen.

Der Finanzier und Freund Konrad Adenauers verfügte bereits in den frühen 50er Jahren wieder über 20 AR-Mandate (1944 waren es 57, 1966: 33) und zahlreiche, in seinem Sinne verabschiedete Gesetze zur Erleichterung des Unternehmerrisikos. Heute sitzt der 70jährige noch in 16 Aufsichtsräten, darunter häufig als Ehrenvorsitzender (vgl. Übersichtstabelle). Und der vielfach geehrte Freund der Hausmusik und Ritter des Ordens zum Heiligen Grabe wird nicht müde, in bester Kenntnis der gesamtwirtschaftlichen Situation auch und gerade die Unternehmer zu mahnen, daß der Kampf der Vater aller Erfolge ist und bleiben muß: »Wenn der Unternehmer nicht bereit ist zu kämpfen, verdient er unterzugehen. Seid nicht so ängstlich und denkt nicht, daß die weiche Tour die Chance zum Überleben bietet!«

Dr. Ing. e.h. ERNST VON SIEMENS

15 Jahre lang war Ernst von Siemens Vorsitzender des Aufsichtsrats, bis er diesen Posten im Herbst 1971 aus Altersgründen an Peter von Siemens abgab und sich auf den stellvertretenden Vorsitz beschränkte. Er dient dem Haus seit 1929. Ab 1944 bereitete er die durch die militärische Niederlage bedingte Dezentralisierung des Hauses vor (vgl. »Unsere Geschichte«, S. 50). Ernst v. Siemens – auch er berät noch weitere Unterneh-

111

men – hat sich nicht nur als fleißiger und bescheidener Jungge-selle, sondern auch als entschiedener Verfechter eines vorur-teilslosen und weitsichtigen Unternehmerstandpunkts einen Namen gemacht. Er hat oft darauf hingewiesen, »daß der Be-griff der Demokratie aus dem politischen Bereich nicht in die Wirtschaft übertragen werden kann«, weil sich sonst nicht genügend »verantwortungsbewußte Männer in der deutschen Wirtschaft ideenreich und schöpferisch entfalten können«. Der große Musikfreund und Naturliebhaber, der beispielsweise zu-sammen mit kulturellen Wortführern wie Dr. Strauß, Dr. Kie-singer, Grundig, Diehl, Schickedanz und anderen das Kurato-rium für das Dürer-Jahr 1971 bildete, warnt auch vor den Gefahren der endlosen Diskussion über Fragen der Demokra-tie und Mitbestimmung: »Die nun seit Jahren geführte Diskus-sion über die erweiterte Mitbestimmung schwächt und gefähr-det die deutsche Wirtschaft. Eine unendliche Unruhe hat sich verbreitet, wozu teilweise recht demagogische Angriffe auf die Unternehmer, die ja immerhin eine Leistung vorzuweisen ha-ben, wesentlich beitragen.«

Dipl. rer. pol., Dr. sc. pol. GERHARD TACKE

Der dritte stellvertretende Vorsitzende unseres Aufsichtsrats ist Dr. Tacke, der sich zuvor drei Jahre lang als agiler Vorstands-chef bewährt hatte. Bald nachdem 1933 sein Buch »Kapital- und Warenausfuhr« erschienen war, stieß Tacke zu Siemens. Nach seinem großen Coup von 1944 (vgl. »Unsere Geschich-te«, S. 49) avancierte er bald zu unserem »Außenminister«, fe-stigte unseren Weltruf und profilierte unser Image. Tacke ist ebenfalls vielfacher Aufsichtsrat, außerdem Vorstandsmitglied der Carl-Duisberg-Gesellschaft für Nachwuchsförderung, Mit-glied der Europäischen Liga für wirtschaftliche Zusammenar-beit, des Verwaltungsrats des Goethe-Instituts, und des Direc-ting Committee Association Internationale pour la Promotion et la Protection des Investissements privés en Territoires Etran-gers, Genf. 1971 wurde dem Golfspieler und Münzsammler vom Club der Wirtschaftspresse e.V., München, die »Gläserne Letter« für hervorragende Öffentlichkeitsarbeit verliehen. Takkes Öffentlichkeitsarbeit besteht u. a. darin, das Phänomen der Krise als kalkulierbares Instrument unserer Politik wiederentdeckt zu haben. So verkündete er im Sommer 1970: »Die Sonne der nächsten Rezession geht auf und wird Beruhigung in die überschäumende Wirtschaft bringen.« Und im Dezember 1970: »Ich bin der Ansicht, daß wir in wenigen Monaten eine Rezession mindestens des Ausmaßes von 1966 auf uns zukommen sehen werden. Das braucht die Siemens-Aktionäre nicht zu schrecken.«

Dr. jur. ALOIS ALZHEIMER

Dr. Alzheimer ist unser Verbindungsmann zum größten europäischen Versicherungskonzern Allianz-Münchner Rückversicherung, der auch über zahlreiche Industriebeteiligungen verfügt. Seit 1950 Chef der Münchner Rück, sitzt Alzheimer in den Aufsichtsräten von acht großen Versicherungen.

Prof. Dr. phil., Dr. rer. nat., Dr.-Ing. e.h., Dr. h.c., Dr. h.c. Dr. e.h., Dr. h.c., Dr. e.h., Dr. h.c., Dr. e.h., Dr. h.c., Dr. h.c. ADOLF BUTENANDT

Mit dem großen deutschen Biochemiker und Nobelpreisträger Butenandt konnten wir zugleich den Präsidenten der Max-Planck-Gesellschaft zur Förderung der Wissenschaften gewinnen. Die Max-Planck-Gesellschaft gibt uns und anderen Großfirmen Gelegenheit, kostspielige, risikoreiche und langfristige Grundlagenforschung in diese Institution auszulagern, die von der Allgemeinheit finanziert wird (1969: 320 Mio. DM) und von deren allgemein zugänglichen Ergebnissen wir dennoch profitieren können. Deshalb dominiert die Industrie in den entsprechenden Gremien. Während der Drucklegung dieser Schrift wird Prof. Butenandt sein Präsidentenamt niederlegen. Aber unserem AR hoffen wir die Erfahrungen und Kontakte des mit zahllosen Verdienstmedaillen ausgezeichneten Wissenschaftlers noch lange zu erhalten.

Dr. rer. pol. h.c. OTTO ANDREAS FRIEDRICH

In dem 1902 geborenen Dr. Friedrich steht uns ein erfahrener Unternehmer und rühriger Gesellschaftspolitiker zur Seite. Er bewährte sich im Krieg als Wehrwirtschaftsführer und Leiter verschiedener Rüstungsgremien und wurde 1949 Chef der Phoenix Gummiwerke AG. 1965 machte ihn der Schwer- und Rüstungsindustrielle Friedrich Flick zu einem seiner geschäfts- führenden persönlich haftenden Gesellschafter und zum Auf- sichtsrat bei der Daimler-Benz AG, die ihren Einfluß immer mehr auf Rheinstahl (Hanomag-Henschel) und VW ausdehnt. In der Flick-Gruppe gebietet Friedrich mit über 16 Mrd. DM Umsatz und etwa 260000 Beschäftigte. Sein besonderes Inter- esse galt von jeher der Festigung der Industrieverbände. Fried- rich ist Mitbegründer des BDI, seit 1960 sein Schatzmeister und Vizepräsident. 1969 wurde er zum Präsidenten der Bun- desvereinigung der deutschen Arbeitgeberverbände (BDA) ge- wählt, deren 56 Mitglieds- und 720 Fach- und Regionalverbän- de er mit fester Hand durch die sozialpolitischen Gefechte unserer Tage führt. Immer wieder ermuntert er seine Mitglie- der – rund 90% aller privaten Unternehmer – zur Härte und zum Kampf »an allen Fronten«, um das »Bewährte zu bewah- ren«, und, wo erforderlich, auch neue Wege zu beschreiten. Friedrich ist Mitglied des Kuratoriums der Forschungsgemein- schaft der Deutschen Wirtschaft, der Deutschen Kommission für Weltraumforschung und der Atomkommission sowie zahl- reicher anderer Interessengruppen. Friedrich pflegt Beziehun- gen zu allen Parteien. Er selbst ist fördernder Anhänger der CDU; sein ältester Sohn ist persönlicher Referent des gegen- wärtigen SPD-Superministers Helmut Schmidt. Und nicht zu- letzt verbinden ihn freundschaftliche und verwandtschaftliche Beziehungen (sein Bruder Hans Eberhard ist Präsident der Axel-Springer-Stiftung) mit dem wirksamsten deutschen Mei- nungskonzern, der Axel Springer AG.

Prof. Dr.-Ing. KURT HANSEN

Der Freizeitangler und begeisterte Segelflieger Hansen ist Vorsitzender des Vorstands der Farbenfabriken Bayer AG, des stärksten Stamms des einstigen IG-Farben-Konzerns, für den er während des Krieges Verbindungsmann zur Wehrmacht war. Der Chemiker Hansen, vielfacher Aufsichtsrat, Ehrensenator und Honorarprofessor, vertritt die Interessen seiner besonders

114

im Ausland stark expandierenden Branche als Präsident des Verbandes der chemischen Industrie, im Außenhandelsbeirat der Bundesregierung, im Beirat der Fritz-Thyssen-Stiftung und beim Stifterverband.

Dr. phil., Dr.-Ing. e.h. HANS KERSCHBAUM

Dr. Kerschbaum, 1902 geboren, ist einer der wenigen altgedienten Siemensianer im AR. Der Spezialist in der Nachrichtentechnik vertritt uns in zwei Aufsichtsräten und in der Max-Planck-Gesellschaft.

Dr. rer. pol. EGON OVERBECK

Von der Mannesmann AG haben wir deren Vorstandschef Overbeck in unseren AR berufen, wo er uns u. a. durch seine zahlreichen Querverbindungen zur Ruhrindustrie willkommen ist. Neben seiner Tätigkeit in bedeutenden internationalen Gremien widmet sich der Jäger und Tennisspieler der Wirtschaftsvereinigung Eisen- und Stahlindustrie e. V., der Wissenschaft und dem Deutschen Museum. Als Major im Generalstab a. D. ist der heute 54jährige überzeugt, daß die als Truppenführer erlernte Kriegskunst mit Nutzen im Management von heute eingesetzt werden kann: »In beiden Bereichen gilt die Ökonomie des Mitteleinsatzes – da Blut, hier Geld; auch wenn man den Vergleich scheut, es ist schon so.«

Dr. jur. WERNER PREMAUER

Mit dem Chef der Bayerischen Vereinsbank, die mit der Bayerischen Staatsbank liiert ist, haben wir einen weiteren einflußreichen Finanzmann verpflichtet. Premauer kann acht Aufsichtsratsposten, vor allem bei süddeutschen Firmen, aufweisen. Der Bergsteiger und Vizepräsident der Industrie- und Handelskammer für München und Oberbayern gehört ebenfalls dem Senat der Max-Planck-Gesellschaft an.

ALEXANDER VON SEIDEL

Herr von Seidel ist Mitglied der Geschäftsleitung der Gevetex-Textilglas GmbH, Aachen, und Vorsteher der Arbeitsgemeinschaft Verstärkte Kunststoffe. Wichtiger sind seine engen Beziehungen zur Familie Haniel (Commerzbank, Gute-Hoffnung-Hütte usw.).

Dipl. Ing., Dr.-Ing. e.h. HANS-GÜNTER SOHL

Neben dem Präsidenten des BDA können wir auch den des BDI zu unserer Mannschaft zählen. Seit Ende 1971 führt Dr. Sohl die 39 Industrie-Verbände, die ihrerseits über 400 Fachverbände und Gruppen sowie 216 Landes- und Regionalverbände umschließen. Diese Gremien, die von der großen Industrie dominiert werden – die Stimmen der Mitglieder werden nach den Beitrags- und Beschäftigtensummen festgelegt – üben einen nachhaltigen Einfluß auf Parlamente, Presse und Regierungen aus, der auch den Interessen unseres Hauses zugute kommt. Nach dem Krieg wurde der ehemalige Wehrwirtschaftsführer Sohl mit der Entflechtung der Stahlindustrie beauftragt – so konnte er seine Thyssen AG zum größten Stahlproduzenten Europas machen. Als Initiator der Walzstahlkontore, mit denen der Wettbewerb im Stahlhandel weitgehend abgeschafft wurde, zeigte er der Wirtschaft einen sicheren Weg in die nächsten Jahrzehnte. Sohl hält 15 AR-Sitze, allein in 8 Räten ist er Vorsitzender. Über seine vielseitige Tätigkeit, die er, wenn erforderlich, auch an seine in Bonn tätigen Mitarbeiter Birrenbach (MdB), Dichgans (MdB) und Mommsen (Staatssekretär im Wirtschaftsministerium) delegieren kann, sagt der Rotarier und Musikfreund mit dem ihm eigenen Understatement: »Zu jedem Unternehmer gehört – wie schon das Wort sagt –, daß er etwas unternimmt. Leute, die etwas unternehmen und bereit sind, Risiken einzugehen, können sich auch Chancen ausrechnen. Das ist das eine. Das zweite: Nach meiner Meinung ist jeder erfolgreiche Unternehmer in gewissem Grade auch ein Künstler.«

FRANZ HEINRICH ULRICH

Mit Herrn Ulrich kommen uns die Erfahrungen des nach Dr. Abs bedeutendsten Bankiers unserer Tage zugute. Ulrich ist seit 1936 für die Deutsche Bank tätig. Als Sekretär des persönlichen Büros von Abs lernte er früh die differenzierten Techniken der Betriebs- und Kapitalkonzentration und des Kapitalexports. Heute arbeitet der Vorstandssprecher der Deutschen Bank in 14 Aufsichtsräten. Neben seinen vielen Ehrenämtern bestimmt er auch über die Entwicklungshilfepolitik entscheidend mit (Deutsche Gesellschaft für wirtschaftliche Zusammenarbeit, Deutsche Überseeische Bank, früher auch Deutsche Afrika-Gesellschaft u. a.). Als aktivem Förderer der CDU/CSU ist es auch Ulrich klar, daß die unternehmerische Zukunft nur mit größerer Härte gesichert werden kann: »Wir werden auch – so unfreundlich das klingt – in Zukunft auf Personen weniger Rücksicht nehmen müssen, als auf die harten Gegebenheiten des Geschäfts.«

Dr. jur., Dr. phil. h.c. GÜNTER HENLE

Im März dieses Jahres ist Dr. Henle aus unserem AR ausgeschieden. Da uns seine Erfahrungen auch weiterhin zugute kommen, darf er in dieser Würdigung nicht unerwähnt bleiben. Der Klöckner-Chef ging 1936 in die Wirtschaft und war nach seiner kapitulationsbedingten Inhaftierung aktiv am Wiederaufbau unserer Grundordnung beteiligt, u. a. als Mitglied des 1. Deutschen Bundestages (CDU). Henle ist heute Geschäftsführender Teilhaber der Klöckner & Co. und Inhaber des Musikverlages G. Henle und sitzt vier Aufsichtsräten vor. Er hat sich nicht zuletzt als Präsident der Deutschen Gesellschaft für Auswärtige Politik e. V., als Freund der Musik, der Jagd, des Golfs und als Rotarier hervorgetan. Henles führungspolitisches Anliegen kommt in der Antwort an einen Aktionär der Allianz-Versicherung zum Ausdruck, der nach Vertretern der Kleinaktionäre im AR fragte. Henle, zwischen acht Herren sitzend, die auch uns kontrollieren (Alzheimer, Hansen, Overbeck, Premauer, E. v. Siemens, Sohl und Ulrich), erklärte ihm: »Ich glaube, wir sind alle selber Kleinaktionäre, jedenfalls viele von uns.«

Zusammenfassend und mit Blick auf die Übersichtstabelle dürfen wir mit Stolz einen weiteren Siemens-Superlativ verbuchen. Unser Aufsichtsrat – dessen sieben Arbeitnehmervertreter hier nicht ins Gewicht fallen – ist der mächtigste der gesamten deutschen Industrie! Kein Unternehmen keiner Branche konnte bisher einen so erlesenen Kreis einflußreichster Männer für

	Banken	Versicherung	Stahl	Chemie/Gummi	Energie/Erdöl	Bergbau/Rohstoffe	Masch.bau/Rüstung	Sonstige	Interessengruppen
P. v. Siemens	Deutsche Bank	–	Mannesmann	Bayer	–	–	J. M. Voith	Hapag	C, I
E. v. Siemens	–	Allianz	–	–	–	–	Klöckner H. D. (Stumm)	–	
Abs	Deutsche Bank	–	Hoesch	BASF u. Phoenix	RWE	Metall-gesellschaft	MBB	Daimler Benz, Lufthansa u. a.	C
Tacke	–	–	Thyssen	–	–	–		Bergmann, Osram u. a.	P
Alzheimer	Dresdn. Bank	Allianz	–	–	–	–	MAN	Nordd. Lloyd	P
Butenandt	–	(Allianz)	–	Bayer	–	–	–	–	
Friedrich	–	Allianz	–	Phoenix	–	–	*Flick-Gruppe*	Daimler Benz	A, I, W
Hansen	–	Allianz	–	*Bayer* u. Chem. W. Hüls	Erdölchemie	–	O. Wolff	Agfa-Gev. u. Kaufhof	C, I, W
Kerschbaum	–	–	–	–	–	Metall-gesellschaft	Kienzle	–	P
Overbeck	–	Allianz	*Mannesmann*	Hoechst u. Ruhrchemie	(RWE)	Ruhrkohle	Mannesm. Meer	Kammerich u. a.	C, P, W
Premauer	*Bayer. Vereinsbank*	Allianz	–	Südd. Chemiefaser	–	–	Bergmann u. a.	–	P
Sohl	Dresd. Bank	Allianz	*Thyssen* u. Mannesmann	Ruhrchemie	RWE u. Gelsenberg	Ruhrkohle	Demag	Hüttenwerk Oberhausen u. a.	C, I
Ulrich	*Deutsche Bank*	Allianz	Mannesmann	Bayer	Dt. Erdöl	–	O. Wolff, Demag, Klöckner H. D.	Daimler Benz	C
(Henle)	–	Allianz	*Klöckner*	–	–	–	Klöckner H. D.	VFW-Fokker, VIAG u. a.	C

Jede Kombination stellt einen Aufsichtsratssitz dar.

Ausnahmen: Kursivierte Firmen – der Herr ist Vorstandschef, Geschäftsführer oder Inhaber; Klammern – der Herr ist Beirat oder Ehrenvorsitzender des Aufsichtsrats. Herr Henle schied im Frühjahr 1972 aus dem Siemens-AR aus.

Erläuterungen der Interessengruppen

A – Hohe Funktion in der Bundesvereinigung der deutschen Arbeitgeberverbände (BDA); C – Wirtschaftsrat der CDU e. V.; I – Hohe Funktion im Bundesverband der deutschen Industrie (BDI); P – Hohe Funktion im Max-Planck-Institut; W – Stifterverband für die Deutsche Wissenschaft.

118

sich gewinnen! Wir haben die guten Männer aus den Chefetagen und Aufsichtsräten

— der drei mächtigsten Chemie-Konzerne (Bayer, Hoechst,
  BASF)
— der vier mächtigsten Stahlproduzenten (Thyssen, Klöckner,
  Mannesmann, Hoesch)
— der zwei mächtigsten Banken (Deutsche Bank, Dresdner
  Bank)
— des mächtigsten Bergbaukonzerns (Ruhrkohle)
— des mächtigsten Energieproduzenten (RWE)
— der mächtigsten privaten Autofirma (Daimler-Benz)
— des mächtigsten Rüstungsproduzenten (Flick)
— des mächtigsten NE-Rohstofflieferanten (Metallgesellschaft)
— der mächtigsten Versicherung (Allianz-Münchner Rückversicherung)
— der mächtigsten Forschungsgesellschaft (Max-Planck-Gesellschaft).

Da diese Herren mit zahlreichen weiteren AR-Posten zu den
Schlüsselfiguren der deutschen Wirtschaft gehören, kommt uns
— für bescheidene 34 000 DM (bei 14 % Dividende), die wir einfachen Aufsichtsräten für die 3 oder 4 Sitzungen im Jahr über-
weisen — nicht nur deren wertvollster Sachverstand, sondern
auch eine theoretisch unbegrenzte Kontrollmöglichkeit des
größten Teils der deutschen Industrie zugute. Denn die Aufsichtsräte berufen nicht nur die Vorstände, haben nicht nur die
Geschäftsführung zu überwachen, sondern auch die Möglichkeit, Einblick in die Geschäftsbücher zu nehmen und zu entscheiden, wann bestimmte Arten von Geschäften nur mit ihrer
Zustimmung vorgenommen werden sollen.

Wenn man sich die Liste der 100 umsatzkräftigsten deutschen Aktiengesellschaften — die gut 3/5 des gesamten Industrieumsatzes bestreiten — vornimmt und die in ausländischer,
öffentlicher und familiärer Hand befindlichen Firmen abzieht,
so bleiben über 60 Firmen, auf deren Geschäftspolitik unser
AR direkten Einfluß und Einblick hat — gegenüber nur vier Un-

ternehmen, die nicht zu unserem weiteren Kontrollbereich ge- zählt werden können: AEG, Degussa, Rheinstahl, Schering. Freilich gibt es mit diesen Firmen (außer Schering) auch eng verschmolzene Interessen durch Kooperation und gemeinsame Beteiligungen an dritten Unternehmen. Daß die informellen Kontakte noch viel weiter gehen (besonders durch die Banken – allein die drei Großbanken halten über 450 AR-Mandate) bis in zahlreiche ausländische, öffentliche und Familien-Unterneh- men hinein, soll hier nur am Rande vermerkt werden.

Die 12 stärksten Männer unseres Aufsichtsrats bestimmen also entscheidend mit über rund 1/3 des gesamten deutschen Industrieumsatzes und über etwa 2/5 aller in der Industrie Be- schäftigten, das sind rund 4 Millionen Arbeitsplätze, wobei die Arbeitsplätze in den Hunderttausenden von abhängigen Zulie- ferbetrieben noch nicht mitgezählt sind.

Darüber hinaus sind wir durch Dr. Sohl und Dr. Friedrich mit den gewaltigen Apparaten des BDI und der BDA engstens verbunden. Mindestens 7 unserer AR-Mitglieder sind im Wirtschaftsrat der CDU aktiv, je 4 bestimmen in der Max- Planck-Gesellschaft und im Stifterverband für die Deutsche Wissenschaft über unsere technologische Zukunft mit. Als Prä- sidenten der Branchenverbände (4), als höchste Funktionäre der Handelskammern (4) und als Mitglieder von politischen Organisationen sowie als Inhaber von Ehrenämtern wirkten unsere Räte geschickt in so gut wie alle Bereiche unserer Gesell- schaft hinein.

Unser Vorstand

Aus unserem neunköpfigen Vorstand wollen wir besonders den Vorsitzenden, Dipl. Ing., Dr. Ing. e.h. Bernhard *Plettner*, hervorheben, der im Oktober 1971 sein Amt übernahm. Der Starkstromtechniker hat durch die von ihm betriebenen Ko- operationsverträge mit der amerikanischen Allis-Chalmers und mit der AEG dem Haus wegweisende Schritte in die kommenden Jahrzehnte gewiesen. Heute sitzt er in zahlreichen Aufsichtsräten unserer Beteiligungsgesellschaften und anderer befreundeter Unternehmen. Plettner arbeitet u. a. an einer neuen Ausbildungskonzeption für Jungmanager, um das Image der Betulichkeit endlich auszutilgen, das uns leider immer noch anhaftet. Der leidenschaftliche Reiter ist dabei, das Haus mit aller Energie nach betriebswirtschaftlichen Regeln zu durchforsten, um es für die kommenden, immer härteren Jahre zu rüsten. Wie er diese Probleme in die Zange nimmt, weiß das Haus: »Plettner geht à la Rommel an die Front!«

Obwohl Dr. jur. Gisbert *Kley* die Altersgrenze für Vorstandsmitglieder bereits überschritten hat, ist er weiterhin im Vorstand tätig. Denn er hat keine andere und keine geringere Aufgabe als die, die Interessen des Hauses außerhalb des Hauses zu vertreten. Er ist Mitglied des Bundestages (CSU) und vertritt seine Fraktion und uns im Wirtschafts- und Sozialausschuß, im Wirtschaftsausschuß der EWG und bei der Euratom. Kley, der vor 1945 persönlicher Referent des Reichsministers für Ernährung und Landwirtschaft war und mit Sonderaufgaben in den besetzten Ländern Osteuropas betraut wurde, kam 1950 zu uns und war jahrelang Personalchef. Seine neuen politischen Aufgaben − ermöglicht durch einen sicheren Listenplatz der CSU − wurden von der Leitung des Hauses ausdrücklich begrüßt. Denn Dr. Kley ficht den permanenten Kampf für das Unternehmertum nicht nur im geschäftsführenden Vorstand des Wirtschaftsrates der CDU e. V., beim katholischen Institut für Gesellschaftswissenschaften und als Mitglied der Deutschland-Stiftung sowie der gegengewerkschaftlichen Aktionsgemeinschaft Sicherheit durch Fortschritt, sondern auch als Berater der Sachverständigen-Kommission zur Frage der Mitbestimmung, die von uns abzuwenden er in den entsprechenden Gremien bemüht ist.

Der Finanzchef des Hauses, Dr. jur. Heribald *Närger*, kam erst 1963 zu uns − nach langjähriger Tätigkeit für die Bayerische Vereinsbank. Neben seinen vielfältigen finanz- und bilanztechnischen Aufgaben achtet er im AR der Karstadt AG und im

Vorstand der Deutschen Schutzvereinigung für Wertpapierbe-
sitz darauf, daß die Interessenvertretung der Kleinaktionäre
nicht mit den Interessen der Großaktionäre kollidiert. Als Leiter der Zentralverwaltung Ausland kommt Dr. jur. Paul F. *Dax*
größte Bedeutung zu.

Die anderen Vorstandsmitglieder sind: Theodor *Baumann*,
Prof. Dr. rer. nat. Heinz *Gumin*, Dr. rer. nat. Werner *Müller*, Dr.
phil. Josef *Schniedermann* (zugleich AR der Wintershall AG) und
Dipl. Ing., Dr. Ing. e.h. Helmut *Wilhelms* (zugleich AR-Chef der
KWU und Interatom GmbH).

Den 11 Vorständen des Vorjahres und ihren 12 Stellvertre-
tern stand eine Gehaltssumme von 7.263 Mio. DM zur Verfügung, dazu kam ein ██████████████████████████████
██████ von 8%, also weitere 581000 DM. Wenn man davon
ausgeht, daß die stellvertretenden Vorstandsmitglieder etwa
2/3 des Gehalts ihrer Chefs bekommen, bleiben pro Kopf der
Vorstände etwa 410000 DM im Jahr. Das sind gut 34100 DM
im Monat, bei 20 Arbeitstagen 1708 DM am Tag, 213 DM pro
Stunde oder 3,56 DM in der Minute. Wir nennen diese Zahlen
ohne Scheu, weil wir der Überzeugung sind, daß die Vorstände
für das Entscheidungsrisiko und die Last der Verantwortung
nicht hoch genug entschädigt werden können – gleichgültig, ob
sie nun dem Streß der Planungen, der Konferenzen oder der
Bundestagsdebatten ausgesetzt sind.

Unsere leitenden Manager

Mit unseren 20000 außer Tarif entlohnten Angestellten besitzen wir das größte Führungskräfte-Reservoir deutscher Firmen
überhaupt. Aus diesen die bestgeeigneten Männer mit mensch-
lich klarer Haltung zu wählen, ist die Aufgabe unserer modernen Personalplanung. Unser Grundsatz, die kommenden Leute
möglichst im eigenen Haus groß werden zu lassen, macht ein
ständiges Ausleseverfahren und ein rastloses Training der Führungsmannschaft und der potentiellen Führungskräfte unerläß-

lich. Ab 1974 wird uns in Feldafing am Starnberger See ein neues, großzügiges Management-Zentrum zur Verfügung stehen. Nach einem Vierstufenplan werden wir sämtliche mittleren und oberen Führungskräfte durch diese neue Siemens-Akademie schleusen und ihnen das Rüstzeug für ihren Aufstieg und den des Hauses schärfen.

Ein Teil unseres Führungsnachwuchses wird durch die nach unserem ehemaligen Wehrwirtschaftsführer benannte Wolf-Dietrich von Witzleben-Stiftung gefördert. Zum Kreativitätstraining schicken wir unsere Leute nach Nürnberg zur Akademie für Absatzwirtschaft oder nach Köln zum Institut für angewandte Kreativität. Dort lernen sie durch Brainstorming und synektische Verfremdung ihre schöpferische Potenz zu steigern und neue Ideen für Produktion und Marketing zu finden.

Höhere Führungskräfte fahren zum Gruppendynamischen Innovations-Praktikum des Pforzheimer Instituts für Integrationsberatung. Hier versuchen die Siemens-Männer, den autoritären Führungsstil zu überwinden, der immer mehr die Effektivität der modernen Industriebetriebe bedroht, weil er Arbeitsfreude und Leistungswillen der Mitarbeiter untergräbt. Bei diesem, für manche recht schmerzhaften Anti-Autoritäts-Training üben unsere leitenden Herren die zukunftssichernden differenzierten Regeln kollegialen Führens. Die chronischen Manager-Ängste und vereinzelte Selbstmordabsichten hoher Mitarbeiter können wir nicht verhindern. Allerdings dürfen sich besonders beanspruchte Herren auf unsere Kosten bei eigens für Manager eingerichteten Meditationskursen auf ihre kommenden Aufgaben vorbereiten.

Die zahllosen siemensnahen Persönlichkeiten, die als Professoren, Beamte und Politiker, als Vorsitzende von Burschenschaften, Kunstvereinen und anderen Gruppen in der Öffentlichkeit wirken, können wir hier leider nicht im einzelnen würdigen. Gegenüber diesen rührigen Freunden unseres Hauses wäre es unangebracht, hier einzelne Herren wie Dr. Franz Josef Strauß hervorzuheben – der uns nicht nur über Dr. Kley und über die Airbus GmbH verbunden ist –, auch wenn er einer der einflußreichsten Männer unseres Landes ist und, nach Dr. Friedrichs Worten, die politische Hoffnung der Industrie verkörpert. Wir brauchen keine Vorzeige-Politiker, so wenig wie Politiker, mit denen wir Beraterverträge abschließen. Unsere Führungskräfte sind selbst qualifiziert genug, das Haus zu leiten und zu weiten. Und unsere Arbeit ist weniger durch spektakuläre Kontakte als durch viele Beziehungen auf vielen Ebenen der politischen und wirtschaftlichen Landschaft der Bundesrepublik verhaftet.

Unsere Mitarbeiter

*»Man muß sich ganz allgemein darauf einrichten, daß das wachsende
Umsatzvolumen künftig mit einer stabilen oder rückläufigen Belegschaft bewältigt
werden muß. Insofern ist eine neue Zeit angebrochen.«*
Dr. Gerd Tacke

In aller Welt sind es derzeit etwa 300000 Menschen, die ihr
Wissen und Können in den Dienst des Hauses Siemens stellen,
ihre Kraft und ihr Schicksal mit dem Wohl und Wehe ihres Un-
ternehmens verknüpfen. Wenn wir deren Angehörige sowie die
Mitarbeiter weiterer Beteiligungsgesellschaften und der 30000
Zulieferbetriebe und schließlich die Pensionäre und Aktionäre
hinzurechnen, dann sind es gut 2 Millionen Menschen, denen
Siemens Brot und Unterhalt gibt.

Die damit verbundene große Verantwortung ist jedoch nur
als eine wechselseitige zu verstehen. Während wir unseren Mitarbeitern Arbeit und Einkommen, Stolz auf den Arbeitsplatz
Siemens und Zufriedenheit mit ihrer beruflichen Heimat bieten, erwarten wir von ihnen neben optimaler Ausführung ihrer
Aufgaben auch die Bereitschaft, sich der Leistungsmoral unseres Hauses immer wieder neu anzupassen und, wenn es sein
muß, individuelle Wünsche gegenüber den Anforderungen des
Betriebes hintanzustellen. Ohne diese Bereitschaft wäre es nie
gelungen, die Pro-Kopf-Leistung in den letzten fünf Jahren so
erfreulich zu steigern. Während der Inlandsumsatz pro Kopf
1966 noch bei knapp 30000 DM lag, konnte er bereits 1971 auf
gut 50000 DM gesteigert werden! Dafür schulden wir allen unendlichen Dank.

Die Grundlagen der Leistungsbereitschaft sind im Betriebsverfassungsgesetz und in der Grundordnung des Hauses Siemens festgelegt. Entscheidend für das partnerschaftliche Verhalten und die vertrauensvolle Zusammenarbeit ist jedoch
etwas anderes. Wir jedenfalls haben die Erfahrung gemacht,
daß die bessere Integration der Arbeitnehmer gerade nicht

durch Paragraphen erreicht wird, sondern durch eine stete Verbesserung der menschlichen Beziehungen in den Betrieben, zu denen die im täglichen Kontakt mit den Mitarbeitern stehenden Betriebsräte, wenn sie nur wollen, sehr viel beitragen können.

Verbesserung der menschlichen Beziehungen heißt – neben materiellen Anreizen, für die wir durch unser differenziertes Lohnfindungssystem sorgen – vor allem gefühlsmäßige Werte für den Betriebszweck einzusetzen. Nur so kann es uns gelingen, die Mitarbeiter in die Gesamtheit unternehmerischen Wollens einzugliedern und langfristig gewisse vertrauensstörende Faktoren auszuschalten. Das wichtigste Instrument ist hier die Motivationsoptimierung der Mitarbeiter. So bemühen wir uns, den Mitarbeitern zur rückhaltlosen Anerkennung der Betriebsziele zu verhelfen, sie, wenn möglich, durch unternehmerisches Denken zu aktivieren und ihnen so mit jedem Erfolg ihrer Abteilung, ihres Unternehmensbereiches oder des ganzen Hauses auch persönliche Befriedigung, Stolz und Freude zu verschaffen.

Wie unsere entsprechenden Bemühungen im einzelnen aussehen, soll in den folgenden Abschnitten dargelegt werden.

Ingenieure, Techniker, Experten

In der funktionstüchtigen Hierarchie eines Großbetriebes nehmen die Ingenieure und Techniker besonders reizvolle Aufgaben wahr. Ein Teil dieser Mitarbeiter ist als Betriebsingenieur, technischer Direktor, Produktionsleiter usw. für die Ausführung der Entscheidungen der Firmenleitung, für die Rationalisierung der Arbeitsabläufe und für die Arbeitsdisziplin verantwortlich und setzt sich ganz ohne Frage bedingungslos für die Belange der Unternehmensführung ein.

Ein anderer und immer größerer Teil der mittleren Führungsschicht (außertarifliche Angestellte) arbeitet mit einem hohen Maß an fachlichem Wissen und Können an der Ent-

wicklung immer neuer Produkte und Technologien, Verkaufs-
techniken, Informationssysteme und Organisationsformen.
Durch ihre Funktion, Unsicherheitsfaktoren in den unternehmerischen Entscheidungsprozeß zu integrieren und die Rationalisierung zu beschleunigen, tragen diese Mitarbeiter wesentlich zur Stabilisierung des Hauses bei. Das bei dieser Gruppe
zuweilen auftretende Selbstbewußtsein wird für den Betriebszweck solange produktiv bleiben, wie es gelingt, die Aufgaben
der Ingenieure und Spezialisten noch mehr zu spezialisieren
und die Wandlung ihres allzu korporativen Selbstbewußtseins
hin zu einer individuellen Aufstiegsmentalität zu unterstützen.

Dabei hilft uns ein ausgefeiltes hierarchisches Beurteilungs-
system, das nicht zuletzt den Respekt gegenüber dem Vorgesetzten und die Anerkennung der betrieblichen Leistungsmoral
fördert. Jeder Vorgesetzte beurteilt regelmäßig Leistung und
Verhalten seiner Untergebenen. Seine Daten, die dem betreffenden Mitarbeiter natürlich nicht detailliert bekannt werden
sollen, bilden die Grundlage für unsere streng vertrauliche
Münchner Führungskartei. Mit Hilfe dieses IPIS (Integriertes
Personal Informationssystem) können binnen Sekunden Listen
der vertrauens- und förderungswürdigen höheren Angestellten
ausgedruckt und mögliche Versager und Querulanten namhaft
gemacht werden.

Indem wir den Eindruck vermitteln, daß nur dem objektiv
Tüchtigsten und Fähigsten der Aufstieg möglich ist, bauen wir
mit einer großen Zahl ehrgeiziger und dienstbarer Männer sozusagen eine zweite Front auf, deren Loyalität zum Hause naturgemäß mit jeder Beförderung zunimmt. Diese junge technische Intelligenz zeichnet sich neben ihrem Fachwissen aus
durch Anpassungsfähigkeit, operative Geschicklichkeit, Kon-
taktfähigkeit, Diskretion und ihre Fähigkeiten, Befehle sowohl
zu empfangen als zu erteilen, ohne die bewährten Grundlagen
zu verändern. Für ihr Vorwärtskommen sind diese Männer bereit, auf einen großen Teil ihrer Freizeit zu verzichten, Familienleben und andere gesellschaftliche Tätigkeiten zurückzustel-
len und die unvermeidlichen Frustrationen zu ertragen, wenn

die Aufstiegserwartungen nicht gerade von heute auf morgen erfüllt werden. Damit verbleibt die Hoffnung auch den physisch und psychisch Schwächeren, obwohl sie naturgemäß nur bei den härtesten Männern mit Erfolg gekrönt werden kann.

Trotz ihrer prinzipiellen Anpassungsbereitschaft mucken unsere handfesten jungen Leute hin und wieder auf, rufen nach drastischen Gehaltserhöhungen, organisieren eigene Interessenvertretungen oder beschweren sich über ihre angeblich geringen Aufstiegschancen und die ihrer Ausbildung unangemessene Tätigkeit, z. B. als Löter von Transistoren. Darüber lassen wir mit uns reden. Wenn sie diese Interna aber in die Öffentlichkeit tragen und dabei behaupten, »Abteilungsdirektoren bei Siemens entscheiden heute noch wie Unternehmer im Frühkapitalismus«, wenn sie weiterhin die ihnen auferlegte Geheimhaltung der Gehälter ignorieren und wenn sie anmaßende Mitbestimmungsforderungen erheben, dann werden wir ihre Wortführer früher oder später die Grenzen unserer Geduld spüren lassen. Noch weniger dürfen wir zulassen, daß die innere Ordnung des Hauses durch Ingenieurstudenten in Gefahr gebracht wird, die mit den Arbeitern über neue Leistungsbewertungssysteme diskutieren zu müssen meinen.

Mittlere und untere Angestellte

Die treuesten Mitarbeiter des Hauses sind von jeher in unserer Angestelltenschaft zu finden. Ob als Männer des Vertriebs oder der Finanzabteilung, ob als Sekretärinnen oder Meister – hier haben wir es mit Menschen zu tun, die sich voll mit ihrem Unternehmen, in das sie eingebettet sind, identifizieren. Mit dem technischen Fortschritt nimmt ihre vertrauensvolle Aufgabe, die Betriebsleitung bei der mittelbaren und unmittelbaren Beaufsichtigung der Arbeiter zu entlasten, zwar mehr und mehr ab – lediglich die Meister, die ihre soliden Führungsmethoden z. T. bei der Wehrmacht gelernt haben, spielen hier noch eine nicht zu unterschätzende Rolle. Dafür wachsen den Angestellten jedoch neue bedeutsame Funktionen zu.

Das gigantische Wachstum unseres Hauses und die Komplizierung unseres Wirkens haben unsere Angestellten den Arbeitern immer ähnlicher gemacht, d. h. zu Ausführenden eines von oben bis unten durchrationalisierten Prozesses. Schon heute sind etwa 80 % der Angestellten in der Verwaltung an genau festgelegte Aufgaben gebunden und sind den Schwierigkeiten eigener Initiative enthoben; im Bereich der Produktion und des Verkaufs sind ca. 60 % der Tätigkeiten der Angestellten fest programmiert, beim Verkauf sogar bis in die Wortwahl hinein genauestens vorgeschrieben.

Indem wir die Funktionen unserer Angestellten derart normieren und durchschaubarer machen, erleichtern wir uns auch ihre Leistungskontrolle. In ausführlichen Beurteilungsbögen lassen wir die Vorgesetzten regelmäßig nicht nur über Leistung und Fachkenntnisse der Untergebenen berichten, sondern auch über Beweglichkeit, Arbeitsplanung, Arbeitstempo, Belastbarkeit, Umgangsformen, Verhalten gegenüber Vorgesetzten, Sachdisziplin usw. Zwar wissen die Angestellten von dieser Kontrolle, aber nicht, wie sie im einzelnen klassifiziert werden, so daß diejenigen Mitarbeiter, die für den heute notwendigen Streß nicht genügend Voraussetzungen mitbringen, sich möglicherweise dem Druck gewisser Ängste ausgesetzt sehen. Gesamtbetrieblich sind die Vorzüge dieses Kontrollsystems jedoch unübersehbar: Sie beleben aufs effektivste die Leistungsbereitschaft und den sachlich-friedlichen Wettbewerb aller um die Gunst der Vorgesetzten.

Auf dem Hintergrund der immer mehr rationalisierten Arbeit der Angestellten sind auch unsere Bemühungen zu verstehen, die Gleichstellung aller Beschäftigten durchzusetzen, d. h. die rechtliche und begriffliche Unterscheidung zwischen Arbeitern und Angestellten aufzugeben. Dieser Schritt nach vorn bedeutet für die Angestellten u. a. eine Angleichung an die Arbeitsbedingungen der Arbeiter. In naher Zukunft – etwa in drei Jahren, wenn unser neues Arbeitsbewertungs- und Lohnfindungssystem fertiggestellt ist – dürften auch die Angestellten mit den erzieherischen und leistungsfördernden Wirkungen der Stempeluhr und der Vorgabezeiten, zumindest bei Büroarbeiten, konfrontiert werden.

Arbeiter und ihre Bewertung

Unseren etwa 150 000 im Inland beschäftigten Facharbeitern und Arbeitern – darunter Frauen und Gastarbeiter, über die wir noch gesondert berichten – muß heute der innigste Dank gelten. Denn was wären wir ohne ihre glänzende Arbeitsbereitschaft, ihre beispielhafte Anpassungsfähigkeit und ihren enormen Leistungswillen? Diese ihre Tugenden sind und bleiben die Pfeiler unseres gesamten Geschäfts.

Unsere Achtung vor dem schaffenden Menschen drückt sich in dem unablässigen Bemühen aus, diesem die Arbeitsbedingungen, wo immer es wirtschaftlich vertretbar ist, zu erleichtern, d. h. die technischen und betriebspolitischen Voraussetzungen für den allseitigen Wunsch nach Höchstleistungen zu verbessern. Soweit irgend möglich, sind unsere Arbeiter im Akkord beschäftigt. Sie können also über ihre Leistung und ihren Lohn frei bestimmen.

Diese Freiheit hat jedoch da ihre Grenze, wo das Interesse des einzelnen Arbeiters das Betriebsgesamtinteresse zu übergreifen droht. Deshalb unterhalten wir eine etwa tausendköpfige Gruppe von Zeitnehmern und Kalkulatoren, deren einzige Aufgabe es ist, die Arbeitsleistung der Akkordler ständig zu überprüfen und durch je neue Schätzungen des Leistungsgrades wie durch Senkung der Vorgabezeiten zu erhöhen. Wenn einzelne unserer Arbeiter einmal einen guten Tag haben oder durch irgendwelche Umstände – weil sie vielleicht auf Zigarettenpausen verzichten – den Akkordsatz unerwartet überbieten, so haben die Kalkulatoren dafür Sorge zu tragen, daß diese Leistung gerecht geteilt wird und beide Seiten vor Maßlosigkeit bewahrt bleiben. Mit anderen Worten: Unsere Kalkulatoren und

Zeitnehmer sind Schiedsrichter, die auf Regelwidrigkeiten zu achten haben, und zugleich Trainer, die die Arbeitsmannschaft zu Höchstleistungen treiben. Daß sie die Akkordzeiten nicht selten innerhalb kürzester Frist bis zu 50% zu senken vermochten, zeigt, wie hoch ihr Einsatz für das Gesamtergebnis bewertet werden muß.

Mit dem neuen Siemens-Arbeitsbewertungssystem, das nach dem amerikanischen Work-Factor-Verfahren entwickelt wurde, haben wir unsere Lohnfindungsmethode auf eine von uns speziell entwickelte wissenschaftliche Grundlage gestellt. Um für jeden Arbeitsvorgang an der Maschine, am Fließband usw. vorbestimmte Zeiten festzulegen, werden acht Standardelemente des Arbeitsvorgangs unterschieden: Bewegen, Greifen, Loslassen, Vorrichten, Montieren, Anlegen, Demontieren und die geistigen Vorgänge. Diese acht Elemente werden wiederum in Zeiteinheiten (ZE) vielfach unterteilt. Eine ZE beträgt eine Zehntausendstelminute oder 0,006 Sekunden. Eine Berechnungstabelle – die dem Arbeiter aus naheliegenden Gründen nicht einsichtig gemacht werden kann – enthält, bis ins kleinste aufgeschlüsselt, Angaben darüber, wieviel ZE für jede Bewegung erforderlich sind. So liefert uns das Work-Factor-Verfahren ein hochentwickeltes Instrumentarium, mit dem wir die Steigerung der Arbeitsnormen und des Arbeitstempos mit der Senkung der Löhne – relativ zur Leistung – optimal verbinden können. Diese von uns definierte Rationalität der Bewertung verbessert den richtigen Kräfteeinsatz und damit die betriebliche Personalauslese; und sie läßt das Gefühl, ungerecht belohnt zu werden, meist gar nicht mehr aufkommen.

Doch auch mit diesem System kann ein Nachteil nicht ausgeschaltet werden. Weniger leistungsbereite Arbeiter können sich, wie in letzter Zeit mehrfach zu beobachten, untereinander absprechen, gewisse Richtsätze gemeinsam zu ignorieren oder einander nicht mehr zu überbieten. Damit hintertreiben sie die entscheidenden sozialpolitischen Intentionen des Akkordsystems. Da sich diese Tendenz verstärkt und da wir außerdem in Zukunft mehr als bisher die Qualität der Arbeit bewerten müssen, bereiten wir den Übergang zu einem differenzierten Punktsystem vor, das wir bei Osram und KWU bereits erfolgreich erprobt haben. Nach diesem System ist die Aufsicht durch die betrieblichen Vorgesetzten von besonderer Bedeutung für die Lohnfindung. Die Akkordarbeiter bekommen jetzt für ihre Arbeit keine Zeitvorgabe mehr, sondern Punkte für Menge, Güte, Sauberkeit, Maschinenpflege, Pünktlichkeit, Fügsamkeit usw.

Diese individuelle Lohnfindung verbessert das Betriebsklima. Die immer noch verbreitete Unart, bei Unzufriedenheit die Schuld beim Vorgesetzten oder bei der Betriebsleitung zu suchen, wird abnehmen. Indem wir den Wettkampf des einzelnen Arbeiters um seinen Lohn noch stärker mit dem Wettkampf um das Wohlwollen seines Vorgesetzten verbinden, gestalten wir das Arbeitsleben gerechter und individueller, also: menschlicher. Der Arbeiter kann sich wieder geborgen wissen in der Bindung an eine leitende und beratende Persönlichkeit und braucht sich weniger um die sogenannte Solidarität mit seinen Kollegen zu bemühen. Denn was wäre der Arbeiter ohne diese Geborgenheit, ohne einen sicheren, gesunden und vernünftig organisierten Arbeitsplatz?

Komfort, Gesundheit und Rationalisierung am Arbeitsplatz

Bei diesen und anderen aufwendigen Anstrengungen, ein Optimum an Rationalisierung mit einer individuellen Behandlung der Arbeiter zu kombinieren, muß es verständlich sein, daß für den Komfort am Arbeitsplatz nicht überall übermäßig viele Mittel zur Verfügung stehen. Deshalb ist es dann und wann nicht zu vermeiden, daß Arbeiter mit teils defekten Maschinen und mit unzureichendem Werkzeug zufrieden sein müssen. Daß bei der Organisation der Materialzufuhr oft gespart wird, so daß Akkordarbeiter sich ihr Material selbst holen und Lohnverluste inkauf nehmen müssen. Daß in manchen Hallen zuweilen akuter Sauerstoffmangel herrscht. Daß der Staub in

Schleifereien zu chronischer Bronchitis und Silikose führt, weil die Absauganlagen nur unzureichend funktionieren. Daß Diesel-Gabelstapler ohne Abgasfilter in den Hallen eingesetzt sind. Daß Arbeiter beim Galvanisieren Blausäure einatmen und unter diversen Vergiftungserscheinungen leiden, weil die Abzüge nur funktionieren, wenn kein Wind geht. Daß im Winter bisweilen Heizungskosten gespart werden und daß der Maschinenlärm oft Schwerhörigkeit, Kopfschmerzen, Nervosität und Magengeschwüre unvermeidlich macht. Aber wenn von all diesen gewiß nicht immer erfreulichen Dingen die Rede ist, sollte man nicht vergessen, daß es sich dabei letztlich nur um Randerscheinungen oder übertriebene Empfindlichkeiten handelt. Wie alle menschlichen Umstände können auch die Arbeitsbedingungen nicht für jedermann vollkommen sein.

Alle Jahre wieder, im Sommer, pflegt ein wachsender Teil unserer Arbeiter über die Hitze zu klagen und Klimaanlagen zu fordern. Wir können dazu nur sagen, daß wir uns zu den Investitionen des Klimaanlagenkomforts in den Werkhallen so lange nicht entschließen können, wie die Mehrheit der Mitarbeiter die Hitze und die damit verbundene Lohnminderung zu ertragen bereit ist. So lange auch die Tausende, die in Flachbauten, auf Galerien, neben Öfen, bei Schweißbrennern, Lötlampen usw. eingesetzt sind, willig und fleißig weiterarbeiten.

Fast scheint es, als habe mit der Produktionssteigerung auch der Unfallteufel Hochkonjunktur. Denn allein 1970 mußten wir 7916 Betriebs- und Wegeunfälle registrieren. Während 1967 von 100 Beschäftigten erst 2,1 von Unfällen betroffen wurden, ist diese Zahl 1970 auf 2,6 gestiegen. Da man hier die Angestellten weitgehend ausklammern darf, kann fast jeder 25. Arbeiter mit einem Unfall pro Jahr rechnen. Weil uns diese Unfälle 998 000 Ausfallstunden kosten (1970), wir also weiteren Schaden von der Gesundheit des Unternehmens abwenden müssen, ergeht an unsere Mitarbeiter die ständige Mahnung zu Umsicht und Vorsicht mit dem Bemerken, daß sie sich viel Ungemach selbst zuzuschreiben haben. Natürlich sind wir uns bewußt, daß diese Tugenden bei der Akkordarbeit nicht immer leicht zu pflegen sind – aber solche Mahnungen stellen immer noch die wirtschaftlichsten Unfallverhütungsmaßnahmen dar. Außerdem sind unsere Sicherheitsingenieure bestrebt, die Unfallzahlen durch zahlreiche vorbeugende Maßnahmen zu dämmen. Wo aber die wachsende Produktion die Arbeitsplätze einengt und gefährlicher macht, wo die Konzentrationsfähigkeit bei dem erforderlichen Arbeitstempo nicht mehr mithalten kann, sind gewisse Opfer – jährlich etwa 7 bis 8000 Brandwunden, Quetschungen, Prellungen, Beine, Füße, Arme, Hände, Daumen oder gar Todesfälle, weiterhin die nicht exakt zu erfassenden Herz-, Kreislauf-, Bandscheiben-, Nerven- und Magenschäden – als Tribut an unseren Fortschritt offenbar nicht zu vermeiden.

Immerhin sind in unseren Werken 79 Betriebsärzte tätig, davon mehr als die Hälfte hauptberuflich. Sie und die Sanitäter haben die Aufgabe, die Arbeitnehmer bei gesundheitlichen Beschwerden so schnell wie möglich wieder arbeitsfähig zu machen – im allgemeinen durch kostenlose Ausgabe schmerzstillender und aktivierender Tabletten. Bei kleinen und mittleren Unfällen werden die Arbeiter mit einer Karte zum Betriebsarzt geschickt, auf der ein Vermerk »leichte Arbeit vorhanden« steht. So wird die Diagnose und Therapie des Arztes dahingehend beeinflußt, daß er, wenn irgend vertretbar, nicht mehr Arbeiter krankschreibt, als es nach den jeweils vorhandenen Auftragsbeständen sinnvoll erscheint.

Die Hauptaufgabe der Ärzte besteht darin, die Siemens-Tauglichkeit neuer Mitarbeiter genauestens festzustellen und die labilen Bewerber gleich auszusondern sowie den Gesundheitsstand der übrigen Mitarbeiter umfassend zu überwachen. Trotzdem will es ihnen nicht gelingen, die Epidemie des »Krankfeierns« einzudämmen. Jahr für Jahr gehen uns mehr und mehr Arbeitsstunden verloren, besonders seit Einführung des Lohnfortzahlungsgesetzes auch für Arbeiter – 1970 im Inland allein 16,6 Millionen Arbeitsstunden. Wir können die Augen nicht davor verschließen, daß besonders der jüngere und weniger firmenloyale Teil der Arbeiterschaft fast jede Gelegenheit nutzt, der Arbeit fernzubleiben. Einer unserer Direktoren hat diese Problematik so zusammengefaßt: »Die nehmen noch für bare Münze, was der Arzt sagt. Wenn der Arzt sagt, gehen Sie acht Tage ins Bett, dann legen sie sich acht Tage ins Bett. Wenn Ihnen«, so erklärte er Journalisten, »oder mir der Arzt sagt, legen Sie sich acht Tage ins Bett, dann stehen wir am nächsten Morgen wieder auf.«

Wir müssen also Mittel finden, der sinkenden Arbeitsmoral zu begegnen. Wenn die Krankheitstage ein gewisses Maß überschreiten, ziehen wir dem Betreffenden für jeden Fehltag 0,5% seiner Erfolgsbeteiligung ab. Noch in der Probezeit stehende Mitarbeiter werden bei Krankheit ███████████████ In Krisensituationen müssen die gesundheitlich Labilsten zuerst mit der Entlassung rechnen. Mag der eine oder andere in dieser Situation lieber am Arbeitsplatz seine Krankheiten auskurieren, die später etwas heftiger auftreten, mag sich die Krankheit dadurch womöglich sogar verschlimmern, was dem Mitarbeiter allerdings zur vorzeitigen Pensionierung oder dem Haus zur totalen Rentenersparnis verhelfen kann – wir sehen uns nicht in der Lage, hier grundsätzlich anders vorzugehen.

Gerade die für Arbeitnehmer bedauerliche Kurzarbeit enthält einige positive sozialpolitische Aspekte. Kurzarbeit ist, offen gesagt, fast immer die Folge einer mißglückten Marktprognose, die bei der Unübersichtlichkeit unserer Marktwirtschaft aber nicht immer zu vermeiden ist. Nachdem wir z. B. noch 1970 die Kapazitäten für Halbleiter und Bauelemente gewaltig erweitert hatten, stellten wir ab Anfang 1971 plötzlich die beträchtliche Überproduktion auf diesem Sektor fest und mußten mit der Anmeldung der Kurzarbeit für mittlerweile mehr als 10000 Arbeiter das Krisensignal geben. Wir konnten also den Betroffenen 10 bis 20% weniger Lohn zahlen und dabei, so widersinnig das scheint, durch Erhöhung der Arbeitsintensität zuweilen nicht viel weniger produzieren lassen als vorher. Auch Investitionen zur weiteren Rationalisierung und Freisetzung von Arbeitskräften sind während der Kurzarbeit reibungsloser durchführbar. Vor allem aber bringt die Unsicherheit der Arbeitsplätze einen niedrigeren Krankenstand und wieder mehr Disziplin in die Fabrikhallen. Nicht wenige Mitarbeiter, die vor Einführung der Kurzarbeit noch viele Überstunden gemacht und sich, vom Überverdienst ausgehend, zu Anschaffungen entschlossen haben, deren Zahlungslast sie jetzt nicht mehr tragen können, haben ihre Schulden jetzt enger an das Haus gebunden. Diese Zusammenhänge werden von unseren Aktienkäufern durchaus verstanden. Als wir im Mai 1971 Kurzarbeit ankündigten, stiegen die Kurse der Siemens-Aktien erheblich an.

Zu unserem vielschichtigen Rationalisierungsprogramm gehört auch der Abbau von Arbeitsplätzen in der Bundesrepublik und besonders in Berlin. Zum einen erzwingt der Markt Automatisierung und Zusammenlegung der Arbeitsplätze, zum anderen verlagern wir unsere Investitionstätigkeit immer mehr ins Ausland, besonders in Niedriglohnländer (vgl. »Unsere Auslandserfolge«, S. 72 f.). Deshalb müssen wir Mitarbeiter bestimmter Fertigungszweige aus der Obhut unseres Hauses entlassen, so hart dies den einzelnen erscheinen mag.

Vor Inkrafttreten des neuen Betriebsverfassungsgesetzes entließen wir ganze Montagegruppen oder in den einzelnen Betrieben monatlich nicht mehr als 49 Mitarbeiter – denn erst bei 50 Entlassungen mußten wir die Genehmigung des Arbeitsamtes und Stellungnahme des Betriebsrats einholen. Es sind vor allem die Ausländer, die »Kranken«, die Unruhestifter und die Älteren, denen wir zuerst kündigen oder die Kündigung im eigenen Interesse nahelegen – um die Rentabilität der Werke zu sichern und den übrigen Arbeitnehmern die Arbeitsplätze zu erhalten. Indem wir, wie Dr. Kley es einmal ausgedrückt hat, »auf die Leistungswilligen Rücksicht nehmen und uns von den Leistungsschwachen trennen«, sobald wir nicht mehr auf sie angewiesen sind, leisten wir einen wesentlichen Beitrag zur Verteidigung des Leistungsgedankens unserer Wirtschaftsordnung.

136

Besonders herzlich fühlen wir uns unseren weiblichen Mitarbeitern verbunden. Wir wissen ja, was es für eine Frau und Mutter bedeutet, beruflich tätig sein zu müssen. Um den Frauen den Schritt zu Siemens zu erleichtern, bieten wir ihnen zunächst ein positives Berufsbild an. Ihre mehr dienenden Hilfsarbeiter-Tätigkeiten werten wir durch Berufsbezeichnungen wie Montiererin, Löterin, Justiererin usw. auf. Und wir versuchen, ihrem Wunschbild vom idealen Betrieb möglichst nahezukommen, indem wir durch moderne Personalwerbung und Betonung des guten Images unseres Hauses die immer noch negativen Vorurteile gegenüber der Fabrik abbauen.

Die Frauen kommen fast immer als Ungelernte zu uns, da sie, wenn überhaupt, meist in solchen Berufen ausgebildet sind, in denen sie keine Stelle, ungünstige Arbeitszeiten oder geringen Lohn erhalten. So können wir sie, ohne das Risiko großer Ausbildungsinvestitionen einzugehen, als Angelernte im Akkord beschäftigen und in die Leichtlohngruppen, die untersten vier der elf Lohngruppen, einstufen. Überdies können wir ihnen erheblich weniger Lohn zahlen, auch wenn sie die gleiche Arbeit wie ihre männlichen Kollegen verrichten. Unterm Strich blieben uns dadurch allein 1970 etwa 36 Mio. DM.

Diese Zusammenarbeit wird jedoch nicht mehr sehr häufig gepflegt. Normalerweise gesellen wir den produktiv tätigen Frauen Männer als Vorgesetzte zu – Meister, Einrichter, Zeitnehmer, Revisoren, Prüfer, die meist das Doppelte oder mehr als das Doppelte der Frauen verdienen. Der Vorteil dieser Ordnung liegt darin, daß die Frauen ihren möglichen Unwillen gegen die Arbeit, der am Band schon mal auftauchen mag, mehr direkt gegen die Männer und Vorgesetzten und weniger gegen die Regelung der Arbeit als solche richten, was früher oder später zum Produktionsabfall führen müßte. Außerdem versuchen wir durch gewisse Differenzierungen der Arbeiterinnen in Gruppenakkordler und Einzelakkordler, die trotz gleicher Qualifikation unterschiedlich bezahlt werden, für eine gesunde Konkurrenz untereinander zu sorgen.

Wenn einzelne Frauen trotzdem klagen, sei es darüber, daß sie angeblich stets die unangenehmste Arbeit leisten müssen, sei es darüber, daß wir immer weniger Springer einsetzen (d. h. solche, die für kurzfristig vom Band sich entfernende Arbeiterinnen einspringen), sei es darüber, daß die meisten von ihnen angeblich nur mit größter Mühe Nettolöhne zwischen 500 und 600 DM erreichen oder daß angeblich jede zweite Frau unter Sehnenscheidenentzündungen, Bandscheibenschäden, Magenkrankheiten und anderen Modekrankheiten zu leiden hat ██████ ██ ██████ – so können wir nur immer wieder betonen, daß die moderne Leistungsgesellschaft nicht immer Rücksicht auf jeden einzelnen nehmen kann. Trotzdem bleiben wir bemüht, durch gute Beleuchtung und ausreichende Belüftung, durch musikalische Ablenkung und durch einen freundlichen, farbenfrohen Anstrich der Arbeitsräume die tägliche Arbeit wesentlich zu erleichtern.

Ausländische Arbeitnehmer

Jeder fünfte Lohnempfänger unserer deutschen Werke kommt aus dem Ausland, hauptsächlich aus der Türkei, Jugoslawien, Griechenland und Italien. Zusammen sind es derzeit knapp 30 000 Gastarbeiter, die an unsere Werkbänke und Fließbänder getreten sind, um dem Wachstum unseres Hauses ihre Arbeitskraft zu leihen. Dank ihrer optimalen Nutzbarkeit im Produktionsprozeß und ihres zähen Fleißes haben sie sich in die Ordnung des Hauses fest eingefügt.

Die Ausländer tragen sowohl zu unserem Wohlstand wie zur wirtschaftlichen und politischen Annäherung ihrer Länder an die Bundesrepublik Entscheidendes bei. Ausbildungskosten fallen dabei kaum an, auch die Sozialkosten sind vergleichsweise gering. Zudem ist die innerbetrieblich-sozialpolitische Bedeutung dieser Arbeitskräfte kaum zu überschätzen. Indem wir die Arbeiten, die am wenigsten Qualifikation verlangen, den ausländischen Kräften anvertrauen, ergeben sich für unsere deutschen Mitarbeiter bessere Aufstiegs- und Anpassungsmöglichkeiten. Wo Deutsche und Ausländer noch nebeneinander der gleichen Tätigkeit nachgehen, nutzen wir die Tatsache, daß die Ausländer gewöhnlich auf der Höhe ihrer Leistungskraft stehen und ihre Kräfte nicht wie die deutschen Mitarbeiter auf Jahrzehnte zu verteilen brauchen, zur Erhöhung der Akkordrichtsätze aus. Darüber hinaus ist die Flexibilität der Ausländer größer. Wenn Überstunden verlangt werden, genügt bei ihnen oft die Anspielung, daß sie im Weigerungsfall ihren Schlafplatz im Siemens-Wohnheim und ihren Arbeitsplatz einem Leistungswilligeren räumen müssen.

Die Spannungen, die sich aufgrund der unterschiedlichen Leistungsfreude der deutschen Arbeiter und Gastarbeiter ergeben, wirken sich innerbetrieblich keineswegs ungünstig aus. Denn sie werden nicht gegen die Vorgesetzten oder gegen die betriebliche Ordnung gerichtet, sondern unter den Arbeitern verschiedener Nationalitäten ausgetragen. Auch deshalb versuchen wir, die ausländischen Arbeiter untereinander möglichst isoliert zu halten. Die Bandkolonnen werden nicht einheitlich, sondern gemischt nach Nationalitäten und damit nach Leistungsstärke besetzt, damit einzelne Jugoslawen beispielsweise Gelegenheit erhalten, sich gegenüber ihren weniger gut eingearbeiteten türkischen und griechischen Kollegen hervorzutun, und damit etwaiger störender Meinungsaustausch innerhalb der Gruppen unterbleibt.

Natürlich ist es nicht immer leicht, die Mentalität der Gastarbeiter den Formen einer modernen Industriegesellschaft anzupassen. Deshalb ist es nur zu begreiflich, wenn sie von ihren Vorgesetzten zuweilen weniger schonend als ihre deutschen Kollegen behandelt werden und wenn ihnen bei Fehlern und Unpünktlichkeit mit der Kündigung und dem Abtransport in ihre Heimatländer gedroht wird. Auch muß dann und wann eine harte Sprache gesprochen werden. Allerdings weisen wir

Meldungen entschieden von uns, nach denen in Einzelfällen schwangere Ausländerinnen vor die Alternative gestellt wurden, entweder ihr Kind abtreiben zu lassen bzw. nach der Geburt abzugeben oder ihre Entlassung zu akzeptieren. Bezeichnenderweise versuchen linke Elemente immer wieder, auf den Flammen solcher Gerüchte ihr trübes rotes Süppchen zu kochen.

In schwierigen Konjunkturphasen sind es nicht immer die Ausländer, die zuerst entlassen werden. Abgesehen davon, daß wir uns damit selber der leistungsfreudigsten Kräfte berauben würden, läßt das geltende Recht, nach dem die Gastarbeiter Anspruch auf Gleichberechtigung haben, solche Einseitigkeit auch gar nicht zu. Also geben wir denen, die wir in Krisenfällen entlassen wollen, zunächst einfachere und weniger gut bezahlte Arbeitsplätze, bis ihre Arbeitsverträge ablaufen und wir uns von ihnen trennen.

Eine besondere Gruppe von »Gastarbeitern« soll von unserem Dank nicht ausgeschlossen bleiben. Wir meinen die Häftlinge, die, innerhalb oder außerhalb der Mauern ihrer Strafanstalt, im Rahmen der Arbeitstherapie für das Haus Siemens tätig sind. Dafür entrichten wir beispielsweise der Berliner Strafanstalt Tegel 16 bis 18 DM pro Tag und gefangenen Arbeiter, unsere Osram GmbH zahlt 17,50 DM. Dieses Entgelt geht zum größten Teil an die Justizvollzugsämter weiter; doch winken immerhin ca. 20% dieser Summe den Gefangenen als Belohnung.

Lehrlinge

Seit Jahrzehnten genießt unsere Lehrlingsausbildung im In- und Ausland einen beispielhaften Ruf. In unseren Lehrwerkstätten, Montage- und Fertigungsabteilungen bilden wir gegenwärtig etwa 11 000 junge Mitarbeiter in rund 30 Berufen aus. Mit einer differenzierten Stufenausbildung, die den unterschiedlichen Begabungen Rechnung tragen soll, teilen wir die

Auszubildenden in verschiedene Gruppen ein: 1. Lehrlinge, die qualifizierte Facharbeiter werden, 2. Lehrlinge, die einfache Facharbeiter bzw. Spezialarbeiter werden und 3. Lehrlinge, die Anlernlinge bzw. Hilfsarbeiter werden. Die Vorteile dieses neuen Systems liegen u. a. darin, daß ein großer Teil der Auszubildenden relativ frühzeitig für den Produktionsprozeß einsatzfähig wird, daß vor allem die Spezialarbeiter durch eine sehr betriebsbezogene Ausbildung dem Hause verbunden werden und daß durch die Differenzierung schon frühzeitig gesunde Überlegenheits- bzw. Unterlegenheitsgefühle entwickelt werden können.

Leider stehen der Jugend zumeist nicht genügend Erziehungskräfte gegenüber, weshalb diese wenigen manchmal umso schärfer durchgreifen müssen. Da mag es dann schon einmal vorkommen, daß der Erziehung zu Pflicht, Ordnung, Achtung und Unterordnung mit handfesten Maßnahmen nachgeholfen werden muß. Wenn allerdings gewisse Kreise immer wieder die alten Geschichten aufwärmen, wonach Lehrlingen von Ausbildern Ohren eingerissen, Fingernägel mit dem Messer abgeschnitten, Hände in die Drehbank eingedrückt, sie mit den Köpfen zusammengestoßen, mit Handkantenschlägen, Ohrfeigen usw. gezüchtigt und beim Putzdienst zum eigenhändigen Entfernen von Exkrementen genötigt wurden – so können wir dazu guten Gewissens erklären, daß 1. die Prügelstrafe abgeschafft ist, daß es sich 2. nur um wenige aufgebauschte Vorfälle aus dem Münchner Raum handelt und daß 3. im Prinzip auch harte Erziehungsmittel noch keinem echten Siemensianer geschadet haben.

Wie wir alle wissen, werden die Erziehungsprobleme heute nicht gerade leichter. Deshalb haben wir für unsere Auszubildenden u. a. einen Beurteilungsbogen entwickelt, in dem den Haltungsnoten (Betragen, Fleiß, Ordnung) mehr Raum als den Leistungsnoten (Güte, Zeitaufwand) gewidmet ist. Außerdem sind wir bemüht, unseren jungen Mitarbeitern u. a. folgende Grundlagen für ein gedeihliches Zusammenarbeiten beizubringen, die von Werk zu Werk unterschiedlich gehandhabt werden: Sauberkeit; Rede-, Sitz- und Anlehnverbot während der Arbeitszeit; die ordnungsgemäße Einholung der Erlaubnis vor dem Gang zur Toilette; das Verbot des Zeitungslesens auch in den Pausen; Rauchverbot, auch für über 16jährige, und teilweise auch in 2 km Umkreis des Betriebes; die Unschicklichkeit modischer Kleidung und abnormer Haarlänge; den ertüchtigenden Frühsport; das sachgemäße Säubern von Werkhallen, Maschinen, Waschräumen, Toiletten usw.

Bei Lehrlingen, die nicht am Ausbildungsort wohnen und in unseren Vertragsheimen untergebracht sind, müssen die Erziehungsmaßnahmen naturgemäß umfassender sein. Diese gehen jedoch selten über religiöse Pflichtübungen, Offenlegung der Korrespondenz, Bußgelder und zweifache Bestrafung bei Verfehlungen hinaus, die selbstverständlich vom Heim an die Firma und umgekehrt gemeldet werden.

Geht man davon aus, daß die Ausbildungszeit so intensiv wie möglich genutzt werden soll, so kann man uns auch nicht zum Vorwurf machen, daß wir zuweilen die Erholungspausen der Lehrlinge verkürzen oder sie über ihre normalen Beschwerdemöglichkeiten nicht aufklären. Oder daß wir sie die Berichtshefte nicht während der Arbeitszeit schreiben lassen – jedenfalls solange, bis die Lehrlinge auf das Berufsbildungsgesetz pochen. Damit sie nicht schon frühzeitig gewerkschaftlicher Demagogie zum Opfer fallen, sehen wir uns gezwungen, den Jugendvertretern nur ein enges Betätigungsfeld zu lassen oder sie zu versetzen oder zu kündigen, wenn sie allzu aktiv werden. Diese notwendigen Erziehungsaufgaben erschwert das neue Betriebsverfassungsgesetz bedauerlicherweise in einigen Punkten.

Während die Lehrlinge unserer Beteiligungsgesellschaft Blohm + Voss schon im ersten Lehrjahr mit den Aufgaben und Problemen der Rüstung vertraut gemacht werden, lassen wir unsere eigenen Lehrlinge erst vom dritten Lehrjahr an zur Steigerung des Selbstbewußtseins wöchentlich 20 Produktionsstunden ableisten. Dabei sind die Auszubildenden dann oft weiteren Lernens entbunden – sei es deshalb, weil sie auf Baustellen eingesetzt werden, die sich in terminlichen Schwierigkeiten befinden, oder weil dort kein Monteur auf Kosten seiner Prämie fachliche Unterweisungen gibt. Schließlich ist es für alle Seiten von Vorteil, wenn sie, freilich etwas außerhalb des Berufsbildungsgesetzes, schon frühzeitig an Akkordarbeiten oder akkordähnliche Arbeiten gewöhnt werden. Und nicht zuletzt tragen berufsfremde Nebenarbeiten wie die Herstellung der beliebten Kerzenständer, Zwiebelkästen, Autodachständer oder schmiedeeiserne Abschiedsgeschenke für Direktoren zur Auflockerung des Ausbildungsalltags bei.

Da die Ausbildungskosten für das Haus nicht unerheblich sind, kann den Lehrlingen für diese Arbeiten höchstens ein kleiner Zuschlag auf ihre Erziehungsbeihilfe – die heute zwischen 200 und 325 DM liegt – gegeben werden. Einen gewissen Kostenausgleich erzielen wir allerdings dadurch, daß wir den Kunden für Lehrlingsarbeit den halben Satz eines Facharbeiters anrechnen und den Akkordhelfern, wenn sie nicht Lehrlinge wären, zuweilen das Vierfache des Lehrlingslohns zu vergüten wäre. Wenn als Folge dieser Tätigkeiten oder der stark betriebsbezogenen Ausbildung zu befürchten ist, daß die Mehrzahl der Lehrlinge unserer Werkberufsschulen ihre Abschlußprüfung nicht besteht, lassen wir sie einen Aufbaulehrgang bei der Industrie- und Handelskammer besuchen und dort das nötige Rüstzeug für die Prüfungen erwerben. Wo uns diese Ergänzung für den Betriebszweck nicht erforderlich scheint, ██

Gewisse Erziehungsschwierigkeiten und kleinere Mißstände, die hin und wieder an die Öffentlichkeit geraten, sind bedeutungslos angesichts der Tatsache, daß es uns Jahr für Jahr gelingt, mehrere Tausend von technisch und kaufmännisch interessierten jungen Menschen, Lehrlinge und Praktikanten, in die große Siemens-Familie zu integrieren und zu willigen und aufnahmebereiten Arbeitskräften heranzubilden.

Das Haus Siemens hat immer Wert darauf gelegt, den Grundsatz »Jede Arbeit ist ihres Lohnes wert« in der Weise zu verwirklichen, daß jeder Mitarbeiter entsprechend seiner Leistung bezahlt wird. Die Grundlage für die Bemessung des Arbeitsentgelts geben die Tarifverträge, die allerdings dem Leistungsgedanken nicht immer ausreichend Rechnung tragen. Deshalb bedarf es zusätzlicher Maßnahmen zur Unterstützung des Strebens des einzelnen nach Anerkennung seiner Leistung und Leistungsbereitschaft.

Wie weit unser Bestreben geht, die Leistungen der Mitarbeiter möglichst genau festzustellen und gerecht zu belohnen, ist oben bereits bei den verschiedenen Beschäftigungsgruppen angedeutet worden. Hier seien unsere allgemeineren Gesichtspunkte noch einmal zusammengefaßt: Da die traditionellen Lohnanreizsysteme wie das Akkordsystem nach und nach ihre stimulierende Wirkung verlieren – weil die ständige Erhöhung der Richtsätze oft mehr Unwillen als Anreiz stiftet –, versuchen wir mit einer Vermenschlichung der Lohnfindung neue Ordnungen zu schaffen.

Die immer komplizierter gewordene Menschenführung verlangt ein ausgefeiltes System der Leistungsverhaltensbewertung, das den Mitarbeitern durch ständige Erziehungsarbeit die ihnen gebührende Stellung im Betrieb zuweist. Partnerschaftliches, loyales Verhalten der Mitarbeiter wird also in Zukunft die Grundlage der Anreizwirkung. Außerdem werden die Einkommen durch Prämien- und Erfolgsbeteiligungszuweisungen noch elastischer gestaltet. Diese elastischen Einkommens-Konzessionen verhindern das Aufkommen von Verhaltensweisen, die den planmäßigen Funktionsablauf schädigen können, wirksamer als die offene personelle Reglementierung und die ökonomische Existenzbedrohung, die zum unternehmerischen Instrumentarium früherer Zeiten gehörten.

Solche Zugeständnisse sind für uns umso leichter zu verkraften, je weiter der Anteil der Lohnkosten an den Gesamtkosten zurückgeht. Denn trotz der gewaltigen, ja oft unverantwortlichen Lohnsteigerung der letzten Jahre liegen die Löhne und Gehälter relativ zum Umsatz immer noch niedriger als vor 10 Jahren, als wir 35,5% vom Inlandsumsatz an die Inlandsbelegschaft zahlten. Heute sind es dagegen 33,5% − auf Weltumsatz und Gesamtzahl der Mitarbeiter gerechnet, sogar nur 32,7%.

Dabei sind die gesamten Löhne und Gehälter allein von 1969 bis 1971 um 39% auf 3958 Mio. DM gestiegen. Ende des Geschäftsjahres 1970/71 erhielt der durchschnittliche Siemensianer, Führungskräfte eingerechnet, 1410 DM pro Monat brutto − auf Siemens-Welt bezogen 1310 DM. Wie sieht das im Einzelfall aus? Ausgebildete Facharbeiter kommen mit einigen Überstunden heute auf ca. 900 DM netto im Monat. Die im Akkord stehenden Montiererinnen und Wicklerinnen tragen, wenn sie ihr Soll um ein Sechstel übertreffen dürfen, ca. 630 DM nach Hause.

Auch wenn man, was hier für einen Augenblick erlaubt sei, die Lohnexplosion aus der Sicht der Arbeitnehmer und Gewerkschaften betrachtet und konstatiert, daß die Lohnerhöhungen durch wesentlich erhöhte Lohnsteuern und sonstige Abgaben, durch erhöhte Preise für Wohnung, Verkehrsmittel und Gesundheit, durch wachsende Verschuldung und die damit verbundene Lohnpfändung, durch teilweise fortfallende Überstunden und die negativen Auswirkungen neuer Lohngruppeneinstufungen usw. großenteils wieder wettgemacht werden, so darf man nicht vergessen, daß das Haus Siemens für seine treuen Mitarbeiter eine Reihe von außerordentlichen Leistungen bereithält.

Da gibt es zunächst die schöne Einrichtung des betrieblichen Verbesserungsvorschlagswesens. Jeder Mitarbeiter kann sich eine Geldprämie dazuverdienen, wenn er einer Kommission Vorschläge einreicht, wie man Geld sparen und Arbeit vereinfachen kann. Selbstverständlich werden bevorzugt die Vorschläge anerkannt und honoriert, die weniger die Arbeit einzelner erleichtern als dem gesamten Haus nützen: verbesserte

Produkte, Werkzeuge oder Maschinen, kürzere Produktionszeiten und teilweise Einsparung von Arbeitskräften. Natürlich können diese Prämien nichts anderes sein als ein kleiner materieller Anreiz dafür, mehr und aktiver zum Wohle des gesamten Hauses beizutragen.

Die in den letzten Jahren in der Öffentlichkeit viel diskutierte Beteiligung der Belegschaft am wirtschaftlichen Erfolg ihres Unternehmens beruht bei uns auf einer nunmehr hundertjährigen Tradition. Werner Siemens Grundgedanke, die Interessen des Hauses mit denen der Mitarbeiter durch eine Gewinnbeteiligung zu verbinden, ist auch heute noch die Richtschnur unseres Handelns. So haben heute knapp zwei Drittel aller Mitarbeiter jährlich Anspruch auf eine ansehnliche Erfolgsbeteiligung. Deren Höhe richtet sich nach der Dividende, nach der Lohn- bzw. Gehaltsgruppe und der Dauer der Firmenzugehörigkeit. Für Fehlzeiten von mehr als fünf Tagen (oder je nach Altersstufe bis zu 30 Arbeitstagen) werden pro Tag 0,5% der Erfolgsbeteiligung abgezogen. Die Brutto-Beträge, die freilich noch den gesetzlichen Abgaben unterliegen, bewegen sich zwischen 231 DM (ohne Abzüge für Fehltage) und 2520 DM für mittlere Führungskräfte.

Diese freiwillige Erfolgsbeteiligung müssen wir gegen unseren Willen demnächst durch ein tariflich abgesichertes 13. Monatsgehalt ersetzen. Damit verlieren wir bedauerlicherweise auch eine Reihe von sozialpolitischen Vorteilen. Zum einen erfordert unser Verfahren weniger Ausgaben. Zum anderen ist es mittels der Dividendenpolitik regulierbar. Zum dritten hilft es zur Senkung des Krankenstandes. Und nicht zuletzt festigt die Erfolgsbeteiligung das Band zwischen Unternehmen und Mitarbeiter. Denn je länger er bei uns tätig ist, desto weniger wird er sich entschließen können, seinen steigenden Zuwendungen zu entsagen und das Haus zu verlassen. Wenn er wirklich gehen und dennoch in den Genuß seiner Erfolgsbeteiligung kommen will, die für das jeweils am 30.9. abgeschlossene Geschäftsjahr berechnet wird, muß er bis zum Auszahlungstag im März oder April des folgenden Jahres warten. Und im April wird sich auch keiner leicht dazu entschließen, uns untreu zu werden, da er dann seinen Anspruch auf den vollen Urlaub und auf die halbe Erfolgsbeteiligung verlieren würde. Mitarbeitern, die wir nicht entbehren wollen, wird also das Ausscheiden etwas schwerer gemacht.

Eine neue, noch modernere Form der leistungsstimulierenden Vermögensbildung sehen wir darin, möglichst viele Mitarbeiter durch Aktienbesitz an unserem Haus zu beteiligen, womit der verantwortungsvolle Mitbesitz der Arbeitnehmer am Produktivvermögen Wirklichkeit wird (vgl. »Unsere Aktionäre«, S. 97). Jährlich bieten wir ihnen bis zu vier Siemens-Aktien zu einem Vorzugspreis von 156 DM pro Aktie (im Nominalwert von 50 DM) an. Dieser Preis ist auf das Vermögensbildungsgesetz abgestimmt. Vier Aktien, also 624 DM, können nach diesem Gesetz steuer- und sozialversicherungsfrei und sparbegünstigt angelegt werden. Dank dieses Winks mit zukünftigem Vermögen können wir den Mitarbeitern 312% des Nominalwerts der Aktien abfordern, während unsere Aktionäre bei Kapitalerhöhungen für neue Aktien nur 200% anzulegen brauchen. Zwar müssen wir die Aktien, die wir an die Belegschaft weitergeben, zum größten Teil an der Börse zum Tageskurs erwerben, der zwischen 350 und 500% des Nominalwerts liegt. Der Differenzbetrag zwischen Börsenpreis und Mitarbeiterpreis schlägt uns jedoch nicht als Verlust zu Buche, sondern kann unter dem Posten Sonstige Aufwendungen von Steuer und Gewinn abgesetzt werden. So brauchen wir für diese großartige Aktion nur die Bankspesen aufzubringen.

Für das Gefühl, Mitunternehmer zu sein, legte schon fast ein Drittel unserer Inlandsbelegschaft 624 DM und mehr von ihrem außertariflichen Lohn bzw. Gehalt an – meist aus der Erfolgsbeteiligung. Die Mitarbeiteraktien machen z. Z. einen Wert von 34 Mio. DM aus, das sind 2,9% vom Grundkapital. Diese Aktien werden nach Erwerb fünf Jahre bei einer Bank verwahrt, solange ist deren Verfügung und Veräußerung den mitarbeitenden Aktienbesitzern gesetzlich verwehrt, auch wenn es in der Zwischenzeit zur Kündigung gekommen sein sollte.

Leistungsbereitschaft und Integrationswillen lassen sich jedoch nicht allein mit materiellen Anreizen erkaufen. Sie gründen ebenso auf geistigen und gefühlsmäßigen Werten. Deshalb ist das Haus Siemens von jeher bestrebt, seinen Mitarbeitern ein Zusammengehörigkeitsbewußtsein zu vermitteln, das ihnen helfen soll, gerade im Zeitalter des Verfalls überkommener Werte und des Wandels in der Arbeitswelt, in ihrer beruflichen Heimat auch den Halt und Bezugspunkt für ihr Leben zu sehen.

In der Grundordnung des Hauses, die anläßlich der Neuorganisation des Unternehmens im Oktober 1969 in Kraft trat, steht das optimale Zusammenwirken der Menschen an der Spitze der Forderungen. Es heißt dort: »Gutes Betriebsklima, Freude an der Arbeit, voller Einsatz für die Bewältigung von Aufgaben gedeihen aber nur in einer Gemeinschaft, in der bestimmte Qualitäten und Verhaltensweisen ihrer Angehörigen selbstverständlich sind. Hier stehen berufliche Begabung und Sachverstand einerseits, Charakter und Zusammenarbeitsbereitschaft andererseits in ihrer Bedeutung für das reibungslose Funktionieren der Organisation gleichwertig nebeneinander.«

Allerdings kommt dies Gemeinschaftsbewußtsein in unserer schnellebigen Zeit nicht von allein, es muß oft noch anerzogen werden. Als beispielsweise der Präsident der Vereinigten Staaten von Amerika, Richard Nixon, Anfang 1969 in einer Fabrikhalle in Siemensstadt zu uns allen sprach, mußten wir sorgfältig die 5000 Siemensianer mit den besten charakterlichen Eigenschaften auswählen – auf etwa vier Angestellte kam ein Arbeiter – und mit vollem Einsatz auch Beifall und Jubel über eine Viertelstunde lang üben lassen. Aber die Zusammenarbeit funktionierte! Da auch die Lehrlinge den Sprechchor »Ha-ho-he, Nixon ist o. k.« in der Berufsschule sorgfältig einstudiert hatten, konnten wir dem Präsidenten und seinen Begleitern sowie Millionen von Fernsehzuschauern in Ost und West das unvergeßliche Bild einer freien, dankbaren und enthusiastischen Betriebsgemeinschaft vermitteln.

Wir erwarten von unseren Mitarbeitern, auch außerhalb des Betriebs unseren guten Ruf zu erhalten und zu vergrößern. Deshalb sind wir unablässig bemüht, den Mitarbeitern zu erklären, warum es auch in ihrem Interesse liegt, über Ärger, Pannen, Meinungsverschiedenheiten usw. außerhalb des Hauses nicht zu sprechen. Wir ermahnen unsere 300 000 Meinungsträger, nicht allzu unbekümmert und nicht einseitig über ihre berufliche Heimat zu reden. Ja, wir regen sie an, in ihrem Bekanntenkreis auch einmal über technische Leistungen, internationale Erfolge oder neue Wege der Unternehmensführung und Sozialpolitik zu sprechen. So versuchen wir zu verhindern, daß sich unseren Kunden, unseren künftigen Mitarbeitern oder gar dem Geist des Hauses fernstehenden Kräften Schlußfolgerungen aufdrängen, die unser aller Wohl aufs schwerste gefährden könnten.

Den Gemeinschaftsgeist fördert auch der Mitarbeiter, der unsere Konsumgüter verbrauchen hilft – besonders dann, wenn gewisse Zweige unseres Geschäfts in Bedrängnis geraten, wie es z. B. unseren Hausgeräten vor wenigen Jahren zugestoßen ist. In den eigens für Mitarbeiter eingerichteten Für-Uns-Verkaufsstellen bieten wir Haushaltsgeräte, Unterhaltungsgeräte, Schallplatten usw. mit einem Preisnachlaß von durchschnittlich 6% gegenüber dem Einzelhandel an. Da die Geräte im Großhandel oder Discount oft noch billiger sind, werben wir unsere Mitarbeiter-Kunden mit einem kostenlosen Reparaturdienst. So stiftet auch hier das Gemeinschaftsbewußtsein, unterstützt von kräftiger Werbung durch die Werkzeitschrift, hohe Umsätze (ca. 50-100 Mio. DM jährlich) und durch die hohe Handelsspanne, die uns zufällt, nicht unbeträchtliche Einkünfte. Außerdem ist dadurch eine gewisse Absatzquote gesichert; von unserer Hausgeräteproduktion gehen beispielsweise ca. 6% an unsere Mitarbeiter.

Unsere gemeinschaftsfördernde soziale Arbeit macht an den Grenzen des Betriebsgeländes nicht halt. Zu unseren besonderen Sozialleistungen gehört unsere Betriebskrankenkasse. Wir unterhalten ferner mehrere firmeneigene Erholungsheime, die jetzt sogar von Angestellten und Arbeitern gemischt besucht werden können – ein wichtiger Schritt der sozialen Anglei- chung. Für die immer noch bestehenden sozialen Härtefälle ha- ben wir etwa 70 Betriebsfürsorgerinnen eingesetzt. Mit zahlrei- chen Fußballmannschaften und anderen Sportgruppen, mit Chören, Orchestern, Fotogruppen und Werkbüchereien bieten wir unseren Mitarbeitern entspannende Freizeitbeschäftigun- gen. Ebenfalls geben Werkswohnungen zahlreichen Mitarbei- tern Sicherheit und Heimat.

Immer größere Aufmerksamkeit schenken wir der berufli- chen Weiterbildung und Qualifizierung zum Aufstieg der Mit- arbeiter. Jeder, der vorwärtsstrebt und sein berufliches Schick- sal mit dem des Hauses verbindet, darf, wenn er begabt, fleißig und zuverlässig ist, damit rechnen, eine Tätigkeit zu finden, die ihm, wenn er das Zeug dazu hat, die Möglichkeit zum Vor- wärtskommen bietet. Selbstverständlich muß er sich zuvor be- währt haben. Wer darüber hinaus ernsten Willen zu besonde- ren Leistungen und die rechte menschliche Haltung zeigt und bereit ist, sich kameradschaftlich in den Betrieb und in den en- geren Arbeitskreis einzuordnen, braucht sich um sein Fortkom- men nicht zu sorgen (vgl. »Unsere Bildungspolitik«, S. 103). Am Ende eines langen Siemens-Lebens erwartet die Mitarbei- ter, die das Rentenalter erreichen, ein Zuschuß zu ihrer Sozial- versicherungsrente aus unserer nunmehr 100 Jahre bestehen- den Pensionskasse (vgl. »Unsere Geschichte«, S. 21).

Das Gefühl der Zusammengehörigkeit bei über 300 000 Menschen zu wecken und zu vertiefen, ist gerade in der heuti- gen Zeit keine leichte Aufgabe. Unserer Werkzeitschrift »Sie- mens-Mitteilungen« wird man jedoch attestieren müssen, daß sie diese Aufgabe mit viel Geschick und Phantasie anzupacken vermag. Die große weite Siemens-Welt wird mit vielen Promi- nenten, die vor unseren Produkten fotografiert werden – vom Bankier Abs zum Fußballer Eusebio, von Prinz Philip bis zum Schah von Persien, bis zu deutschen Ministern und den führenden Männern unseres Hauses – ebenso eingefangen wie mit bilderreichen Reportagen über die vielfältigen Aktivitäten unseres Hauses.

Neben dem Ansporn zu größeren Leistungen und zum Kauf von Siemens-Geräten und -Schallplatten steht die Aufklärung über wirtschaftspolitische Zusammenhänge im Mittelpunkt der monatlich erscheinenden Hefte. Dabei geht es vor allem darum, sozialistischen Scheinargumenten den unternehmerischen Standpunkt entgegenzusetzen, der Linkspresse den Wind aus den Segeln zu nehmen und die gemeinsamen Interessen von Führung und Belegschaft rückhaltlos, aber nicht ohne humanitären Anstrich zu formulieren. Und wenn unsere Mitarbeiter die in – neuerdings auch kritischen! – Leserbriefen selber zu Wort kommen dürfen, Negatives zu berichten haben, so gelingt es den »Siemens-Mitteilungen« immer wieder, das Vertrauen in die Gerechtigkeit und den Geist der Zusammenarbeit, der uns groß gemacht hat, wieder herzustellen und zu vertiefen.

Die Erhaltung unserer Wettbewerbsfähigkeit verlangt auch in Zukunft sozialpolitische Pioniertaten. Eine dieser Taten liegt in dem Abbau der noch bestehenden Unterschiede zwischen Arbeitern und Angestellten. Durch größere Rationalisierung der Angestelltentätigkeit und Entwicklung des Verantwortungsbewußtseins bei den Arbeitern wird die Gleichstellung aller Beschäftigten erreicht, was die Stimulierung des ernsten Willens zur Zusammenarbeit aller Mitarbeiter wesentlich fördern wird. Wenn diese Gleichstellung die Gefahr einer stärkeren Eintracht der gesamten Arbeitnehmerschaft heraufbeschwören sollte, werden wir dem mit den oben beschriebenen Mitteln der Bewertungsförderung und der Förderung der Mitverantwortlichkeit einzelner durchaus zu begegnen wissen.

Der Betriebsfrieden und die Gewerkschaften

Wer bei allen diesen betrieblichen Vorzügen und sozialen Leistungen noch meint, sich gewerkschaftlich organisieren zu müssen, dem legen wir selbstverständlich kein Hindernis in den Weg. Schon deshalb nicht, weil ohnehin nur 5% unserer Arbeitnehmer bei der IG Metall organisiert sind. Und auch diese wenigen Gewerkschaftsmitglieder, besonders diejenigen mit verantwortungsvollen Ämtern im Gesamtbetriebsrat und Aufsichtsrat, haben sich bislang zum größten Teil harmonisch in die Siemens-Familie einfügen lassen. Offene Aussprache, umfassende Information, gegenseitige Achtung und Verständnis erleichtern uns die Lösung gemeinsamer Fragen. Ja auch dann, wenn größere Teile der Belegschaft in Unruhe geraten, dürfen wir damit rechnen, daß die Betriebsräte ihre Verantwortung ernst nehmen.

Als wir z. B. 1970 den traditionellen bezahlten »Siemens-Feiertag« am Pfingstdienstag abschafften, fiel den Betriebsräten die Aufgabe zu, die aufgebrachten und teilweise sogar streikenden Mitarbeiter zur Räson zu bringen, die Diskussionen und Betriebsversammlungen zu diesem Thema zu unterbinden und bei der Kündigung der Störenfriede zu helfen, die eigenmächtig ihr Recht auf Unterschriftensammlung zur Einberufung einer Betriebsversammlung mißbrauchen zu müssen meinten. Wir erwarten, daß die Betriebsräte unvorhergesehene Forderungen der Belegschaft registrieren und abfangen, wenn sie über den Rahmen unternehmerischen Wollens und Könnens hinausgehen. Unter guter Zusammenarbeit verstehen wir auch, daß die Betriebsräte von ihren Mitspracherechten nicht allzu beflissen Gebrauch machen.

Dieses schöne Zusammenspiel der Kräfte verspricht auch unter den Bedingungen des neuen Betriebsverfassungsgesetzes fortgesetzt zu werden. Denn der Grundsatz der vertrauensvollen Zusammenarbeit zum Wohle der Arbeitnehmer und des Betriebs steht nach wie vor obenan. Der zweite tragende Grundsatz beinhaltet die Verpflichtung, alles zu unterlassen, was den Betriebsfrieden stören könnte. Das dritte große Positivum liegt darin, daß die Arbeitnehmervertreter im Aufsichtsrat der Schweigepflicht unterliegen, so daß wichtige Informationen nicht an die falsche Adresse geraten können. Zwar schreibt das neue Gesetz u. a. auch mehr Rechte für die Jugendvertreter, verschärfte Kündigungsbestimmungen und die Möglichkeit der Einsichtnahme in die Personalakten vor – aber wir werden uns noch einige Modifikationen einfallen lassen, damit wenigstens die Diskretion bei dem wichtigen Teil der Führungsakten erhalten bleibt.

Bei so vielen Mitwirkungs- und Mitbestimmungsrechten muß es jedermann einleuchten, daß wir der Forderung nach gewerkschaftlicher Mitbestimmung so hart und so lange wie möglich entgegentreten. Natürlich sind auch wir der Meinung, daß Mitbestimmung am Arbeitsplatz ein berechtigtes Anliegen der Arbeitnehmerschaft ist. Wenn aber betriebsfremde Gewerkschaftsvertreter in unserem Hause das Wort haben sollen, müssen wir schwerste Störungen der unternehmerischen Ordnung befürchten.

Wir wollen nicht ganz ausschließen, daß bei den zukünftigen Anforderungen der beschleunigten Rationalisierung und Intensivierung der Arbeit mögliches Unbehagen der Arbeitnehmer durch verstärktes Heranziehen der gewerkschaftlichen Interessengruppe abgefangen werden muß. Wenn es dabei jedoch nicht gelingt, die Gewerkschaftler zu integrieren, werden für die schöpferische Freiheit des Unternehmens verheerende Folgen entstehen. Die Arbeitnehmerseite könnte dann ermuntert werden, weitere Forderungen und »Rechte« anzumelden, Aufhebung der Friedens- und Schweigepflicht durchsetzen wollen usw. Deshalb gilt es auch hier den Anfängen zu wehren.

Wie gefährlich die Auseinandersetzung mit den Arbeitnehmern werden kann, zeigt die Verschärfung und Politisierung der Streiks der letzten Jahre, von denen auch unser Haus nicht verschont geblieben ist. In der schwierigen Situation im Herbst 1971 mußten wir mit Hilfe des persönlichen Engagements unseres Aufsichtsratsvorsitzenden, Peter von Siemens, und des Vorstandsvorsitzenden, Bernhard Plettner, und mit Hilfe umfassender publizistischer Gegenmaßnahmen (vgl. »Unsere Informationspolitik«, S. 101) auf den Widersinn solcher Aktionen hinweisen. Auch mußten wir mit beschwichtigenden, einzeln zugestellten Briefen und mit bereitliegenden Flugblättern zur Einhaltung der sozialpartnerschaftlichen Regeln auffordern.

Für den Streikfall haben wir einen Notstandsplan zur Hand, der u. a. die Verlegung unserer Streik-Zentrale in Zweigbetriebe, die Beschaffung von Ausweichdruckereien für Flugblatt-Aktionen und den Kontakt mit der Polizei regelt. Außerdem werden Fotoapparate mit Teleobjektiven und Tonbandgeräte bereitgehalten, um gegebenenfalls Beweismaterial für die Gerichte zu sichern. Und schließlich sind wir in der Lage, zu den Leitern unserer Ausländerwohnheime und zu anderen Schaltstellen Funkbrücken herzustellen, falls die Telefonzentralen besetzt werden. Solche Abwehrmaßnahmen mögen dem einen oder anderen übertrieben scheinen – wir kämen auch lieber ohne sie aus. Wir wissen aber auch: Für die legitime Verteidigung der stabilen Grundlage unserer wirtschaftlichen Ordnung darf kein Mittel zu aufwendig sein. Mit der gelegentlichen kostenlosen Verteilung der Bild-Zeitung an den Arbeitsplätzen ist es ja leider nicht getan.

Wir wollen nicht leugnen, daß es auch im Hause Siemens eine ganz, ganz kleine Minderheit von Leuten gibt, die die Aufforderungen unserer Führungskräfte, den Kampf um unsere Ordnung an allen Fronten zu führen, allzu wörtlich nehmen und ihrerseits uns den Kampf erklären. Diesen unternehmensfeindlichen Kräften wissen wir jedoch mit den bewährten Mitteln zu begegnen – so kompromißlos es das Betriebsverfassungsgesetz, die Betriebsräte und die öffentliche Meinung erlauben. Diese Leute sind bedauerlicherweise nicht selten auf dem linken Flügel der Gewerkschaften zu finden, oft sogar im Vertrauensleutekörper. Deshalb müssen wir den Vertrauensleuten bisweilen untersagen, sich im Werk zu versammeln. Oder wir müssen einzelne aus der Siemens-Familie ausstoßen oder zumindest unerbittlich mit dem Ausstoß drohen.

Wenn sich gewisse Gruppen anmaßen, den Namen Siemens und das geschützte Zeichen des Hauses im Kopf einer sogenannten Betriebszeitung zu verwenden, sehen wir uns gezwungen, ihnen einen Prozeß anzudrohen. Wenn solche Gruppen ihre demagogischen Ergüsse vor unseren Toren verteilen und dann noch aufwieglerische Kundgebungen veranstalten, schrecken wir sie durch unseren Werkschutz ab, der solche Arbeiter, die diesen Gruppen zuhören oder gar durch Zeitungskauf mit ihnen Kontakt aufnehmen, fotografieren und so unsere »schwarzen« Listen, die eigentlich rote Listen heißen müßten, ergänzt.

Wenn diese Leute die Betriebsversammlungen zu ihrem Forum machen wollen, werden sie mit der Regelung abgeschreckt, ihre Redebeiträge zuvor schriftlich einreichen zu müssen. Wenn sie dennoch das Wort ergreifen, soll und wird ihnen das Rederecht entzogen oder das Mikrofon abgedreht. Und gewisse Scharfmacher und Wichtigtuer müssen eben früher oder später freigesetzt oder systematisch entmutigt werden. Und wenn dann ein Störenfried behauptet, die Geschäftsleitung werfe Leute aus dem Betrieb, die offen reden, müssen wir ihn wegen Störung des Betriebsfriedens, also aus innerbetrieblichen Notwendigkeiten entlassen.

Wir wollen und können diese Integrationsprobleme nicht verharmlosen. Gerade in unserer Gesellschaft, die in einem nicht immer kontrollierbaren Gärungsprozeß begriffen ist, kommt es darauf an, die Flexibilität zu finden, mit der die Mitverantwortung aller Kräfte innerhalb des Unternehmens in ein ausgewogenes Verhältnis gebracht werden kann. Das bisher Erreichte verpflichtet zur konzentrierten Arbeit für die Zukunft.

Wir sind am Ende dieser Festschrift. Aber es bleiben noch viele Fragen offen. Fragen wie diese: Wie wird es weitergehen mit Siemens?

Kein Unternehmen darf sich auf den Lorbeeren des Erfolgs ausruhen. Jeder, der unsere Wirtschaft kennt, weiß: Stillstand ist schon das Ende. Wer bestehen will, muß der Zukunft ins Auge sehen. Die Aufgaben der Zukunft sind aber noch weniger als die der Gegenwart von einzelnen Großunternehmen allein zu projektieren und zu lösen, sondern nur von der Gesamtindustrie. Deshalb haben wir einen neutralen Experten gebeten, für diese Schrift eine Art Nachwort und einen Ausblick in die Zukunft zu schreiben. Wir danken Dr.-Ing. Günther von Weber vom Industrie-Institut für Technologisches Management (I.T.M.) in München-Grünwald, für seinen aufschlußreichen, aufrüttelnden Beitrag.

Blick in die Zukunft –
anstatt eines Nachworts

Von Dr.-Ing. Günther von Weber

Ich werde versuchen, in aller Kürze den Rahmen für das Handeln der modernen Industrie in unserer technologischen Zukunft abzustecken. Meine Fragen lauten: Wo stehen wir? Was wollen wir? Welche Bedingungen müssen erfüllt werden, damit wir unsere Ziele optimal durchsetzen können?

Wir stehen heute mitten in einer explosiven Phase des Kapitalismus. Das klingt übertrieben. Aber die Probleme, mit denen unsere Wirtschaftsordnung – die, zugegeben, das Wort Kapitalismus nicht immer genau genug umgreift – konfrontiert wird, waren noch nie so gravierend und vielschichtig, aber für dynamische Manager und Unternehmer auch noch nie so reizvoll wie heute.

Was will die Wirtschaft? Sie hat die materiellen Voraussetzungen für ein freies Leben zu schaffen. Dazu braucht sie Wachstum, Ausdehnung der Märkte und eine weitgehende Kontrolle des technischen und des Humanbereichs. Der reibungslosen Realisierung dieser Aufgabenkomplexe stehen jedoch noch eine Reihe von Schwierigkeiten im Weg. Zunächst solche, die aus der relativen Unvollkommenheit unserer Wirtschaftsordnung resultieren. Zu diesem Druck der Realität kommt der Druck der Ideologie: beunruhigende welthistorische Entwicklungen, die sich in verschiedenen Umfeldern verschieden ausprägen, die aber alle mehr oder weniger auf die Negation der Privatwirtschaft hinauslaufen.

Wer als Unternehmer oder Manager vor diesen Erscheinungen resigniert, ist fehl an seinem Platz. Er hat sie unternehmerisch, d. h. als Herausforderung zu begreifen. Er hat sich an der Realisierung und Optimierung eines komplexen Zielsystems zu beteiligen, das ich im folgenden skizzieren will.

1. Verbesserung des ideologischen Klimas. Die leidige Diskussion um den Privatunternehmer und seine gute oder ungute Rolle als wirtschaftlicher Entscheidungsträger wird wegen des Nachwachsens jüngerer Manager-Generationen sicherlich früher oder später versiegen. Trotzdem bleiben alle Ordnungskräfte verpflichtet, das ideologische Klima zu verbessern – einfach weil die tendenzielle Feindlichkeit gegenüber kapitalistischen Prinzipen auch einem extrem sachbezogenen Management die Arbeit nicht gerade erleichtert. Deshalb müssen zunächst die ständigen Attacken auf die Marktwirtschaft, auf das Eigentum an Produktionsmitteln und auf die freie Entfaltung von Großunternehmen aus prinzipiellen Gründen zurückgeschlagen werden – umso mehr, als diese Kritik verstärkt auch beim allerjüngsten Wirtschaftsnachwuchs einen beunruhigend fruchtbaren Boden zu finden scheint. Die Geringschätzung, denen die kreativ-unternehmerische Leistung heute begegnet, und die Verteufelung des Gewinns als »Profit«, müssen deshalb bekämpft werden, weil sie sich schließlich in Steuergesetzen niederschlagen, die die Privatwirtschaft zwar nicht »knebeln und knechten«, wie das Handelsblatt m. E. übertrieben schreibt, aber doch bedrängen. Es ist einfach peinlich, wenn führende Unternehmer und Manager der drittgrößten Industriemacht des Westens sich als Prügelknaben der Nation fühlen müssen und sich in die Isolation gedrängt sehen.

2. Gesellschaftspolitische Offensiven. Unser Ordnungssystem ist nicht defensiv zu erhalten und zu verbessern, sondern nur im Angriff. Fritz Dietz, Otto Wolff von Amerongen u. a. ist also voll zuzustimmen, wenn sie sagen, daß die Unternehmer die Demokratie nicht anderen überlassen dürfen. Die Öffentlichkeit muß politisch und psychologisch über die Unentbehrlichkeit der Privatwirtschaft aufgeklärt werden. Das Vertrauen in unsere Wirtschaft muß wiederhergestellt, ihre negativen Begleiterscheinungen auf rechte Proportionen zurückgedrängt werden. Dazu brauchen wir systemimmanente und systemstabilisierende Selbstkritik. Wir brauchen auch permanente Public Relations-Kampagnen, um uns insbesondere der nach

Freiheit rufenden jungen Generation verständlich zu machen. Der Auftrag der Wirtschaftler besteht also nicht allein darin, aus dem engen Gehäuse der geschäftlichen Tätigkeit auszubrechen, sondern ebenso darin, sich als aktive Elemente auch in anderen Lebensbereichen zu etablieren und dort offensiv zu wirken.

3. Beschleunigung des Wachstums. Nur ein stetig hohes Wachstumstempo kann die Voraussetzungen für Investitionen und für die Wiederbeschäftigung der durch technologische Umwälzungen freigesetzten Arbeitskräfte schaffen und uns alle vor den unangenehmen Folgen einer allzu großen Arbeitsplatzunsicherheit bewahren. Nur ein konzentriertes Wachstum garantiert den ökonomischen Spielraum für die Bindung der Entwicklungsländer und für die sozialpolitische Manövrierfähigkeit in Europa. (Allein die Siemens AG erwartet, wenn ich richtig informiert bin, Ende der siebziger Jahre einen Jahresumsatz von 25 bis 30 Mrd. DM; bei einer Verdoppelung der Umsätze nach je 10 Jahren sind also für das Jahr 2000 etwa 100 Mrd. DM Umsatz zu prognostizieren.)

4. Konzentration der Kräfte. Keine Wachstumsbeschleunigung ohne Konzentration der Kräfte. Die unabänderlichen Fusionen und Kooperationen werden das demokratische Ideal der Chancengleichheit aller durch das Ideal der gerechten Auslese der Großen ersetzen. Da jeder Teilnehmer am Wettbewerb die Erreichung maximaler Marktanteile und in letzter Konsequenz die Erringung von Marktmonopolen will, wird der Staat allerdings gewisse optische Regelungen übernehmen und die Planung (vgl. Punkt 7) koordinieren müssen. Also: Monopolartige Unternehmen sind prinzipiell richtig – nur sollten sie werbliches Geschick zeigen und dem Käufer weiterhin eine demokratische Vielfalt von Markennamen präsentieren.

5. Konzentration der Marktführer. Die Konzentration bleibt langfristig nur dann wirtschaftspolitisch sinnvoll, wenn sie den Marktführern zugute kommt. Denn nur die großen multinationalen Konzerne mit Milliarden-Kapital, fundiertem Know-how und weitreichenden Rationalisierungsmöglichkeiten werden in

Zukunft noch die Möglichkeit haben, den Konjunkturkrisen auszuweichen, die Inflationstendenzen durch Währungsflexibilität wenigstens teilweise auszugleichen und die marktorientierte Wirtschaftsordnung auch in den Ländern mit unterentwickelten Märkten offensiv genug zu vertreten. (Den Lesern dieser Schrift sage ich nichts Neues, wenn ich die vorbildliche Kooperationsbereitschaft der Siemens AG hervorhebe. Hier weiß man, daß man trotz Fusionskontrolle und Kartellgesetz »erst am Anfang einer großen Welle der Zusammenarbeit und Zusammenschlüsse« [Ernst von Siemens] steht. Es liegt nahe, daß Siemens der glücklichen Ehe mit AEG auf einzelnen kapitalintensiven und zukunftsträchtigen Gebieten eines Tages die Form einer klassischen Totalfusion gibt und auch international weitere ansehnliche Verbindungen knüpft.)

6. Staat als Folgekostenträger. Weiterhin muß es gelingen, die Kosten gesamtwirtschaftlich erforderlicher Reformen weniger auf die Wirtschaft abzuwälzen als auf alle zu verteilen. Das betrifft nicht nur die enorm zu steigernden Ausgaben für Bildung, Forschung und Investitionen. Das gilt ebenso für Infrastruktur und allgemeine Umweltprobleme. Schon das – an den Erfordernissen der Zukunft gemessen – bescheidene Wachstumstempo des letzten Jahrzehnts hat mit der Automatisierung und Chemisierung der Produktion eine relativ bedrohliche Verunreinigung von Wasser und Luft gebracht; darüber hinaus die explosive Vermehrung von Abfallstoffen, die Zerstörung von Naherholungsräumen durch Schmutz und Lärm, die Verschlechterung der Verkehrsbedingungen und der durch Umwelteinflüsse strapazierten Gesundheit der Menschen. Diese Entwicklung wird als Preis für Produktivität und Fortschritt wohl oder übel in Kauf genommen werden müssen. Denn die öffentlichen Ausgaben für Umwelt- und Gesundheitsschutz müssen auf dem Weg über das unablässige Wachstum der Industrie finanziert werden, das ohne wachsende Schmutz- und Lärmbelästigung derzeit nicht zu erreichen ist.

7. Koordinierung technologischer Planungen. Wir überleben nur, wenn wir unser Überleben planen. Im betriebswirtschaftlichen

Bereich durch neue mathematische Planungstechniken und Prognoseverfahren. Im volkswirtschaftlichen Bereich durch präzise Methoden des technological forecasting. Des weiteren brauchen wir Institute, die die Planungen der großen Konzerne koordinieren – hier darf ich auf unser Institut verweisen – und mit denen des Staates abstimmen, wie es z. B. im Industrie-Institut für technologische Entwicklungslinien (ITE) in Hannover geschieht. (Auch dieses Institut ist bekanntlich der Siemens AG eng verbunden, die bis vor kurzem den Präsidenten des ITE stellte.) Aber es muß mehr von diesen Einrichtungen geben, die auf der Basis wirtschaftsfreundlicher futurologischer Konzeptionen das gesamtgesellschaftliche Wachstum programmieren. Und diese Koordinationsinstitute müssen noch effektiver arbeiten, damit sichergestellt wird, daß die Wirtschaft dem Entwicklungsstand nicht folgt, sondern ihn macht.

8. Konzentration der Information. Nicht nur unter planungstechnischen, auch unter sozialpolitischen Aspekten werden die zukünftigen Informationsmengen zu sichten sein. Die gesellschaftspolitisch entscheidenden Informationen müssen in der Verfügung der wirtschaftlichen und staatlichen Ordnungskräfte konzentriert bleiben.

9. Staatsdemokratie. Die unausweichlichen Koordinierungen und Kooperationen werden den Staat stärker und funktionsfähiger machen. Die traditionelle Regierungsform der parlamentarischen Demokratie wird dabei notwendig gewissen Modifikationen ausgesetzt sein. Diese Notwendigkeit ergibt sich ebenfalls aus innenpolitischen Zwangsläufigkeiten, da beispielsweise die Milliardensummen, die allein der Kampf für sauberes Wasser, saubere Nahrung und saubere Luft erfordern wird, durch Abstriche an sozialen Ausgaben, durch Konsumbeschränkung und Steuererhöhungen aufgebracht werden müssen, wodurch Unmut unter der breiten Bevölkerung nur schwer zu vermeiden sein wird. Diesem wiederum muß – wie auch bereits öffentlich diskutiert – »mehr Staat« entgegenstehen, ein Staat, der im Verein mit der Wirtschaft neue Formen des Krisenmanagements zu entwickeln hat.

10. Vor-Krisenmanagement. Die bestehenden Institutionen für Nach-Krisenmanagement müssen ersetzt werden durch Institutionen für Vor-Krisenmanagement, deren Aufgabe es sein wird, sich anbahnende soziale Krisen im voraus zu erkennen und Programme zu ihrer Bewältigung zu entwickeln. Konflikte auf dem Weg zur durchrationalisierten Wohlstands- und Wachstumsgesellschaft werden unvermeidlich sein. Aber es muß gelingen, die Lösung dieser Konflikte auf schlichte Verwaltungs- und Programmierungsaufgaben zu reduzieren.

11. Integration der Bürger. Alle Zukunftspläne haben nur dann Aussicht auf Erfolg, wenn der einzelne Bürger durch eine feste soziale Stellung und den Konsens in bezug auf die Grundwerte der Gesellschaft integriert bleibt. Wenn es gelingt, Konflikte, Widersprüche und Unzufriedenheiten von ihm fernzuhalten. Dabei genügt es nicht, ihm die ungetrübte Sicht auf das Geschehen unserer Tage zu vermitteln. Und es genügt nicht, ihm durch Vermögensbildung und Aktien das Gefühl des Mitbesitzes am Produktivvermögen zu geben, das er dann bei den Verantwortlichen in sachkundigen Händen weiß. Es gilt vielmehr, neue Lebensinhalte zu schaffen, die der drohenden inneren Verödung begegnen, wie sie sich einstellt, wenn die materiellen Bedürfnisse gedeckt sind.

12. Neue Wertsysteme. Bislang hat es ausgereicht, mit dem Hinweis auf unseren Hauptfeind, den Kommunismus, die breiten Massen der freiheitlichen Ordnung zu verpflichten. Diese Aufklärung erweist sich bedauerlicherweise immer weniger als überzeugend und effektiv genug. Wenn die unternehmerisch-industrielle Freiheit langfristig gesichert werden soll, muß der materialistischen Weltanschauung ein ebenso geschlossenes System menschlicher und wirtschaftlicher Wertvorstellungen gegenübergestellt werden. Während der Kommunist für seine Gesellschaft, der Japaner für seine Nation als Wirtschaftsmacht arbeitet, ist es bisher nur unzureichend gelungen, dem westeuropäischen Arbeitnehmer ein Ziel zu geben, wenn man einmal von Lohn und Gehalt und dem Wohl seiner Firma absieht. Hier müssen noch große gesellschaftspolitische Lösungen gefunden werden, die auch die Frage nach dem Sinn kapitalistischen Wirtschaftens überzeugend beantworten.

13. Persönlichkeitsprogrammierung durch Medien. Je mehr die Arbeitszeit, die ja auch eine gewisse Steuerung der Arbeitnehmer ermöglicht, reduziert wird, desto reizvollere Lenkungsmechanismen müssen für die Freizeit gefunden bzw. fortentwickelt werden. Elektronik, Daten- und Lasertechnik müssen helfen, permanent wohldosierte Programme anzubieten, denen sich niemand mehr zu entziehen wünschen sollte. Mit einer unendlichen Fülle von unterhaltenden Informationen müßte es möglich sein, gesellschaftsfremde Wertvorstellungen nach und nach ganz zu eliminieren. Die zunehmende Automation und die Verringerung der körperlichen Arbeit werden jedoch zu einem großen Aggressionspotential führen, das sich in Gewalttätigkeit und Kriminalität entlädt, wenn es nicht gelingt, durch eine intensive Verwaltung und eine Programmierung mit ablenkenden Aufträgen und Zerstreuungen die Aggressivität zu kanalisieren. Diesen Bedürfnissen werden auch die Massenmedien mehr und mehr entgegenkommen müssen. Am besten wäre es freilich, dem Verfall der menschlichen Beziehungen eine verbindliche Moral entgegenzusetzen. Solch einer Moral müßte es gelingen, die seelischen Dispositionen zu schaffen, die das optimale Funktionieren der Menschen im technologischen Wohlfahrtsstaat garantieren.

14. Persönlichkeitsprogrammierung durch Naturwissenschaften. Wenn diese integrative Moral nicht durchschlagend genug sein sollte, werden früher oder später die Genetiker und Chemiker zum Einsatz kommen müssen. Diese Wissenschaftler arbeiten bereits heute an zahlreichen Verfahren, die unauffällige und schmerzlose Observierung der Bevölkerung zu verbessern und die Qualität des menschlichen Denkens und Agierens zu beeinflussen. So müßte es ihnen ab 1980 gelingen, mit Drogen zur Veränderung des Persönlichkeitsbildes systemfeindliche Kräfte zu befrieden. Ab 1990 wird es möglich sein, biochemische Integrations- und Kampfmittel einzusetzen, deren Einsatz nur schwer nachweisbar sein wird. Vom Jahr 2000 an könnte wichtigen Personen operativ oder medikamentös zur dauernden Anhebung des Intelligenzniveaus verholfen werden – unliebsamen oder in ihrer gesellschaftlichen Funktion beschränkten Personen hingegen wird der Aktionsradius besser vorgegeben werden können. Ab 2010 dürfte es möglich sein, die unmittelbare Einführung von Informationen in das Gehirn in Angriff zu nehmen. Schon in naher Zukunft also werden jene Wissenschaftszweige, die heute maßgeblich zur Stabilisierung unserer gesellschaftlichen Ordnung beitragen, Psychologie und Soziologie, abgelöst werden durch Elektronik, Bioelektronik, Biochemie, Chemie und Genetik.

15. Bindung des Weltkommunismus. Tag für Tag stehen wir, ohne uns dessen immer bewußt zu sein, in Konkurrenz zur inhumanen Planwirtschaft sozialistischer Länder. Deren Erfolge oder Mißerfolge bestimmen auch mehr oder weniger die Glaubwürdigkeit unserer blühenden, demokratischen Wirtschaftsform. Wir müssen also durch Kooperationen und Handelsverpflichtungen auch die Sozialisten auf den Pfad einer marktorientierten Wachstumspolitik führen und damit konfliktabhängiger machen. Wenn diese Beeinflussung nicht gelingen will, wird nicht auszuschließen sein, daß die Planwirtschaft, sofern sie mit weniger materiellem und menschlichem Verschleiß arbeitet, eines Tages zu Ergebnissen kommen wird, die wir nur mit größtem technologischen und propagandistischen Aufwand wieder wettmachen können. Wir brauchen sowohl für die innenpolitischen wie für die außenpolitischen Integrationsaufgaben ein zweckdienliches Bild vom Sozialismus. Die Wahnvorstellung, der Kapitalismus müsse beseitigt werden, weil allein der Sozialismus zu einer menschlicheren und vernünftigeren Gesellschaft führe, ist immer noch am überzeugendsten zu widerlegen mit dem Verweis auf geringen individuellen Wohlstand und jenes graue Einheitsglück, das großen Persönlichkeiten keine Entfaltungsmöglichkeiten läßt. Ob und wann der, zugegeben, kühne Vorschlag von Bundesminister a. D. F. J. Strauß, einige kommunistische Staaten einfach zu beseitigen, ernsthaft zu prüfen sein wird, muß heute noch offen bleiben.

16. Bindung der Dritten Welt. Es ist kaum zu vermeiden, daß die weiße Bevölkerung einem immer stärkeren Druck der farbigen Bevölkerung aus den Entwicklungsländern ausgesetzt sein wird. Der Druck wird auch bei drastisch gesenkten Geburtenraten in massivster Form entstehen, wenn die farbige Weltbevölkerung den gleichen Anspruch auf die Rohstoffvorräte wie die Völker mit hohem Lebensstandard zu erheben beginnt. Deshalb muß die derzeitige Arbeitsteilung aufrecht erhalten bleiben: Die Entwicklungsländer dienen uns als Rohstofflieferanten und Absatzmärkte, wir liefern ihnen die benötigten Produkte. Diese Zusammenarbeit muß in Zukunft noch mehr durch Investitionen der Industriestaaten in den unterentwickelten Ländern stabilisiert werden. Denn nur wenn es gelingt, die Entwicklungsländer im gleichen Maß von uns abhängig zu machen wie wir von ihnen abhängig sind, bleiben die Aussichten auf ein optimales wirtschaftliches Wachstum und damit auf die vollendete Beherrschung unserer kapitalistischen Ordnung realistisch.

Jeder Ansatz von politischer und wirtschaftlicher Selbständigkeit dieser Länder, der zur Verteuerung der Rohstoffe und zur Verkleinerung unserer Absatzmärkte führt, ist auf die Dauer tödlich und deshalb geschickt abzublocken. Wir können heute noch nicht prognostizieren, was zu geschehen hat, wenn unser wirtschaftspolitisches Instrumentarium nicht mehr ausreicht, der unterernährten und wenig produktiven Volksmassen Herr zu bleiben, die sich in den nächsten 30 Jahren sogar noch verdoppeln werden. Auf jeden Fall wird man sich auf harte Kämpfe einstellen müssen.

17. Befriedung der Dritten Welt. Die weißen Politiker sind also gut beraten, wenn sie an den bewährten Relationen der Friedenskosten festhalten. Die Europäer werden einen wachsenden Teil der knapp 200 Mrd. Dollar übernehmen, die allein in den USA jährlich für die Rüstung ausgegeben werden – einer Summe, die dem gesamten Nationaleinkommen der Länder der Dritten Welt entspricht. Auch die Rüstungstechniker sind gut beraten, wenn sie neben dem System der Hochrüstung spezielle Kampfmittel für große Volksaufstände fortentwickeln. Gerade in dieser Hinsicht wird eine fortschrittliche Befriedungstechnologie ihre Feuerprobe bestehen müssen. Es müßte gelingen, die zu erwartenden Aufstandsbewegungen mit neuen, sehr wirksamen elektronischen und biochemischen Methoden produktiv zu bekämpfen. Es müßte gelingen, diese Verbesserungen über den Polizei- und Militärsektor hinaus auch prophylaktisch wirksam werden zu lassen (vgl. Punkt 14).

Hier darf es keine falschen Sentimentalitäten geben: Die auf dieser Erde vorhandenen Rohstoffe reichen nun einmal nicht aus, um der gesamten Weltbevölkerung den Lebensstandard zu verschaffen, der heute in den USA selbstverständlich ist. Zwar wird man die Nahrungsmittelproduktion noch verbessern und neue synthetische Rohstoffe nutzen können, aber es wird weiter große Standardunterschiede geben müssen, wenn unser so wunderbar effektives ökonomisches System Balance halten soll. Wer meint, an den Pfeilern dieser Ordnung rütteln zu müssen – und sei es aus dem subjektiv verständlichen Wunsch nach »Befreiung« –, wird mit der harten Entschlossenheit derer zu rechnen haben, die diese Ordnung geschaffen und der Vollendung nahegebracht haben.

18. Überwindung der Wachstumsangst. Wir halten auch nicht viel von den Umweltschutz-Hysterien und Weltuntergangs-Visionen, wie sie sich in letzter Zeit wieder häufen. Am meisten Aufsehen hat bisher die Studie des renommierten Massachusetts Institute of Technology erregt. Diese Forschergruppe hat mit Hilfe ausführlicher Computerrechnungen den Untergang der Menschheit für das Jahr 2100 vorhergesagt, wenn das Wachstum der Bevölkerung und der Industrieproduktion nicht spätestens 1990 aufhört und stabil bleibt. Die daraus abgeleitete Forderung nach einem Null-Wachstum der Industrieproduktion ist in unserer Wirtschaftsordnung völlig absurd, ja unmöglich. Mögen die Wissenschaftler ihre Schreckbilder, nach denen das Ende der Ressourcen und die Umweltverschmutzung die industrielle Basis einstürzen lassen und nach denen ausgerechnet das industrielle Wachstum der Menschheit Hunger, Krankheit und Elend bescheren soll, noch so mathematisch absichern und noch so drastisch ausmalen – gute Unternehmer und Manager werden darauf, wenn es wirklich so weit kommen sollte, wie gewohnt zu reagieren haben: mit entschlossenem Handeln. Jede neue Situation eröffnet auch ein vielfältiges Spektrum unternehmerischer Neuerungen. Auf jeden Fall werden sie dafür kämpfen, daß sie nicht die ersten unschuldigen Opfer möglicher Turbulenzen sein werden.

19. Keine Zeit verlieren. Bei der Durchsetzung dieser einzelnen Ziele, bei der Lösung dieser und anderer Konfliktpunkte zu zögern, heißt, die bisherigen großartigen Erfolge und unser Überleben aufs Spiel zu setzen. Ich hoffe deutlich gemacht zu haben: Wir gehen einer Auseinandersetzung entgegen, über deren Härte noch nicht überall eine klare Vorstellung herrscht. Wer bestehen will, hat nicht mehr viel Zeit zu verlieren: Unsere Zukunft wird heute entschieden.

Bücher:

K. Busse, Werner von Siemens. Bad Godesberg (Inter Nationes) 1966

E. Czichon, Der Bankier und die Macht. [H. J. Abs] Köln (Pahl-Rugenstein) 1970

E. Czichon, Wer verhalf Hitler zur Macht? Köln (Pahl-R.) 1967

C. Grossner, Ein militärisch-industrieller Komplex in der Bundesrepublik? In: R. Barnet, Der amerikanische Rüstungswahn. Reinbek (Rowohlt) 1971

H. Haug/H. Maessen, Was wollen die Lehrlinge? Frankfurt (Fischer) 1971

B. Heinrich, D-Mark-Imperialismus. Berlin (Voltaire) 1971

J. Huffschmid, Die Politik des Kapitals. Frankfurt (Suhrkamp) 1969

–, Die Bilanzanalyse – am Beispiel Siemens. In: B. Kelb, Betriebsfibel. Berlin (Wagenbach) 1971

G. Kegel, Ein Vierteljahrhundert danach – Das Potsdamer Abkommen und was aus ihm geworden ist. Frankfurt (Marx. Blätter) 1971

J. Kocka, Unternehmensverwaltung und Angestelltenschaft am Beispiel Siemens 1847-1914. Stuttgart (Klett) 1969

J. Kuczynski, Die Geschichte der Lage der Arbeiter unter dem Kapitalismus. Band 2, 3, 4, 5, 6, 7, 11, 12, 13, 14, 15, 16, 17. Berlin (Akademie-Verlag) 1953-1966

A. Lange, Das wilhelminische Berlin. Berlin (Dietz) 1967

H. Markus, Die Macht der Mächtigen. Düsseldorf (Droste) 1970

C. Matschoß, Werner Siemens. Ein kurzgefaßtes Lebensbild [...] 2 Bände. Berlin 1916

O. Neumann, Wer plant unsere Zukunft? Berlin (Verlag+Druck) 1970

G. Ogger, Friedrich Flick der Große. München (Scherz) 1971

K. Pritzkoleit, Wem gehört Deutschland? Düsseldorf (Rauch) 1956

K. Pritzkoleit, Gott erhält die Mächtigen. Düsseldorf (Rauch) 1963

K. Pritzkoleit, Männer Mächte Monopole. Düsseldorf (Rauch) 1953

D. Rost (Hrsg.), So wirbt Siemens. Kommunikation in der Praxis. Düsseldorf (Econ) 1971

D. Schmidt u. a., Entschleierte Profite – Bilanzlesen leichtgemacht. Frankfurt (NVG) 1971

F. Seidenzahl, 100 Jahre Deutsche Bank. Im Auftrage des Vorstandes der Deutschen Bank AG. Frankfurt 1970

Georg Siemens, Der Weg der Elektrotechnik – Geschichte des Hauses Siemens. 2 Bände. Freiburg (Alber) 1961

–, Carl Friedrich von Siemens. Ein großer Unternehmer. Freiburg (Alber) 1960

Gerda v. Siemens, Den Gefährten auf ihrem Lebensweg – Als ein unverlierbares Stück Heimatland hingegeben von ihrer Mutter Ellen von Siemens, geb. von Helmholtz. Erinnerungsbuch. 2 Bände. Berlin (Privatdruck) 1911

Werner v. Siemens, Lebenserinnerungen. Leipzig (Reclam) 1943. 17. Aufl. München 1966

P. Sweezy/H. Magdoff, Anmerkungen zur multinationalen Korporation. In: Sozialistisches Jahrbuch 2. Berlin (Wagenbach) 1970

F. Thoma, Herrschen durch Vorbild und Vorzugsaktien – Die Siemens. In: Thoma (Hrsg.), Die modernen Monarchen. München (List) 1970

S. v. Weiher, Werner von Siemens. Göttingen (Musterschmidt) 1970

Autorenkollektiv, Der Imperialismus der BRD. Berlin (Dietz) 1971

Autorenkollektiv St. Pauli Werftausschuß, Blohm & Voss. Geschichte einer Werft – Beispiel eines Rüstungsbetriebes. Dortmund (Weltkreis) 1971

Zeitungen, Zeitschriften:

Apopress (Köln), Der Arbeitgeber, Arbeitersache (Regensburg), Berliner Extradienst, Blick durch die Wirtschaft, Capital, Deutsche Zeitung/Christ und Welt, DWI-Berichte, elan, Frankfurter Allgemeine Zeitung, Frankfurter Rundschau, Handelsblatt, Der Kern (Bremen), Klassenkampf (Berlin W.), konkret, Kursbuch, Lehrlings-Zeitung (Hamburg), manager magazin, Neues Rotes Forum, Rote Betriebskorrespondenz (Berlin W.), Rote Korrespondenz (München), Siemens-Lehrling/Lehrlinks (München), Siemens-Mitteilungen, Der Spiegel, Süddeutsche Zeitung, Der Tagesspiegel, Die Wahrheit, Die Welt, Wirtschaftswoche, Unsere Zeit, Die Zeit.

Außerdem:

Geschäftsberichte, Werbe- und Informationsbroschüren der Siemens AG; einschlägige Handbücher und Standardwerke.

Wesentliche Hinweise erhielt ich von Siemensmitarbeitern und -kennern aus Berlin West, Bonn, Bremen, Frankfurt, Hamburg, Köln und München. Der Verfasser (c/o Rotbuch Verlag) ist bereit, eventuelle Fragen nach detaillierten Quellenangaben zu beantworten.

Bemerkungen zur Methode

Warum Festschrift? Bei der Überlegung, mit welcher Prosatechnik sprödes ökonomisches Material mit etwas Witz und literarisch wirksam verarbeitet werden könnte, bot sich diese Form an. Das methodische Prinzip dieser Festschrift ist die Nachahmung, die politische und literarische »Kunst, in anderer Leute Köpfe zu denken« (Brecht). In diesem Fall sind es die Köpfe der Unternehmer und Manager der Siemens AG. Die Übung dieser Kunst wurde durch die Vielfalt des Materials (vgl. Quellenverzeichnis) sehr erleichtert. Da ich zugleich möglichst viele Fakten, die mir wichtig schienen, einarbeiten wollte, wird der Witz der Sache möglicherweise durch Faktenhäufung hin und wieder gefährdet.

Zahllose Siemens-Original-Zitate und Satzelemente sind in den Text einmontiert – diese Stellen wurden jedoch nicht durch Kursivsatz gekennzeichnet, weil die wörtlichen Zitate und die nachempfundenen »Zitate« bei dieser Darstellungsart nicht zu trennen sind. Der Stil (vom ausschweifenden Selbstlob bis zum Understatement) sollte als Ideologieträger kenntlich gemacht werden. Die großen ideologischen Ausbrüche weichen selten von belegbaren Äußerungen führender Wirtschaftler ab. Der Festschriftton wurde durch das »Wir« und das Mittel des Euphemismus hergestellt: Die beschönigende Umschreibung von Fakten, das Selbstlob auch bei heiklen, widersprüchlichen Fragen, inkl. die selbstlobende Selbstkritik.

Daß diese Festschrift trotzdem anders ausfällt als eine denkbare echte Siemens-Festschrift, hat gute Gründe. Natürlich ist meine Festschrift »einseitig« – aber weniger einseitig als die mir bekannten Selbstdarstellungen der Siemens AG. Warum? Die Unternehmersprache (bzw. die Sprache dienstbarer Firmen-Schriftsteller) läßt die Unternehmerinteressen zumindest öffentlich nicht hinter dem Nebel des Allgemeinwohlgeredes hervortreten, allenfalls aus Versehen; deshalb habe ich solche Versehen bewußt konstruiert. Ein zweiter Unterschied: Ich habe (was echte Fest-Schriftsteller vermeiden) die kapitalistische Ideologie mit der kapitalistischen Praxis konfrontiert. Daß dabei aufklärende Effekte entstehen, die sich antikapitalistisch auswirken, ist nichts Neues; und natürlich habe ich besonders gern solche Fakten ausgewählt, die zu der Ideologie der freien Marktwirtschaft und dem sozialen Anspruch des Siemenskonzerns im Widerspruch stehen.

Hier liegt aber auch das größte methodische Problem. Mit dem Instrument dieser Sprache, die ihre Absichten gewöhnlich verblümt, lassen sich selten präzise Aussagen machen, können die grundlegenden Interessen und Widersprüche eines Großkonzerns nur unzureichend deutlich gemacht werden. Deshalb muß es öfter mal zu Verfremdungen und zu Brüchen kommen. An mehreren Stellen werden Leser, die nach Einheit der Form verlangen, sagen: »Das würden die Autoren der Siemens AG nie schreiben.« Gewiß. Aber mir liegt nichts an der Leser-Illusion, es handle sich um eine Festschrift, die einer echten Siemens-Festschrift möglichst nahe kommen soll – sondern ich benutze die Form Festschrift instrumentell, als Kunstform. Die Brüche sind also einerseits unvermeidlich, andererseits nötig. Sie und die Fiktion einer Perspektive, die in Wahrheit nicht die des Autors ist, zeigen überdies, daß diese Kunstform literaturtheoretisch als Satire zu bezeichnen wäre.

Der Nutzen dieser Dokumentarsatire könnte darin liegen, über die Vermittlung lehrreich kombinierter Fakten und unbekannter Details hinaus dem Leser das Bewußtsein zu schärfen, diese Sprache der raffinierten Selbstrechtfertigung als Herrschaftstechnik zu durchschauen. Ich hoffe, dem Leser dadurch ein gewisses Vergnügen zu verschaffen, daß er diesen ständigen Formulierlügen – d. h. dem Machtapparat, der ihn auch mit seiner scheinrationalen Sprache zu desorientieren versucht – immer weniger auf den Leim geht.

An der Siemens AG, das muß noch einmal gesagt werden, gibt es nichts auszusetzen – vom Standpunkt der Kapitalisten aus. Ich habe Siemens also weder als Warentester noch als Betriebswirt, aber auch nicht als Maschinenstürmer oder Moralist behandelt. Siemens stand Modell für einen expansiven Großkonzern, für Machtkonzentration, moderne Ausbeutung und Widersprüchlichkeit technischer Leistungen. Daß dabei nicht der technische Fortschritt an sich anzugreifen ist, sondern die gesellschaftlichen Verhältnisse, in denen er entwickelt, und die gesellschaftlichen Zwecke und Herrschaftsinteressen, für die er eingesetzt wird, hoffe ich verdeutlicht zu haben. Wo nicht, wird die Fortsetzung der Klassenkämpfe auch solche Differenzierungen erleichtern.

Das Manuskript wurde Mitte Juni 1972 abgeschlossen.

F. C. D.

Von den Siemens-Firmen sind nur die verzeichnet, die nicht den Namen Siemens tragen.

Kurzgefaßte Chronologie
zum Siemens-Prozeß

Ebenso wie eine Fronleichnamsprozession verboten werden kann, wenn sie in einem
Seuchengebiet stattfinden soll, muß auch eine künstlerische Darbietung unterbunden
werden können, wenn sie elementare Belange der Allgemeinheit nachhaltig stört.
(Aus der Siemens-Klage)

19.10.72	Erste Auflage der »Festschrift« erscheint.
14.11.	Siemens AG und Hermann Josef Abs (Deutsche Bank) stellen beim Landgericht Stuttgart Antrag auf Erlaß einer einstweiligen Verfügung, weil vier Stellen falsch und ehrenrührig seien. Wir erfahren von diesem Antrag erst vier Tage vor der mündlichen Verhandlung.
23.11.	In einer dpa-Meldung verbreitet die Siemens AG per Dementi genau die Behauptungen, die dem Haus angeblich unermeßlichen Schaden zufügen.
24.11.	Mündliche Verhandlung über eine einstweilige Verfügung. Siemens-Anwalt (das Buch ist »ein Dolchstoß in den Rücken des friedlichen deutschen Volkes«) gibt zu erkennen, daß er über Stand der Fertigstellung der 2. Auflage genau unterrichtet ist. Entscheidung vertagt.
27.11.	Siemens-Anwalt schickt, ohne juristische Handhabe, Einschüchterungsbriefe an Binderei, Druckerei und Auslieferungsfirma des Verlags.
28.11.	Binderei weigert sich, die 2. Auflage zu binden.
1.12.	Siemens reicht Hauptsacheklage ein, ohne Ergebnis des Antrags auf einstweilige Verfügung abzuwarten. 19 »Behauptungen« (also weniger als 0,5% des verarbeiteten Materials) seien »unwahr«.
6.12.	Drei Verlagsmitglieder beliefern Buchhandlungen zwischen Bremen und München mit 2. Auflage.
7.12.	Entscheidung über einstweilige Verfügung: Die Siemens-Anträge werden abgewiesen, denen von Abs wird stattgegeben.
15.12.	Laut einer Berliner Zeitung versucht Siemens, im Betrieb die Verbreitung der Gewerkschaftszeitung »Metall« zu behindern, in der das Buch ausführlich rezensiert ist.
3.1.73	Gemunkel aus einer Großbank über ein Rundschreiben: Literatur wie die »Festschrift« sei höchst gefährlich, deshalb

sei es unklug von Siemens, durch den Prozeß auch noch Propaganda dafür zu machen.

12.1.	Wir reichen umfangreiche Klageerwiderung ein. 3. Auflage erscheint.
16.1.	Als die Siemens-Seite erfährt, daß wir für alle Klagepunkte vorsorglich den Wahrheitsbeweis antreten und Dokumente vorlegen, beantragt sie Vertagung der Verhandlung um drei Monate.
18.1.	Siemens erweitert die Klage: Auch der Titel des Buches soll verboten werden.
Jan.	Der obere Führungskreis des Hauses Siemens erhält ein internes Informationsblatt, das Argumente für Diskussionen mit Untergebenen über das Buch zusammenstellt.
5.3.	Siemens-Schriftsatz versucht, den Verlag wegen einiger seiner politischen Bücher zu denunzieren.
12.3.	Siemens legt Gutachten des Soziologen Prof. Schoeck (»Der Neid und die Gesellschaft«) vor, das den Kunstcharakter der Festschrift leugnet.
13.3.	1. Verhandlungstag. (Der Vorsitzende Richter: »Kapitalgesellschaften haben keinen Rechtsanspruch auf ewige Ehre.«)
13.4.	Siemens legt Gutachten eines Meinungs- und Marktforschungsinstituts vor, das beweisen soll, daß die Leser vor dem Lesen des Buches ein besseres Bild von Siemens haben als danach.
12./13.6.	Vernehmung von hohen Siemens-Angestellten als Zeugen.
24.8.	Siemens legt Gutachten des Juristen Prof. Lerche vor, das der Festschrift die freie schöpferische Gestaltung und die künstlerische Intention abspricht.
1.11.	4. Auflage erscheint.
13.9.74	Urteilsverkündung des LG, an der nur noch ein Richter mitwirkt, der am Prozeß von Anfang an beteiligt war; zwei Richter wechselten.
Nov.	Kritik des Urteils in mehreren Zeitungen, in Funk und Fernsehen. Siemens antwortet darauf u. a. mit Falschmeldungen über den Prozeßverlauf.
15.11.	Wir legen Berufung ein beim OLG Stuttgart (4. Zivilsenat) mit teilweise neuen Wahrheitsbeweisen.
17.11.	Schriftstellerverband solidarisiert sich und fordert von der IG Druck und Papier Rechtsschutz für den Autor.
21.11.	Siemens-Antwort auf Urteilskritik »Muß im Interesse der Kunstfreiheit Unsicherheit für 230000 Siemens-Mitarbeiter in der Bundesrepublik hingenommen werden?«
6.12.	PEN-Zentrum der BRD warnt vor der Entziehung der »Freiheit des Wortes«.

10.12.	OLG unterbreitet Vergleichsvorschlag.
8.1.75	Peter von Siemens läßt dem PEN antworten: »Die Freiheit der Literatur, die auch wir voll anerkennen, muß ihre Grenzen an dem Schutz der Ehre vor Verleumdung finden.«
13.2.	Hauptvorstand der IG Druck und Papier lehnt Rechtsschutz ab.
7.4.	Siemens-Schriftsatz zur Berufungsverhandlung, in dem wieder alle klassenkämpferischen Register gezogen werden (z. B. mit der These, »inwieweit eventuell ein ›Überzeugungswandel‹ eintreten würde, wenn die Rotbücher abends nicht mehr zu lesen wären, weil mangels elektrischer Ausrüstung der Strom abgeschaltet wird ...«).
16.4.	Vergleichsverhandlung (s. S. 227 ff.) und Berufungsverhandlung.
29.4.	Siemens lehnt den bereits detailliert ausgehandelten Vergleich ab, u. a. wegen eines Satzes über Thomas Mann.
11.6.	Urteil des OLG (vgl. S. 251).
Juli-Dezember	Bemühungen um einen außergerichtlichen Vergleich.
1.12.	Vergleich geschlossen (S. 228).
10.12.	Siemens-Anwalt: »Sollten Ihre Mandanten die unwahre Behauptung, sie seien durch Drohung zum Vergleichsabschluß genötigt worden, erneut aufstellen, so würde sich meine Mandantin veranlaßt sehen, dagegen mit den gebotenen Mitteln alsbald vorzugehen.«
28.1.76	Anläßlich des 65. Geburtstages von Peter von Siemens erscheint im »Münchner Merkur« eine neue Siemens-Satire.

Gesamtkosten des Prozesses

Anwaltskosten (für Einstweilige Verfügung, 1. und 2. Instanz und Vergleich)	18 712 DM
Gerichtskosten (für Einstweilige Verfügung, beide Instanzen, Zeugengelder)	6583 DM
Sonstige Unkosten (Reisekosten zu Gerichtsterminen, Recherchen, Material, Kopien usw.; direkte prozeßbedingte Verlagskosten)	11 540 DM
	36 835 DM

Der Siemens-Prozeß und andere
Wirkungen der Siemens-Satire

*»Ein Siemens-Konzern, der vor Gericht gehen muß,
bestätigt die Wirksamkeit von Literatur.«
(Walter Jens)*

Der Prozeß der Siemens AG gegen die von ihr nicht bestellte
Festschrift »Unsere Siemens-Welt« hat keinen Sieger. Für den
Konzern ist es eine Niederlage, daß die Festschrift trotz aller
Anti-Festschrift-Kampagnen fast ungeschoren bleibt und
durch den Prozeß aufgewertet und bekannter wurde. Für uns
liegt die Niederlage in der hohen Kostenlast (knapp 37000
DM) und dem kostenbedingten Prozeßabbruch. Die juristischen Positionen der beiden Seiten sind nur scheinbar gelöst.
Klarer geworden sind die Möglichkeiten eines Konzerns, einer
juristischen Person im Kampf gegen kritische Kunst. Klarer
sind die Möglichkeiten dieser Kunst bei der künstlerischen und
juristischen Auseinandersetzung mit dem »angegriffenen« Gegenstand, sei es ein Konzern oder eine andere bedeutende juristische oder natürliche Person. Neu sind diese Auseinandersetzungen nicht, aber sie verschärfen sich. Die Widersprüche und
Wirkungen, die im Siemens-Prozeß noch besser als in anderen
aktuellen Literaturprozessen zu beobachten sind, werden uns
in den kommenden Jahren weiter beschäftigen.

Diese Wirkungen wird aber nur der Beobachter richtig wahrnehmen können, der sich von den naheliegenden moralischen
Kategorien freizumachen vermag, wie sie von vielen Kommen-
tatoren aus berechtigter Empörung herangezogen wurden:
Goliath gegen David, übermächtiger Weltkonzern gegen kleinen Autor und kleinen Verlag. So richtig es ist, immer wieder
auf die 70000fache ökonomische Übermacht des Siemens-
Konzerns gegenüber dem Rotbuch Verlag hinzuweisen, so
kurzsichtig ist es, den Prozeß zu reduzieren auf die Konfronta-

tion zweier ungleicher Gegner und ihn aus dem gesellschaftlichen Kontext herauszulösen.

Wie der aussieht, ist den Lesern der Festschrift bekannt. Das wachsende Bewußtsein der Unternehmer und Manager, Klassenkämpfer zu sein, läßt sie selbst den Kampf gegen ein Buch im Sinn ihrer »gesellschaftspolitischen Offensiven« (vgl. S. 158) führen. (Über den Prozeß gegen das Buch und die Prozeßtaktik wurde überwiegend auf der Vorstandsebene entschieden.) Wenn die führenden Männer eines der größten Konzerne der Welt eine relativ harmlose Satire nur noch als Instrument im Klassenkampf begreifen können und dagegen mit allen ihren Mitteln vorgehen, wird deutlich, wie entschieden sie ihren Kampf von oben führen, aber sie zeigen auch ihre schwachen Stellen und Angriffsflächen.

Diesen Zusammenhang im Blick, läßt sich der Prozeß als Kampf Kapital (bzw. Siemens-Konzern, bzw. juristische Person) gegen Kunst (bzw. einen Autor, bzw. die Linke) beschreiben. Ein Kampf in neun und mehr z. T. simultan ausgetragenen Runden, der wegen der Ungleichheit der Kontrahenten und der Verschiedenheit ihrer Mittel (Kunst – Macht, List – Gewalt, Witz – Geld) durchaus komische Züge trägt – nur ist diese Komik angesichts der gesellschaftlichen Umstände dieses Fights und seiner Kosten leider nur schwer zu genießen. Der Kampf, abgebrochen mit einem Vergleich bei leichten Punktvorteilen für uns, geht außerhalb des Ring-Spektakels weiter. Wie fing er an?

1. Runde

Die satirische Festschrift »Unsere Siemens-Welt« trifft den Siemens-Konzern völlig unvorbereitet.

Einstweilige Verfügung und einstweiliger Siemens-Reinfall
(2. Runde)

Ohne Vorwarnung, ohne »Hinweis« auf angebliche oder wirkliche Unwahrheiten stellten die Siemens-Anwälte am 14.11.1972
einen Antrag auf Einstweilige Verfügung ohne mündliche Verhandlung wegen vier Stellen des Buches. Die 17. Zivilkammer
des Landgerichts Stuttgart setzte trotzdem eine mündliche Verhandlung (24.11.) an. In diesem Verfahren wurden die Positionen der drei Seiten (Siemens, wir – mit »wir« meine ich den
Verlag und mich – und die Justiz) bereits abgesteckt, die sich im
Laufe des langen Prozesses grundsätzlich nur wenig geändert
haben.

Die Siemens-Seite argumentierte:

1. Die Festschrift trägt das Gewand einer aus dem Haus Siemens stammenden Festschrift.

2. »In Wirklichkeit handelt es sich bei dieser angeblichen Festschrift
um eine ›antikapitalistische‹ Tendenzschrift, in der in grob wahrheits-
widriger Weise der Versuch unternommen wird, das Haus Siemens
als Prototyp ›des westdeutschen Kapitalismus‹ zu verteufeln.« (L
14.11.72, 5)

3. Der Vorbehalt im Geleitwort, der Verfasser könne keine
Gewähr für die *absolute* Richtigkeit der Angaben übernehmen,
berührt die rechtliche Haftung nicht. Die unwahren und diffa-
mierenden Behauptungen werden als absolut feststehende Fakten vorgetragen. Das Buch rühmt sich seiner dokumentarisch
belegten Genauigkeit.

4. Auch die Form der Satire befreit nicht von dieser Haftung,
da sie nur Deckmantel für handfest verleumderische Tatsachenbehauptungen ist.

5. Die Festschrift ist »nur ein einzelnes Glied in einer Kette von politisch gesteuerten Versuchen, durch moralische Diffamierung des
zweitgrößten Unternehmens der Bundesrepublik deren ›bürgerlich,
kapitalistische‹ Gesellschaftsordnung zu ›verunsichern‹«. (L 14.11.72,
7)

6. Das Buch enthält viele Behauptungen, die »für den in Geschichte, Wirtschaft und Recht einigermaßen bewanderten Leser schon auf den ersten Blick den Stempel der Lüge auf der Stirn« tragen. Trotzdem beschränken die Antragsteller ihren Unterlassungsanspruch auf wenige Punkte, um eine Verschleppung des Verfahrens und einen Mißbrauch zu politischer Propaganda zu vermeiden.

7. Es folgen Beweise für die Unwahrheit der vier Punkte – Atombombe, Zusammenarbeit mit Westinghouse auf dem Rüstungssektor, zwei Zitate über Abs.

Unsere Position wurde von Anwalt Albert Gerhardt so vorgetragen:

1. Die Politisierung des Verfahrens durch die Antragsteller und ihr Suggerieren einer Parallelität zum Czichon-Prozeß dient nur der Ablenkung vom massiven Angriff auf die Freiheit der Kunst (Siemens-Anwalt Löffler hatte wenige Monate zuvor den Prozeß des Hermann Josef Abs gegen Eberhard Czichons Buch »Der Bankier und die Macht« mit Erfolg abgeschlossen – Czichon konnte etliche seiner Behauptungen über Abs nicht belegen).

2. Die Festschrift entspricht der herkömmlichen Definition von Satire und ist ein Kunstwerk im Sinn des Art. 5 Abs. 3 GG.

3. Nach den Grundsätzen des Bundesverfassungsgerichts (»Mephisto-Urteil«) kann die Freiheit der Kunst nur dann eingeschränkt werden, wenn die in Art. 1 GG (Menschenwürde) und Art. 2 GG (allgemeines Persönlichkeitsrecht) garantierten Rechte verletzt sind. Auf die Siemens AG sind diese Rechte nicht anwendbar, da sie keine natürliche Person ist.

---

4. »In der Festschrift geht es ja nicht nur um die allgemeine literarische Verfremdung, hinzu kommt die satirische Verfremdung, von der buchstäblich jede Zeile trieft. Schon die Titelgebung ... läßt den Leser keinen Moment zweifeln, daß es sich hier nicht um eine reale Festschrift des Hauses Siemens, sondern um eine Satire auf Festschriften und die Selbstdarstellung von Konzernen ganz allgemein handelt. Durch diese satirisch-literarische Verfremdung ist aber von vornherein jede Aussage im Buch auf eine andere Wirklichkeitsebene gestellt ...« (G 1.12.72, 19)

5. Auch nach Meinung des Verfassungsgerichts ist es unzulässig, einzelne Sätze aus Kunstwerken herauszunehmen und sie wie Meinungsäußerungen zu behandeln und auf ihren Wahrheitsgehalt zu untersuchen.

6. Die Anträge auf Unterlassung der vier »Behauptungen« werden im einzelnen für juristisch und sachlich nicht haltbar erklärt.

Während der mündlichen Verhandlung verriet die Siemens-Seite, daß sie sich verkalkuliert hatte. Sie war überrascht, daß wir nicht mit einem linken, sondern mit einem »bürgerlichen« Anwalt aus einer renommierten Stuttgarter Anwaltskanzlei vor Gericht traten. Noch mehr überrascht war die Gegenseite von der Kunstdiskussion, darauf sei man gar nicht eingestellt, damit habe man nicht gerechnet, gab Anwalt Löffler offen zu. Im übrigen bestritt er »mit allem Nachdruck«, daß die Festschrift eine Satire oder gar ein Kunstwerk sei, und legte eidesstattliche Erklärungen von Siemens-Angestellten vor, die das Buch nicht als Satire verstanden haben wollen.

Zur Urteilsfindung half das nicht. Das Landgericht konnte dem Buch »nicht von vornherein jeden Kunstwert absprechen« und sah keinen Anhaltspunkt, uns »einen Mißbrauch der Kunstform vorzuwerfen«. Trotzdem sei die juristische Person Siemens AG

»nicht etwa rechtlos gestellt, da das Recht der freien Entfaltung der Persönlichkeit aus Art. 2 GG, auf das sich ... natürliche *und* juristische Personen berufen können, ausreichenden Schutz gewährt«. (LG 7.12.72, 16)
»Die Lösung des Spannungsverhältnisses zwischen der Kunstfreiheit und dem allgemeinen Persönlichkeitsrecht muß wesentlich davon abhängen, inwieweit die einzelnen beanstandeten Textstellen Anspruch auf Wirklichkeitstreue erheben.
Eine Darstellung, die an dem außerkünstlerischen Maßstab der Wirklichkeitstreue gemessen sein *will*, verträgt einen strengeren Maßstab als eine gegenüber der realen Wirklichkeit verselbständigte Darstellung, die sich als künstlerische Überhöhung zu erkennen gibt.« (LG 7.12.72, 16 f.)

Trotz dieser fragwürdigen Setzung »strengerer« Maßstäbe hat das Landgericht die beiden von Siemens angegriffenen Punkte nicht verboten. Den einen (Atombombe), weil er satirische Übertreibung ist, den anderen (Westinghouse), weil er trotz Unrichtigkeit nicht »zu einer besonderen Rechtsbeeinträchtigung geführt hat«. Lediglich die beiden Punkte über Abs, die die gleiche Kammer bereits im Czichon-Prozeß verboten hatte, mußten unterlassen werden – die Änderung verbesserte aber den satirischen Effekt (vgl. S. 111).

Das Urteil war eine eindeutige Niederlage für die Siemens-Seite, die, ihrer Sache und Macht völlig sicher, mit einem Blitzsieg gerechnet hatte. Die zweite Runde ging ebenfalls an die Kunst, nicht an den Konzern.

Warum ging Siemens zum Gericht?

Was hat »Unsere Siemens-Welt« bei den Siemens-Herren bewirkt, daß sie ihre Anwälte kommen ließen? Warum fühlt man sich in der Direktionsetage überhaupt getroffen? Wie kommt es, daß ein Weltkonzern, der mit an den wichtigsten Schalthebeln der bundesdeutschen Industrie sitzt, der die Techniken kapitalistischer Ausbeutung und Verschleierung nicht schlecht beherrscht, der so viel Auslandsvertretungen hat wie die UNO Mitgliedstaaten, wie kommt es, daß ein solcher Weltkonzern auf ein solches Büchlein wie eine Mimose reagiert?

Man kann darauf antworten: Die Herren im Vorstand, im Aufsichtsrat, in der Familie Siemens haben Macht, also auch spezifische Ängste. Angst, ihre Herrschaft, ihre Autorität, ihre Ideologie, ihr System könnten brüchiger werden. Angst vor der Verbreitung ihrer eigenen Überlegungen und Fakten ohne PR-Schminke, die, literarisch verfremdet, antikapitalistisches Bewußtsein verstärken. Angst vor einer bewußter werdenden Arbeiterklasse. Angst vor Intellektuellen, die sich die Mühe machen, dem Kapitalismus in die Karten zu schauen, haben sie sicher nicht, auf die haben sie bestenfalls Wut.

Diese allgemeine Einschätzung erklärt aber noch nicht das militante Vorgehen gegen eine Satire, die man ebenso gut zähneknirschend ignorieren könnte. Mehr Aufschluß geben die Reaktionen der Führungsspitze, wie ich sie beobachten konnte oder wie sie mir zugetragen wurden.

Die große Unruhe setzte mit der schon drei Wochen vor Erscheinen des Buches in der »Zeit« veröffentlichten positiven Rezension von Bernt Engelmann ein. Engelmann hatte u. a. die Auschwitz-Passage zitiert und die Chefs mit einer Reihe solcher Sätze nervös gemacht:

> »Eine Festschrift, die mit bescheidenstem Aufwand umfassende und sehr wertvolle Informationen liefert, des wachen Interesses eines breiten Publikums gewiß sein kann und bei den rund 300 000 ›Siemensianern‹, deren Angehörigen und dem Heer der Siemens-Kleinaktionäre ... Erfreuliches bewirken könnte: die Erkenntnis der wahren eigenen Lage.«

Man schickte diverse Leute auf die Buchmesse, um möglichst viel über das noch nicht erschienene Buch zu erfahren: Selbst ein Vorstandsmitglied, dem die Zentralstelle für Information untersteht, bemühte sich um Feindaufklärung. Man versuchte auf dem Umweg über Journalisten an meine Quellen heranzukommen. Man bat beim Verlag (damals noch Wagenbach-Verlag) um Vorausexemplare.

Die Reaktionen, nachdem das Buch am 18.10.72 endlich erschienen war, werden unterschiedlich beschrieben. Einige Herren sollen sich amüsiert haben, die meisten, besonders der Personalchef von Oertzen, müssen sehr erbost gewesen sein. Bald stellte sich heraus, daß das Buch auch unter den »Siemensianern« eine relativ große Verbreitung fand. Deshalb sah sich der Personalchef acht Wochen nach Erscheinen des Buches veranlaßt, ein vierseitiges Informationsblatt »Für den oberen Führungskreis des Hauses Siemens« herauszugeben, das diesem Kreis Argumentationshilfe bei den immer mehr um sich greifenden hausinternen Diskussionen liefern sollte. Es hieß da u. a.:

»Politische Agitation gegen Siemens

Während des Wahlkampfes sind von der DKP und weiteren links stehenden Gruppen und Personen neben den üblichen Flugblättern verschiedene Schriften gegen Siemens veröffentlicht worden. Eine dieser Schriften, »Unsere Siemens-Welt«, versucht den Eindruck einer »Festschrift zum 125jährigen Bestehen des Hauses S.« zu erwecken. Der Verfasser hat Zitate, die nicht gekennzeichnet sind, mit erfundenen »Zitaten«, eine Fülle unwahrer Behauptungen, aus dem Zusammenhang gerissene und unrichtig wiedergegebene Sachverhalte mit richtigen Zahlen und Angaben gemischt. Er behauptet, es handle sich um eine neue Kunstform, die »Dokumentar-Satire«, bezeichnet seine Schrift aber gleichzeitig als »Handbuch«.

Wegen der geschickten Tarnung ist für den unbefangenen Leser die Unwahrheit vieler Behauptungen nicht ohne weiteres erkennbar ...

Der kritische Leser durchschaut die Tendenz derartiger Veröffentlichungen und die hierbei angewandten Methoden sehr schnell. Wir müssen jedoch damit rechnen, daß weniger kritisch eingestellte Leser Behauptungen gegen ein Großunternehmen mehr oder weniger für bare Münze nehmen. Deshalb ist es zweckmäßig, überall dort, wo das Gespräch auf derartige Veröffentlichungen kommt, deren *politische Tendenzen und Methoden* anhand der genannten Beispiele durchschaubar zu machen.«

Die Klassifizierung der siemensgläubigen Leser als kritische Leser und das Betonen der Tendenz zwecks Abwehr der Inhalte der Satire zeigt zwar den Argumentationsnotstand der Chefs an; dieser Notstand sollte uns aber keine Illusionen über die Wirkung des Siemensglaubens machen. Immerhin, man hat so viele »weniger kritisch eingestellte Leser« in den eigenen Reihen entdeckt, daß man sich zur Gegenoffensive entschließen mußte.

Die Reaktionen der Männer aus dem höheren und mittleren Management habe ich am 15. und 16. 2. 73 bei Leseveranstaltungen in Erlangen und Nürnberg genauer studieren können. Besonders allergisch reagierte man nicht auf die angeblichen Unwahrheiten, sondern auf die Sätze der Festschrift, die nur die Konsequenz kapitalistischen Effizienzdenkens sind. Wenn solche Sätze im Siemens-Zusammenhang stehen, sind sie richtig und »objektiv«, wenn die gleichen Sätze aber von mir oder vom Festschriftsteller gebraucht oder literarisch verfremdet werden, entrüsten sich diese Herren und wittern Tendenz und Verrat. Das scheint der Grund zu sein für die ungewöhnlich starke Emotionalität, die an den Siemens-Technokraten, an gestandenen Fünfzigjährigen, an welterfahrenen Managern zu beobachten war. Derart pauschale Ablehnung, Wut und Disziplinlosigkeit habe ich nicht einmal in der Studentenbewegung erlebt, sagte ein (linker) Teilnehmer der Erlanger Veranstaltung. Die Verdrängungen der Manager wurden mit Zweifeln an den unwichtigsten Details (»Sie haben ja keine Ahnung!«) und mit dem Versuch rationalisiert, ein politisches Statement zu verlangen und damit das Buch als links abqualifizieren zu können. (Die Verweigerung dieses Statements sorgte für zusätzliche Entrüstung und damit für die o. g. Reaktionen.) Diese Emotionalität war noch im Prozeß den ranghöchsten Siemens-Zeugen anzumerken, am stärksten dem ehemaligen Vorstandsvorsitzenden und stellvertretenden Aufsichtsrat der Siemens AG, Gerd Tacke.

Der Anstoß, zum Gericht zu laufen, scheint jedoch weniger vom Vorstand oder Aufsichtsrat, als von der Familie Siemens ausgegangen zu sein. Die Familie hat hier noch etwas zu sagen. Ihre Vorzugsaktien haben das sechsfache Stimmrecht (damit hat sie weit mehr als die nötige Sperrminorität), Peter von Siemens ist gleichzeitig Familien- und Aufsichtsratschef. Kurz nach Erscheinen des Buches versammelte sich die Familie zur Beratung. Man beschloß, sich die Respektlosigkeit dieses Buches nicht gefallen zu lassen und den Vorstand zu beauftragen, mit allen Mitteln gegen Autor und Verlag vorzugehen. Mein Informant: »Man hat dort Ihren Tod beschlossen.« Einen »Tod« sicher nicht per Gift, Röntgenstrahlen oder siemensgeleiteten Starkstrom, sondern durch wohlkalkulierten Einsatz der herkömmlichen Machtmittel eines Großkonzerns.

Der Entschluß, vor Gericht zu ziehen, dürfte demnach aus vier Gründen gefallen sein: 1. Die führenden Siemens-Leute haben das Buch als persönliche Beleidigung verstanden. 2. Sie haben die Verbreitung siemenskritischer Fakten bei Firmenangehörigen und damit Schädigungen der »Haus«-Ideologie be-

fürchtet. 3. Sie haben Image-Verluste in der Öffentlichkeit be-
fürchtet. 4. Sie wollten ein Exempel statuieren.

Diese Gründe und die Entrüstung müssen stärker gewesen
sein als die Bedenken, mit einem Prozeß zusätzlich Aufsehen
und Werbung für das Buch zu machen (dafür ist der Konzern
auch von cleveren Gesinnungsfreunden getadelt worden, die –
wie die Chefs einer Großbank – diese Art Literatur für so gefährlich einschätzten, daß man alles vermeiden müsse, um sie
durch Prozesse usw. noch aufzuwerten). Man rechnete sich
einen leichten, schnellen Sieg aus und vertraute auf die Wirkung
der Doppelstrategie.

Exkurs über die Dokumentarsatire

Der Konzern möchte zwar Gegenstand einer Tendenz- oder
Hetzschrift, nicht aber Gegenstand einer Satire sein. Das wird
verständlich, wenn man sich die herkömmliche Definition der
Satire ansieht, wie sie z. B. Gero von Wilpert in seinem »Sach-
wörterbuch der Literatur« gegeben hat:

> »literarische Verspottung von Mißständen, Unsitten, Anschauungen
> Ereignissen, Personen, Literaturwerken usw. je nach den Zeitumstän-
> den, allg. mißbilligende Darstellung und Entlarvung des Kleinlichen,
> Schlechten, Ungesunden im Menschenleben und dessen Preisgabe an
> Verachtung, Entrüstung und Lächerlichkeit, in allen lit. Gattungen …
> meist mit didaktischem Einschlag, und in allen Schärfegraden und Ton-
> lagen je nach der Haltung des Verfassers: bissig, zornig, ernst, pathe-
> tisch, ironisch, komisch, heiter, liebenswürdig. Stets ruft die S. durch
> Anprangerung der Laster die Leser zu Richtern auf, mißt nach einem
> bewußten Maßstab das menschliche Treiben und hofft, durch Aufdek-
> kung der Schäden eine Besserung zu bewirken. Schiller, der in seiner
> Abhandlung›Über naive und sentimentalische Dichtung‹ die S. der Ele-
> gie gegenüberstellt, leitet sie aus dem Erlebnis der Diskrepanz zwischen
> Wesen und Erscheinung, Ideal und Wirklichkeit ab …« (3. Aufl., 1961)

Noch weniger möchte man Objekt einer Dokumentarsatire
sein, die – nach Ansicht des Gutachters Prof. Hans Mayer – seit
Jahrhunderten mit den listigsten Mitteln vorgeht:

»Stets erinnert er (der klassische Satiriker) ein bißchen an den Parteigänger einer fragwürdigen Sache, der so sehr voll Übereifer und übertriebenem guten Willen für die Sache eintritt, daß sie dadurch nur Schaden nehmen kann. Vor allem plaudert er, durch solchen Übereifer, die geheimen Motive und Pläne aus, die ausdrücklich verschwiegen bleiben sollen ... *Alle diese Elemente einer klassischen Satire liegen, wie mir scheint, bei diesem Text gleichfalls vor.* Jede Satire, wenn man so will, ist von jeher eine Dokumentarsatire. Aristophanes wählt die Dokumentarform als klassischen Komödiendialog, Swift verfaßt scheinbar ein hilfreiches Gutachten, Courier schreibt eine Bittschrift erbuntertäniger Bauern. Schweijk wiederholt – begeistert – wörtlich die dummsten Propagandalosungen, die er eben dadurch zerstört.«

Die Siemenssche Doppelstrategie
(3., 4. und 5. Runde)

Ein Konzern zieht eine solche Kampagne, wenn er sie schon macht, nicht dilettantisch durch. Das strategische Ziel – das Buch muß allgemein als lügenhaftes, gemeines, kommunistisches Machwerk angesehen werden – versucht man auf zwei Wegen zu erreichen. Erstens über die Gerichte und zweitens über die vielfältigen Einflußmöglichkeiten außerhalb der Gerichte.

Also nimmt man sich erst einmal den bekanntesten Anwalt auf diesem Gebiet (der in solchen Prozessen fast immer die Industrie vertritt). Und dann so schnell wie möglich vors Gericht, wo Dr. Löffler seine Dreifachtaktik für die 3. Runde auspackt: Überrumpelung, Kostenbelastung und Politisierung.

1. Ohne Vorwarnung, ohne Hinweis auf angebliche oder wirkliche Unwahrheiten, ein Antrag auf Einstweilige Verfügung, und zwar ohne mündliche Verhandlung. Ohne das Ergebnis des Einstweiligen Verfügungs-Verfahrens abzuwarten, wird die Hauptsacheklage hinterhergeschossen.

2. Hohe, allerdings übliche Streitwerte (100000 DM und 200000 DM) und unzählige Zeugennennungen steigern unsere Kostenbelastung. Die Höhe der Streitwerte kann man sich am minimalen Umfang der angegriffenen Stellen (4 bzw. 19) verge-

genwärtigen und danach spaßeshalber den Streitwert des *ganzen* Buches hochrechnen: mindestens 50 Mio. DM!

3. Durch die Taktik der Politisierung und Verunglimpfung versuchten die Siemens-Anwälte, Vorurteile der Richter zu wecken und die Identität von links und lügenhaft zu suggerieren. Das ging bis zu der indirekten Unterstellung, wir seien ja nur ein Instrument der DDR-Propaganda – andererseits sollten wir auch noch für die Aktionen der Baader-Meinhof-Gruppe, der »Bewegung 2. Juni« verantwortlich sein. Zwei Kostproben:

> »Das Ziel der von der Beklagten zu 2) verlegten Literatur ist, die in der Bundesrepublik bestehende Gesellschaft umzustürzen, mit Gewalt zu liquidieren, mit Gewalt einschließlich Raub und Mord. Diesem Ziel werden alle anderen Werte untergeordnet. Die Schrift des Beklagten zu 1) ist ein Mosaikstein im Rahmen dieses Gesamtprogramms. So und nur so läßt sich der wirkliche Gehalt der ›Festschrift‹ erfassen.« (L 5. 3. 73, 45)
>
> »Die wirkliche Alternative besteht einzig und allein in der Frage, ob es hinnehmbar ist, daß jemandem, der vielleicht einigen Einfallsreichtum hat und der eine ganz flotte Feder schreibt, das Recht zuerkannt wird, die Allgemeinheit durch Unwahrheiten irrezuführen, Parolen auszugeben, die auf nicht existenten Fakten aufbauen, und so jedenfalls im praktischen Ergebnis zu der Verwirrung beizutragen, die zu Verbrechen wie etwa denen der Baader-Meinhof-Leute geführt haben.« (L 7. 4. 75, 20)

So ging das fast drei Jahre lang.

4. Runde:

Während man nach außen hin immer wieder betonte, man habe ja nichts gegen das Buch, es gehe nur um die wenigen Unwahrheiten, brachte der Konzern seine Machtmittel erst recht außerhalb des Gerichts, auf der freien Wildbahn der Marktwirtschaft ins Spiel.

Als Ende November 1972 die zweite Auflage des Buches in Vorbereitung war, schickte der Siemens-Anwalt Einschüchterungsbriefe an die Druckerei, die Binderei und die Auslieferungsfirma des Verlages. Über den Antrag auf Einstweilige Verfügung hatten die Richter noch nicht entschieden, aber Anwalt Löffler sprach drohend von angeblichen »Unwahrheiten« und »voller zivilrechtlicher Haftung« der Firmen. Obwohl es für eine solche Haftung keinerlei juristische Handhabe gibt und obwohl wir Freistellungserklärungen von Schadensersatzforderungen anboten, hatten diese Briefe zum Teil Erfolg – auch dank des Ansehens des überall beteiligten Geschäftspartners Deutsche Bank. Die Binderei (deren Chef klassenbewußt erklärte, Abs und Siemens seien ihm nun mal sympathischer als wir) weigerte sich, die ausgedruckten Bögen zu binden. Für uns ging es darum, die zweite Auflage noch vor der Entscheidung über die Einstweilige Verfügung am 7.12. in die Buchhandlungen zu bringen. Nach dem 7.12. hätten wir in den 7000 Exemplaren möglicherweise Änderungen vornehmen müssen; da diese aber technisch nicht mehr zu machen waren, hätten wir die Auflage einstampfen können. Die Siemens-Seite war genau über den Stand der Produktion informiert. Ihre Intervention war so abgestimmt, daß sie uns mit maximalen Kosten getroffen hätte.

Der Wettlauf ging weiter. Als wir endlich eine neue Binderei gefunden hatten, kam die Absage der Auslieferungsfirma. Trotzdem war es möglich, das Buch weiter zu vertreiben. Am 6. und 7.12. belieferten drei Kollektivmitglieder Buchhandlungen im Norden, in der Mitte und im Süden der Bundesrepublik. So wurden immerhin noch 5500 Exemplare verkauft, in den restlichen mußten nach der Entscheidung des Landgerichts zweieinhalb Zeilen über H. J. Abs geschwärzt werden, was dann nur noch von Hand zu machen war.

5. Runde:
Der Einfluß des Konzerns auf Presse, Funk und Fernsehen ist weniger deutlich nachweisbar, zum einen, weil er diskreter ausgeübt wird, zum anderen, weil davon weniger bekannt wird. Was wir erfahren haben, ist nicht besonders sensationell: Zwei Vorstandsmitglieder besuchen die Chefredaktion einer großen Zeitung, die einen positiven Artikel über die Festschrift gebracht hatte; die Folge: Wochen später erscheint ein bereits in

Auftrag gegebener und fertiger Artikel über den Prozeß, der ebenfalls nicht im Siemens-Sinn ausfällt, nicht.

Bemerkenswert ist die mehrfache Rückfrage eines Anzeigen-Akquisiteurs der »Süddeutschen Zeitung«, als der Verlag dort für die Festschrift und andere Bücher werben wollte, ob denn das Buch nicht verboten sei – noch ehe *uns* irgend etwas von einer Einstweiligen Verfügung oder einem Prozeß bekannt war, aber nachdem Siemens den Antrag auf diese Verfügung schon in die Wege geleitet hatte. Auch die Berichterstattung des »Münchner Merkur« und die Terminierung der Artikel läßt auf gute Beziehungen zur Siemens-Zentrale schließen. Als wir diesen Verdacht während des Prozesses äußerten, kam unaufgefordert das Dementi:

> »… bestätige ich Ihnen gerne, daß die Anregung, sich mit dieser ›Festschrift‹ zu beschäftigen, von der Feuilleton-Redaktion ausgegangen ist …« Unterschrieben vom Feuilleton-Redakteur Armin Eichholz, der auch als Satiriker bekannt ist.

In zahlreichen Redaktionen, besonders bei Rundfunk und Fernsehen, wissen die Ressortchefs von der Macht und den Möglichkeiten des Konzerns und lassen, wie üblich prophylaktisch, die Kritik an der Firma oder an der Justiz entschärfen.

Schließlich sind die Versuche des Konzerns zu nennen, die Verbreitung des Buches bei Siemens-Mitarbeitern zu verhindern. Da gab es nicht nur das schon zitierte »Informationsblatt«. Mit anderen Mitteln versuchte man, auf die gewerkschaftlich organisierten »Siemensianer« einzuwirken. Laut »Wahrheit« vom 15.12.72 hat die Firma in Berliner Werken die Verteilung der Gewerkschaftszeitung »Metall« zu verhindern versucht – die Nummer, in der eine große Rezension und ein Auszug aus der Festschrift abgedruckt waren.

Trotz der Anstrengungen im Gericht und außerhalb des Gerichts konnte der Konzern die Verbreitung des Buches niemals ernsthaft gefährden, im Gegenteil: Diese Anstrengungen haben große Werbe- und Verbreitungseffekte gebracht.

Der Streit um die Kunst
(Kunst-Runde)

Die Frage, ob die Festschrift Kunst sei oder nicht, ist keineswegs nebensächlich. Sie ist weder eine taktische Frage noch eine bloß literarische Frage noch eine bloße juristische Klassifikationsfrage.

Die Freiheit der Kunst gehört zu den ranghöchsten Grundrechten der Verfassung (Artikel 3, Absatz 3 des Grundgesetzes). Wie andere Grundrechte steht auch dieses Grundrecht in Gefahr, durch sogenannte einfache Gesetze immer mehr eingeschränkt zu werden. Diese Tendenz ist nicht nur vom Gesetzgeber, sondern auch von der Rechtsprechung zu verantworten. Die Stuttgarter Urteile haben diese Tendenz bestätigt, nach der die Grundrechte offenbar nur für die gelten sollen, die sie nicht beanspruchen, die Freiheit der Kunst nur für die Kunst, die wegen Wirkungslosigkeit keinen Schutz braucht.

Es ist wichtig, diese Tendenz zu beobachten. Diese Einschränkungen werden uns in Zukunft immer häufiger beschäftigen, und es ist abzusehen, daß bald auch wieder der Staat gegen kritische Kunst im Rahmen der »Gesetze zum Schutz des Gemeinschaftsfriedens« vorgeht. Die Kunst soll zwar von solchen Gesetzen ausgenommen sein, aber was Kunst ist, bestimmt zunächst ein Staatsanwalt und, wenn es zum Prozeß kommt, ein oder mehrere Richter. Der Streit um die Kunst im Siemens-Prozeß gibt einige Aufschlüsse über die juristischen Kriterien und soll deshalb etwas ausführlicher behandelt werden.

1. Definitionen der Justiz, was Kunst sei, sind durchweg unbrauchbar, außer für Juristen. Nicht nur wegen der unterschiedlichen Terminologie, nicht nur wegen der mangelhaften Kenntnis der Juristen von Kunstpraxis, sondern vor allem wegen der ausnahmslos idealistischen und individualistischen Betrachtungsweise von Kunst. So lautet heutzutage z. B. die höchstrichterliche Kunstdefinition:

»Das Wesentliche der künstlerischen Betätigung ist die freie schöpferische Gestaltung, in der Eindrücke, Erfahrungen, Erlebnisse des Künstlers durch das Medium einer bestimmten Formensprache zu unmittelbarer Anschauung gebracht werden. Alle künstlerische Tätigkeit ist ein Ineinander von bewußten und unbewußten Vorgängen, die rational nicht aufzulösen sind. Beim künstlerischen Schaffen wirken Intuition, Phantasie und Kunstverstand zusammen; es ist primär nicht Mitteilung, sondern Ausdruck, und zwar unmittelbarster Ausdruck der individuellen Persönlichkeit des Künstlers.«

Diese Sätze stammen vom Bundesverfassungsgericht in seiner »Mephisto«-Entscheidung (1971). Der Persönlichkeitsausdruck ist gewiß *ein* Element der Kunstproduktion, mit dieser Verabsolutierung jedoch werden andere Kunstauffassungen eliminiert und die Weichen für die weiteren Mißverständnisse gestellt. Die Vermittlungsfunktion von Kunst, die Darstellung sozialer, geistiger, politischer, ökonomischer Bewegungen und Zusammenhänge einer historischen Epoche, der Realitätsbezug von Kunst unabhängig vom Künstler – all das kommt hier nicht in den Blick, sondern nur der von Gesellschaft abstrahierende »kunstverständige Ausdruck eines vereinzelten Bewußtseins in den Fallstricken seiner irrationalen Befangenheiten« (Jürgen Holtkamp).

Trotz dieser für Autoren mit materialistischem oder »eingreifendem« Kunstverständnis erbärmlichen Lage schien es uns der Mühe wert, den Kunstcharakter der Festschrift in der Terminologie zu erklären, die den Richtern am vertrautesten ist, der des Bundesverfassungsgerichts. Denn die ganze Kunstfreiheit nützt nichts, wenn die Gerichte nichts von Kunst verstehen bzw. nach der Konfrontation mit einer ungewohnten und spezifischen Kunstform auch noch mit ihnen fremden Begriffen und Erklärungen überfordert werden.

Deshalb mußte – nachdem auch der Siemens-Anwalt seine These, daß die Festschrift keine Kunst sei, mit Bundesverfassungsgerichts-Zitaten gespickt hatte – die Antwort unseres Anwalts z. B. so aussehen:

»Es kann keinem Zweifel unterliegen, daß hier ein ›geistig-seelischer Gehalt‹, nämlich die Sprache von Festschriftstellern gestaltet wurde und dies auch in einer ›eigenwertigen Form‹, nämlich mit den Mitteln der modernen Literatur, der Montagetechnik in der besonderen neuen Form der Dokumentarsatire …

Es kann auch keinem Zweifel unterliegen, daß die Festschrift ein Kunstwerk im Sinne der Definition des Bundesverfassungsgerichts in der ›Mephisto‹-Entscheidung ist. Die ›Eindrücke, Erfahrungen und Erlebnisse des Künstlers‹, die nach dem BVerG ›freischöpferisch gestaltet‹ werden sollen, sind selbstverständlich in einem viel umfassenderen Sinne gemeint, als sie offensichtlich die Klägerin versteht. Darunter fallen selbstverständlich auch sogenannte ›innere Erfahrungen‹ und Erfahrungen aus dem geistigen Bereich, insbesondere Leseerfahrungen, Erfahrungen mit der Unternehmersprache usw …

Sicher ist, daß jedes Kunstwerk und insbesondere auch eine Satire tatsächlich eine ›wahre Wirklichkeit‹ für sich in Anspruch nimmt, nämlich eine solche Wirklichkeit, die außerhalb der primären Alltagsrealität liegt. Wenn in der Satire diese primäre Alltagsrealität verfremdet, verzerrt und übersteigert wird, dann ja gerade deshalb, um die sich hinter der primären Alltagsrealität verbergende ›wahre‹ Wirklichkeit zu zeigen.« (G 10. 1. 73, 23f.)

Solche Antworten zeigen, wie schwierig es ist, bei Kunstdebatten vor juristischen Instanzen offensiv zu argumentieren – außer für Gutachter, die nicht direkt vom Verfassungsgerichts-Begriffsgewusel ausgehen müssen, was unsere Gutachter, Prof. Hans Mayer und Prof. Ulrich Sonnemann, auch getan haben.

2. Bei Siemens wußte man: Wird die Festschrift als Kunst anerkannt, dann fällt die ganze Klage in sich zusammen. Nachdem das Landgericht in seinem Urteil über die Einstweilige Verfügung der Festschrift den »Kunstwerk nicht absprechen« konnte und die Siemens-Taktik der Politisierung des Prozesses damit ins Leere ging, hatte man, wie auch die internen Dokumente bekunden, vor der Kunst fast mehr Angst als vor unseren Wahrheitsbeweisen.

Also bestritten die Siemens-Anwälte erst mal aufs heftigste, daß die »Schmähschrift« ein Kunstwerk sei. Im Antragsschriftsatz zur Einstweiligen Verfügung war ihnen noch nichts dazu eingefallen, im Klage-Antrag sahen die Argumente dann so aus:

>Es kommt maßgeblich auf den künstlerischen Gehalt des Kunst-
werks an, der auf der freien schöpferischen Phantasie des Künstlers
beruht. Gerade dieser schöpferische Gehalt fehlt aber bei einer Dokumentation (›Dokumentarsatire‹) … Die Wiedergabe der wesentlichen
Fakten der Firmengeschichte der Klägerin in Dokumentarform ist
keine schöpferische Gestaltung eigener Erlebnisse des Künstlers und
demzufolge auch kein ›Kunstwerk‹.« (L 1.12.73, 13f.)

Im gleichen Schriftsatz bestritt man sogar das Anknüpfen der
Festschrift »an Vorgänge der historischen Wirklichkeit« – was
das Bundesverfassungsgericht noch für vereinbar mit einem
Kunstwerk hält.

Gleichzeitig hielt die Siemens-Seite nach Gutachtern Aus-
schau. Da sie offensichtlich keinen Germanisten, Literaturwissenschaftler oder Schriftsteller fand, der den Kunstcharakter
der »Siemens-Welt« leugnen wollte, mußte sie zunächst mit
Prof. Helmut Schoeck vorlieb nehmen, seines Zeichens So-
ziologe (Spezialgebiet: der Neid) und Verfasser rechtskon-
servativer Tendenzschriften im Seewald Verlag (Vorsicht
Schreibtischtäter, Politik und Presse in der Bundesrepublik).
Seine Position kommt in folgendem Zitat am besten zum Ausdruck:

>Um deutlich zu machen, was die ›Festschrift‹ entgegen der Behaup-
tung der Beklagten, eben *nicht* ist, sei kurz ausgeführt, wie eine echte
Satire über einen Konzern beschaffen sein müßte, die als Kunstwerk
eingeordnet werden könnte: Es müßte eine Satire über einen völlig
fiktiven Konzern sein, dessen Entstehung, Tätigkeiten, Verflechtun-
gen, Praktiken usw. überwiegend als vom Verfasser erfunden, also An-
strengung seiner Phantasie, seiner Vorstellungskraft entstammend gelten können. Vor allem auch die leitenden Mitarbeiter dieses fiktiven
Konzerns müßten frei erfundene Personen sein, an wen immer sie
auch gute Kenner der Szene im einzelnen erinnern mögen.
Es wäre m. E. auch durchaus zulässig, ohne den Charakter des Kunstwerks bei einer solchen Satire zu schmälern, wenn dieser fiktive Konzern in der Erzählung (etwa in einem satirischen Roman) gelegentlich
Geschäfte mit wirklichen Firmen wie Siemens AG tätigt, selbst wenn
diese Firmen dabei in ein ungünstiges Licht gerieten. Überwiegen
müßte aber in der Satire das Tun und Lassen des fiktiven Konzerns.
Das Wortkunstwerk Satire kann nur dann entstehen, wenn es den Anspruch auf Allgemeinheit, auf Allgemeingültigkeit erfüllt, indem eine

Nun ist man auch bei Siemens nicht so dumm, nicht zu sehen, daß solche gutgemeinten Vorschläge nur hübsche Marginalien zum Thema Satire und Kunst beisteuern, den Streit aber nicht profund klären. Guter Rat ist teuer, aber bezahlbar, jedenfalls für Siemens. So beauftragte man zusätzlich den Münchner Ordinarius für Öffentliches Recht, Prof. P. Lerche, ein Gutachten über »Verfassungsfragen der Kunstfreiheit« zu erstellen, das mit seinen 124 Seiten fast ein Buch geworden ist. Es ist hier unmöglich und zum großen Teil unnötig, auf die endlosen Paragraphen-Finessen des Prof. Lerche einzugehen. Der Gutachter vertritt u. a. die Ansicht, daß ich nicht einmal Anspruch auf die grundgesetzlich verankerte Meinungsfreiheit hätte, weil ich meine Meinungen nicht direkt als Friedrich Christian Delius von mir gebe, sondern durch die Person eines fiktiven Festschriftstellers. Bezeichnend ist auch der Argumentationsversuch: Die Freiheit der Kunst gelte gegenüber dem Staat, aber nicht gegenüber der Firma Siemens, in deren Gewerbebetrieb die Satire eingreife. Prof. Lerche streitet aber auch für die Freiheit der Kunst, die er als Freiheit von Wirklichkeit versteht:

»Demgegenüber kennzeichnet sich die künstlerische Gestaltung umgekehrt dadurch, daß sie der Phantasie freien Raum zu geben vermag und sich der Fesseln, die einem sachgerechten, methodenreinen, der ›Wirklichkeit‹ zugewandten Erkenntnisstreben innewohnt, entledigt. Auch hier mag man von einer ›höheren Art Erkenntnis‹ sprechen; auch hier von dem Vermögen der Kunst, eine ›höhere Wirklichkeit‹ zu schaffen; doch ist der Weg hierzu ersichtlich ein anderer als jener des wissenschaftlichen Bemühens. An die Stelle der Methode tritt der Stil. An dem hiernach begriffsnotwendig ›freien‹ Gestaltungsprozeß (der erwähnten Art) fehlt es indes bei der hiesigen ›Festschrift‹ ...
So wie in diesen Fällen widerspricht auch in unserem eine dokumentative Anlage jener ›Freiheit‹, die, genommen im obigen Sinn, für die Beurteilung als Kunstwerk erforderlich ist: Sie bildet keine ›freie‹ schöpferische Gestaltung, da die Zielrichtung auf Faktendarstellung mit jenem ›freien‹ Walten der Phantasie unvereinbar ist, die eine Aus-

sage zur künstlerischen überhaupt erst macht. Das ›Diktat‹ der Fakten läßt ein freies, ›spielerisches‹, den Kunstgesetzen folgendes Umgehen mit ihnen nicht zu.« (Lerche 18f., 28)

Hier wie auch bei Schoeck wird Kunstfreiheit zu einem normativen Begriff, zu einer inhaltlichen Verpflichtung, die Kunst gerade nicht »frei« macht, sondern festlegt, einengt.

Aber auch auf diese Umdeutung der Kunstfreiheit kann man sich nicht verlassen. Deshalb argumentieren die Siemens-Anwälte: »aber selbst wenn« (so die ständige Floskel) die »Schmähschrift« ein Kunstwerk sei, müsse es möglich sein, das Buch oder Teile daraus zu verbieten – und zwar nicht nur über die Grundrechte, sondern auch mit Hilfe des Zivilrechts:

> »Ebenso wie eine Fronleichnamsprozession verboten werden kann, wenn sie in einem Seuchengebiet stattfinden soll, muß auch eine künstlerische Darbietung unterbunden werden können, wenn sie elementare Belange der Allgemeinheit nachhaltig stört …
> Ergebnismäßig muß es deswegen auf der Ebene des Zivilrechts möglich sein und bleiben, einen Künstler daran zu hindern, z. B. fremdes Eigentum zu bemalen, ungebeten an ungeeigneter Stelle einen Tanz vorzuführen, durch Ausübung seiner Kunst die nächtliche Ruhe zu stören, Urheberrechte, Warenzeichen oder die Vorschriften des UWG zu verletzen oder – wie hier – den wirtschaftlichen Ruf und die persönliche Ehre eines anderen zu beeinträchtigen. An irgend einer Stelle muß jedes grundsätzlich garantierte Freiheitsrecht vor den Rechten anderer halt machen.« (L 5. 3. 73, 28f.)

So berechtigt es ist, aufgrund solcher und ähnlicher Formulierungen die große satirische Kunst des Anwalts Löffler zu loben, wie es Otto Köhler in »konkret« tat, so wenig darf man sich über die Wirkung dieser Argumente des »gesunden Menschenverstands« auf den Juristenverstand täuschen. Sie haben, im Prinzip, in die Urteile Eingang gefunden, besonders beim OLG. Und auch diese Löffler-Sätze haben die Richter nicht unbeeindruckt gelassen:

> »Wenn das BVerfG in seiner Mehrheitsentscheidung selbst das Verbot eines Romans, d. h. einer ›Schöpfung der Phantasie‹ gebilligt hat, kann ernstlich nicht zweifelhaft sein, daß das Verbot von Unwahrheiten im

Rahmen einer sog. ›Dokumentarsatire‹ umso weniger an verfassungs-
rechtlichen Bedenken scheitern kann, mag es sich bei der Schrift nun
um ›Kunst‹ handeln oder nicht.« (L 5. 3. 73, 35)

3. Die Probleme eines Gerichts, den Kunstwert und die Kunst-
freiheit eines Buches wie »Unsere Siemens-Welt« juristisch in
den Griff zu bekommen, hat Dieter E. Zimmer benannt:

> »Nicht eingerichtet ist der Grundgesetz-Artikel 5 auf eine Kunst, die
> Tatsachen behauptet und Namen nennt: auf die erst später aufgekom-
> mene Dokumentar-Literatur. Formal fällt sie unter den auch Delius
> vom Gericht nicht vorenthaltenen Begriff Kunst, inhaltlich aber unter
> den Begriff Berichterstattung, die einen minderen Schutz genießt. Lei-
> det schon der Begriff Kunst nach dem Grundgesetzkommentar von
> Ingo von Münch ›unter der Schwierigkeit oder Unmöglichkeit seiner
> Definition‹, so macht das Zusammenfallen von Künstlerischem und
> Faktischem die Sache noch komplizierter ...« (Die Zeit, 13.12.74)

Wie löst das Stuttgarter Landgericht dieses Dilemma? Zunächst einmal verläßt es sich ganz auf sich selbst. Unsere mehr-
fachen Anträge, einen literarischen Fachmann als gerichtlichen
Gutachter zu bestellen, der die spezifische Kunstform Dokumentarsatire genau untersucht, werden nicht berücksichtigt,
nicht einmal beantwortet. Das ist der Trick oder Irrtum Nummer 1. Denn ein allgemeiner Eindruck, daß die Festschrift
Kunst sei, verschafft noch keine Kenntnis über die Kriterien
dieser Kunst.

Das Landgericht knüpft an die oben zitierte Definition des
BVerfG die Bemerkung:

> »Damit ist nicht gesagt, daß Behauptungen, die nicht der Phantasie
> entsprungen sind, sondern Anspruch auf Wirklichkeitstreue erheben,
> in einem Kunstwerk keinen Platz hätten. Die Kunst wäre nicht frei,
> wenn es nicht zulässig wäre, Fakten in freier schöpferischer Gestal-
> tung darzubieten, ohne daß damit der Anspruch auf Wirklichkeit-
> streue aufgegeben wird.« (LG 12)

Damit scheint der Widerspruch gelöst. Das Gericht geht sogar
noch weiter und bezeichnet die fingierte Perspektive des Festschriftstellers richtig als das Moment der freien schöpferischen

Gestaltung. Es stellt die »künstlerische Einheit« und das Gelingen der »Verwirklichung der künstlerischen Intention« fest, bestimmt aber nicht näher, welcher Art das Kunstwerk Festschrift ist. Das ist Irrtum Nummer 2, der in der weiteren Urteilsfindung fatale Folgen hat.

Die Freiheit der Kunst, so das Gericht, sei jedoch nicht grenzenlos. Die Menschenwürde (Artikel 1 GG), auf die die Siemens AG sich allerdings nicht berufen könne, und die freie Entfaltung der Persönlichkeit, auf die sich die juristische Person Siemens AG durchaus berufen könne, dürften nicht verletzt werden. Im Klartext: Kapitalakkumulation ist Bestandteil der Persönlichkeitsentfaltung! (Die Komik, die bei der Ausdehnung der Grundrechte auf juristische Personen entsteht, hat ihre Voraussetzung darin, daß in der Form des Privateigentums sich vollziehende Prozesse juristisch nicht anders als in Termini des Individualrechts ausgedrückt werden können.) Die Folgen dieser Theorie (Irrtum Nummer 3):

> »Und konsequent nur, muß man im weiteren vernehmen, daß unter der ›freien Entfaltung‹ des Weltkonzerns insbesondere ›das Fortkommen‹ der Firma Siemens oder das ›Image‹ dieser Aktiengesellschaft zu verstehen ist: die ungehinderte Ausschüttung von Dividenden beziehungsweise das von der Werbewirtschaft so strahlend aufpolierte Unternehmensbild, das sind die seriösen Persönlichkeitswerte einer Kapitalgesellschaft, die es nach dem Stuttgarter Urteil gegen die losen Freiheiten der Kunst zu schützen gilt.« (Holtkamp 31)

Wie steht es dagegen mit der freien Entfaltung der Persönlichkeit des Satirikers? Das Landgericht:

> »Ein echtes Spannungsverhältnis zwischen der Kunstfreiheit und den Rechten der Klägerin kann von vornherein nur dann bestehen, wenn das Klagebegehren geeignet ist, die freie Entfaltung künstlerischer Tätigkeit überhaupt einzuengen. Das ist nach Auffassung der Kammer nicht der Fall, soweit die Richtigstellung von Tatsachenbehauptungen verlangt wird, deren Unwahrheit feststeht. Denn es ist nicht ersichtlich, inwiefern es zur Verwirklichung einer künstlerischen Intention erforderlich sein soll, Unwahres als wahr hinzustellen.« (LG 15)

»Und keine Rede davon«, so wieder Jürgen Holtkamp zum Irrtum Nr. 4, »daß der ›unmittelbarste Ausdruck der individuellen Persönlichkeit des Künstlers‹, also nach höchstrichterlicher Definition: die Kunst, sich den Kategorien gerichtlich anfechtbarer Tatsachenbehauptungen, dem Prinzip von Schwarz und Weiß, durchaus von Fall zu Fall entzieht …« (Holtkamp 32)

Das Gericht relativiert seine Theorie zwar durch den Satz:

»In einem Kunstwerk müssen möglicherweise solche ehrenrührigen Behauptungen, die zwar nicht erweislich wahr sind, für die es aber gewisse Anhaltspunkte (z. B. ernstzunehmende Quellen) gibt, hingenommen werden.« (LG 16f.)

An diesen richtigen Satz hält sich die Kammer jedoch nicht. Sie untersucht jeden strittigen Punkt mit größter Akribie, bis die teilweise sehr zahlreichen Anhaltspunkte abgewertet und entwertet sind (Irrtum 5).

Richard Schmid hat seine Kritik an diesen Aspekten des Landgerichts-Urteils so zusammengefaßt:

»Das Gericht begeht jedoch ein paar grobe Denkfehler, als deren Folge die eben nominell bewilligte Kunstfreiheit sofort wieder so radikal beseitigt wird, daß nicht einmal die Freiheit der Meinung und Berichterstattung übrigbleibt. Es sagt ganz einfach, daß Unwahres nicht behauptet werden dürfe; und es beeinträchtige das Entfaltungsrecht des Künstlers nicht, wenn von ihm die Richtigstellung unrichtiger Behauptungen verlangt werde. Das Gericht schaltet plötzlich auf die Entfaltungsfreiheit des Künstlers um, obwohl zuerst die Frage zu stellen gewesen wäre, ob die Entfaltungsfreiheit der Firma Siemens beeinträchtigt ist. Auch wäre hier schon die Unterscheidung nötig geworden, ob es sich um Irrtümer oder um erfundene oder erlogene Behauptungen handelt; die letzteren verdienen sicher nicht denselben Schutz. Die Verweigerung der Kunstfreiheit besteht darin, daß vom Künstler das verlangt wird, wovon ihn das Grundgesetz eben freistellen wollte: nämlich sich wegen des Inhalts oder der Form seines Werks rechtlich verantworten zu müssen und vor Gericht gezerrt zu werden, zu Widerlegungen, zu Wahrheitsbeweisen und zu derlei Rechtfertigungen des Kunstwerks genötigt zu sein.« (Schmid, Frankfurter Rundschau 9.11.74)

4. Die Tendenz des Landgerichts, die Satire in fiktionale und nicht fiktionale Bestandteile zu zerlegen und getrennt zu bewerten, wird beim Oberlandesgericht zum Urteilsschema erhoben:

»Die Beklagten haben in ihrer Dokumentarsatire die Elemente Dokumentation und Satire kombiniert und für das Element Dokumentation im Geleitwort in Anspruch genommen, daß keine Zahl, kein Faktum kein Vorgang erfunden sei. Der Senat hat den Kunstschutz des Art. 5 Abs. 3 GG für das Element Satire bejaht, den Beklagten aber für die Behauptungen, die als Dokumentation den Anspruch auf dokumentarische Wahrheit erheben, nur den Schutz des Grundrechts auf freie Meinungsäußerung (Art. 5 Abs. 1 GG) zugebilligt, das seine Grenzen in den allgemeinen Gesetzen findet (Art. 5 Abs. 2 GG).«
(Kurzfassung der Urteilsbegründung)

Aus der Versicherung des Festschriftstellers im satirischen »Zum Geleit«, nichts erfunden zu haben (eine Feststellung zur Methode übrigens und kein Anspruch auf absolute Wahrheit der übernommenen Behauptungen), leitet das Gericht die Berechtigung zur Zweiteilung der Festschrift ab:

»Die Zahlen, Fakten und Vorgänge gehören deshalb zu dem Element Dokumentation, was nicht ausschließt, daß die von den Beklagten gewählte Formulierung gleichzeitig zu dem satirischen Charakter des Werkes beiträgt.
Die Beklagten haben bewußt Tatsachenbehauptungen, die nach Art. 5 Abs. 2 GG nur begrenzt zulässig sind, mit nach Art. 5 Abs. 3 GG nicht beschränkbarer Kunst gekoppelt. Im Unterschied zu einem Roman ist es bei der Dokumentarsatire der Beklagten geboten, die einzelnen Aussagen danach zu prüfen, ob sie Tatsachenbehauptungen auf der Ebene der sogenannten realen Wirklichkeit sind ...
Der Autor eines Textes kann daher den Schutz des Art. 5 Abs. 3 GG für die inhaltliche Aussage seines Textes nur beanspruchen, wenn der Text auch seinem Inhalt nach künstlerische Aussage, nicht wenn er bloße Meinungsäußerung ist.« (OLG 73ff.)

Diese Scheinlogik führt in der Praxis dazu, daß die einzelnen von Siemens angegriffenen Punkte zunächst daraufhin geprüft werden, ob sie Tatsachenbehauptungen oder Satiren sind. Wenn ironische oder satirische Wendungen und vor allem keine

Zahlen vorliegen, gilt die Behauptung als satirisch, damit als Kunst. Wenn »lediglich« Fakten oder präzise Angaben vermittelt werden, gilt das als Tatsachenbehauptung. Solche Aufspaltung eines Kunstwerks ist juristisch (laut Bundesverfassungsgericht – auch Ferdinand Sieger hat das in seiner Kritik am OLG-Urteil in der FAZ und im ›Börsenblatt‹ deutlich gesagt) nicht zulässig, literarisch schon gar nicht. Man kann nicht einzelne Sätze aus ihrem Zusammenhang, der hier immer ein satirischer ist, herauslösen und als einfache Tatsachenbehauptungen unter die Lupe nehmen. Und selbst wenn man nur in der Dimension der Formulierungen bleibt, ist die Unterscheidung zwischen satirischen oder ironischen Wendungen und informativen Mitteilungen nur bei wenigen Sätzen dieser Festschrift eindeutig zu klären. Die Elemente Kunst und Dokumentation verhalten sich zueinander nicht wie die Elemente Feuer und Wasser.

Begründet wird die Aufspaltung außerdem mit dem von den Siemens-Anwälten vorgebrachten Mißbrauchs-Argument. Wenn man eine rechtswidrige Behauptung, so fürchtet das OLG,

> »durch Einkleidung in eine besonders gelungene Form gegen Rechte anderer immun machen könnte, würde das zu einer Privilegierung der Meinungsäußerung besonders sprachgewandter Grundrechtsträger führen. Eine Meinungsäußerung müßte nur mit stilistischen Mitteln in eine künstlerischen Rang erreichende Höhe der Form gebracht werden, wie das bei Beiträgen in der periodischen Presse oder in Biographien durchaus vorkommt, um einen Freibrief für rechtswidrige Meinungsäußerungen zu erhalten, den der einfache Bürger nicht hat.« (OLG 75)

So einfach ist das: Damit keiner auf die Idee kommt, die dokumentarische Literatur für Rechtswidrigkeiten zu gebrauchen, schränkt man lieber gleich die Rechte dieser ganzen Gattung ein.

Kontra:

Ich meine, daß Delius gerade durch die Dokumentation in Gefahr ist, aus der literarischen Vermittlung im Mittel der Satire herauszufallen ...

Es ist aber eben noch nicht Satire, wenn Fakten, die in sich stimmen, oder Zitate, die in sich belegbar sind, unvollkommen, in einer veränderten Reihenfolge, anders aufeinander bezogen usw. angeboten werden. Hier tritt vielmehr eine andere Gesetzmäßigkeit in Kraft. Ein Zitat, ein herausgegriffenes Faktum, ein vorgezeigtes Dokument kann von sich aus entlarvend wirken, wenn es in einer künstlichen Isolierung die Diskrepanz an sich offenbart. Diese Art der Entlarvung ist jedoch nicht satirischer Natur. Die Tendenz zur Dokumentarliteratur, die in den letzten Jahren außerordentlich zugenommen hat, folgt ja nicht der Satire ...

Im Grunde geht es darum, daß die Satire doch immer noch, will sie wirksam werden, eine gewisse Flexibilität des Materials verlangt, umsetzbar sein muß nach der Strategie eines schreibenden Autors, daß aber das Mittel des Zitats, der Dokumentation in Benutzung gekommen ist, weil die Autoren eben mit dieser Flexibilität Schwierigkeiten bekommen haben. Die beiden Methoden sind nur unter Risiko zu verbinden. Und die Festschrift von Delius trifft überall da ganz und voll, wo sie sich der satirischen Verschiebung bedient, bleibt da unergiebig, wo sie nur Zitate montiert. Und von der zitierbaren Faktizität des Materials her muß man fragen, ob der Zweck der Kritik am kapitalistischen System dann nicht besser erreicht werden kann im direkten, nichtliterarischen Angriff. (Helmut Heißenbüttel, NDR 7. 1. 73)

Pro:

Aufzuklären vermögen Zitate erst, wenn der satirische Charakter der ihnen innewohnt, jedem Leser unmittelbar deutlich wird. Dies ist aber, wie schon Brecht bei der Arbeit am *Dreigroschenroman* diskutiert und erprobt hat, eben nicht ohne weiteres der Fall. Erst bestimmte Kenntnisse über die Gesellschaft, in der jene Reden gehalten wurden, und eine bestimmte Perspektive im Blick auf sie ermöglichen dies. Der Künstler muß also diese beiden Voraussetzungen mitvermitteln, soll die Satire auch vom Leser erkannt werden können. Die Satire ist also ohne die Verarbeitung von kommentierendem – im weitesten Sinne - dokumentarischem Material überhaupt nicht möglich, ja diese Verarbeitung konstituiert die Satire überhaupt erst ...

Die Form der Festschrift bot sich deshalb an, weil sie als Textsorte in ihren Stereotypen so geläufig ist, daß die Aufnahme vergleichsweise weniger Floskeln genügt, um ein Wiedererkennen zu ermöglichen. Der Raum für eine kalkulierte Aufsprengung der Kopie bleibt dadurch entsprechend groß. Die Daten und Fakten aus der Geschichte und Arbeitsweise des Siemens-Konzerns, die Delius in diese Leerstelle – freilich wieder im Ton herablassender Verachtung, der Festschriften auszeichnet – einsetzt, vermögen dann die rhetorischen Formen aufzubrechen und nicht bloß als phrasenhaft zu denunzieren, sondern auch die soziale Funktion der Phrasen zu beleuchten. Kein Ideologem von der ›modernen Leistungsgesellschaft‹ bis zur ›Firmenfamilie‹ bleibt durch eine ihm widersprechende Information unkommentiert. Die durchgehende Konfrontation von rhetorischem Pathos und realer Konzern-Praxis übt zudem den Leser, in anderen Festschriften zwischen den Phrasen die Information zu suchen und sie bewußter zu vermissen. Deutlicher als bisher wird der Leser die Konzentration der Festschriften auf den ›Unternehmer als Mensch in seinem Widerspruch‹ bemerken und die Vertretung seiner eigenen Interessen und Leistungen als Arbeiter oder Angestellten vermissen.

Diese literarische Technik ist selbstverständlich unmöglich, wenn der Satiriker sich nur dem Sprach- und Denkstil seines Objekts anverwandelt. Für den professionellen Festschrift-Autor mag gelten: »Wenn sie etwas Vernünftiges über eine Sache schreiben wollen, dann dürfen sie nicht zuviel davon verstehen«; – höchstens »um eine Sache richtig verschweigen zu können«. Für die »Kunst in anderer Leute Köpfe zu denken« mußte Delius neben Sensibilität und Formulierungskunst sich auch Kenntnisse über Geschichte und Praktiken eines als Beispiel geeigneten Konzerns, in diesem Fall der Siemens AG, aneignen. Nur wenn auch die Konstruktion einer Holding oder die Prinzipien der Bilanzoptik gemeinverständlich dargestellt, über die Kriegsgewinne der Siemens AG, ihre Nutznießung am Faschismus, die sinkende Steuerleistung, Steuerflucht, Produktionsverlagerung Kapitalverflechtung, Fall des Lohnanteils am Gesamtumsatz, Ausbeutungstechniken und vieles andere berichtet wurde, konnte Delius die zur Oberflächlichkeit zwingende Parodie der rhetorischen Form so mit historischem Material in Widerspruch setzen, daß sie durch das besondere Beispiel der Siemens AG hindurch zur Satire auf die Wirtschaftsordnung geriet, in der solch Konzern möglich, ja notwendig ist. Nur wenn Delius die Parodie auf die Textsorte ›Festschrift‹ mit diesem dokumentarischen Material brach, konnte er im Besonderen das Allgemeine anschaubar machen und der Forderung an eine realistische Kunst entsprechen, in der »die Sicht auf die Erscheinungen der Wirklichkeit zur Einsicht in ihre Konstituentien wird«. (Riethus/Voigt, in: Basis 6, Jahrbuch für deutsche Gegenwartsliteratur)

»Satiren müssen richtig sein«
(Wahrheits-Runde)

»Die amerikanische Presse hätte nie daran denken können, den Watergate-Skandal
aufzuklären, wenn die dortigen Journalisten in dieser Weise für jeden Irrtum
haftbar gemacht und zum Schweigen gebracht worden wären.«
(Richard Schmid)

Die gerichtliche und außergerichtliche Kampagne gegen das
Buch wurde von Siemens und von siemensnahen Publizisten
immer ganz simpel legitimiert: Es gehe gar nicht darum, einen
Autor mundtot zu machen, sondern nur um einige falsche Behauptungen, die richtiggestellt werden müßten, es gehe allein
um die Wahrheit, Satiren müssen richtig sein usw. Man speku-
lierte auf eine gutgläubige Öffentlichkeit, die einsieht, daß man
sich wehrt, wenn man von einer Lüge betroffen ist, auch wenn
man ein Konzern ist. In der Presse und vor den Richter versuchte die Siemens-Seite diese Version durch ständige Wieder-
holung und Drastik einzuhämmern:

Das Buch enthalte Unwahrheiten, falsche Behauptungen, Behauptungen abenteuerlichster Art, gänzlich freie Erfindungen,
üble Nachrede, ideologisch motivierte Verleumdungsversuche,
Lügen, Diffamierungen, grob wahrheitswidrige Verteufelun-
gen, Verzerrungen, Verfälschungen, diffamierendes Licht, erfundene Zitate, eine Fülle unwahrer Behauptungen, unrichtig
wiedergegebene Sachverhalte, schwerwiegende Unterstellun-
gen; das Buch sei ein Vehikel für falsche Informationen, stellen-
weise ein Meisterstück an Gemeinheit und dergleichen.

Das ging noch weiter. Man versuchte den Eindruck zu erwecken, das ganze Buch bestehe mehr oder weniger aus
Unwahrheiten, die Lüge gehöre unbedingt ins Stilgemisch der
Dokumentarsatire. Dazu kam schließlich die primitive Unterstellung, ich hätte bewußt und vorsätzlich Unwahrheiten einge-
streut, um Siemens zu schaden, zu verteufeln usw.

Da Satiren natürlich »richtig« sein müssen, lohnt sich zu fragen, ob diese Vorwürfe berechtigt sind. (Man muß dabei
vorübergehend von dem Problem absehen, ob es in einer Sa-

tire, in einem Kunstwerk überhaupt Wahrheiten im Sinn von Tatsachenbehauptungen geben kann.)

Wie steht es also mit der Unwahrheit? Was hat sich in den drei Prozeßjahren wirklich als unwahr erwiesen? Zunächst ist festzuhalten, daß die Festschrift-Experten im Haus Siemens unter den schätzungsweise 4000 Zahlen, Fakten- und Datendetails des ganzen Buches lediglich 19 angeblich falsche Sätze, Halbsätze, Wörter oder Prozentzahlen gefunden haben, also rund ein Zweihundertstel, die sie zum Gegenstand der Klage machen und als Vorwand für die Kampagne gegen das Buch brauchen konnten. Hätten sie mehr angebliche Unwahrheiten entdeckt, hätten sie diese mit Sicherheit vorgebracht.

Von diesen 19 sind in der ersten Instanz fünf, in der zweiten noch einmal fünf abgewiesen worden (z. T. weil sie nach Ansicht der Richter wahr waren, z. T. weil sie als erkennbar satirisch eingestuft wurden, z. T. weil sie nicht kreditschädigend waren). Und nicht einmal alle restlichen neun Punkte, deren Verbreitung wir zu unterlassen haben (vgl. S. 251), sind nach Meinung der Richter unwahr:

— drei Behauptungen (*Angliederung / Durchfallquote Lehrlinge / Entlassung während Probezeit*) stellten sich als wahr, als übertrieben heraus: nicht repräsentative Einzelfälle seien verallgemeinert worden.

— im Fall *Haselhorst* seien die Fakten wahr, durch ihre Zusammensetzung entstehe aber ein falscher »Eindruck«.

— im Fall *Bonus* stimmen die Fakten, nur der Begriff Bonus ist aktienrechtlich falsch.

Fünf weitere Punkte also, die nicht unwahr sind und die ohne weiteres hätten durchgehen können, wenn die Richter zu Hause einmal ihren Brockhaus aufgeschlagen und erfahren hätten, daß die Übertreibung zum wesentlichen Charakteristikum der Satire gehört.

Und die übrigen vier Punkte?

— im Fall *Westinghouse* hat die Beweisaufnahme die Unwahrheit der von Kuczynski übernommenen Behauptung ergeben, Siemens arbeite mit dieser US-Firma auch auf dem Gebiet von

Waffen und Atomwaffen zusammen, obwohl selbst die Richter zugestehen, daß solch eine Frage letztlich nicht zu klären ist:

> »Im übrigen ist nicht anzunehmen, daß, wenn eine solche Zusammenarbeit stattgefunden hätte, dies ausdrücklich, in die Verträge hineingeschrieben worden wäre.« (OLG 84)

— im Punkt *Auschwitz* (Installierung) haben die von uns vorgelegten Quellen und Dokumente nicht ausgereicht, um die Aussagen der Siemens-Männer zu entkräften. Für den Häftlingseinsatz bei den Arbeiten am Krematorium fanden sich keine Belege. Mehr darüber im Abschnitt »Siemens und Auschwitz«.

— die umstrittene Prozentzahl der wegen *Berufsunfähigkeit* vorzeitig ausscheidenden Arbeiterinnen war einer linken Zeitung entnommen (und später auch in einem bei EVA publizierten Buch nachgedruckt), aber dort nicht auf Siemens bezogen. Da der ganze Absatz möglichst allgemein formuliert war, schien es legitim, die allgemeine Durchschnittszahl zu nehmen. Der Prozentsatz bei Siemens liegt jedoch erheblich niedriger, selbst wenn man statistische Mogelfaktoren einbezieht.

— im Punkt *Bierpreis* wurden die Mitteilungen eines Leserbriefes, dessen Schreiber während des Prozesses nicht mehr zu ermitteln war, verallgemeinert, übertrieben. Die Firma Siemens hat die Gerichte davon überzeugt, daß bei ihr »der Bierpreis neben dem Preis für die Bockwurst als der eigentliche Indikator für die soziale Einstellung der Unternehmensleitung gilt und deshalb regelmäßig Gegenstand besonders intensiver Verhandlungen mit dem Betriebsrat ist« (OLG 137) und daß die Behauptung unwahr ist.

Diese vier Punkte und die fünf Übertreibungen sind der Anlaß für die großen Attacken der Siemens-Seite. Das ist der klägliche Vorwand für ein dreijähriges Manöver gegen Autor und Verlag, gegen Grundrechte und Presserechte, gegen liberale Juristen und Redakteure, gegen lesende Betriebsangehörige usw.

Gut, diese vier Punkte sind unwahr; fünf sind falsche Übertreibungen oder Begriffe. Damit ist die Frage nach Wahrheit oder Unwahrheit noch nicht beantwortet – da fängt sie erst richtig an. Es geht um die Folgen des Zitierens und der Übernahme möglicherweise falscher Behauptungen.

Denn nur in einem Fall hat der Autor sich selbst einen Vorwurf zu machen: die Benutzung des Begriffes Bonus in Unkenntnis aktienrechtlicher Details. Alle übrigen Behauptungen, die uns das OLG zu unterlassen aufgab, sind zuerst von anderen Autoren, Zeitungen oder Zeitschriften publiziert worden – ohne daß die Siemens AG dagegen etwas unternommen hätte. Vier dieser (unwahren) Fakten sind in Büchern veröffentlicht, die nach wie vor unbeanstandet verkauft werden.

Es soll nicht unterschlagen werden, daß die vier unwahren Punkte und die Übertreibungen aus linken Publikationen bzw. aus in der DDR erschienenen Büchern stammen. Das wird, hoffe ich, einige linke Publizisten zu mehr Sorgfalt verpflichten.

Fehler anderer Autoren habe ich von Anfang an nicht ausschließen können. Deshalb war im »Geleit« angesagt worden, der Festschriftsteller könne »keine Gewähr für die *absolute* Richtigkeit und Vollständigkeit der Angaben übernehmen«. Daß Satiren richtig sein sollten, daß falsche Behauptungen von Ubel sind, auch in Satiren – das ist kein Streitpunkt. Die Streitfragen sind:

1. Wer bestimmt die Kriterien für Wahrheit oder Unwahrheit in einer Satire?

2. Unterscheidet das Gericht zwischen Irrtümern, übernommenen oder erfundenen oder erlogenen Behauptungen? (Für Siemens ist alles Lüge.)

3. Wer ist für Unwahrheiten verantwortlich, die sich erst nach ihrer Zitierung als solche herausstellen?

4. Wie intensiv hat ein Satiriker öffentlich zugängliche Quellen auf ihren Wahrheitsgehalt hin zu durchleuchten, ehe er sie benutzt? Wie intensiv ein Publizist? Wie intensiv ein Wissenschaftler?

5. Können auch falsche Behauptungen, wie Richard Schmid meint, durch »Wahrnehmung berechtigter Interessen« gedeckt sein? (»Die kritische Analyse multinationaler Konzerne ist heute zweifellos ein solches berechtigtes Interesse«, Schmid).

Zu allen diesen Fragen hört man aus der Siemens-Ecke – verständlicherweise – so gut wie nichts.

Siemens und Auschwitz

Wie kam es zu der Festschrift-Passage über Auschwitz? Was ist belegbar? Wie urteilen die Gerichte?

Unter den Quellen der Festschrift befand sich ein Flugblatt der Siemens-Gruppe der SDAJ München vom Dezember 1970, das dem Konzern u. a. die Beteiligung an der Installierung der Vergasungsanlagen in Auschwitz vorwarf und eine Veranstaltung zum gleichen Thema ankündigte. Meine Rückfrage bei der SDAJ ergab, daß die Siemens AG weder gegen die vor den Werktoren verteilten Flugblätter noch gegen die Veranstaltung vorgegangen war – trotz anderer prozessualer Drohungen der Firma gegen die SDAJ. Als Quelle für ihre Behauptungen gab die Gruppe das Buch von Gerhard Kegel an, »Ein Vierteljahrhundert danach – Das Potsdamer Abkommen und was aus ihm geworden ist« (Staatsverlag der DDR 1970) und schickte Fotokopien der entsprechenden Seiten. Da dies Buch während der Fertigstellung der Festschrift auch noch in der BRD, im Verlag Marxistische Blätter, erschien, sah ich keinen Anlaß, diese – bis dato unwidersprochene – Behauptung nicht vom Festschriftsteller erwähnen zu lassen.

Die Siemens-Anwälte bestritten zuerst, daß der Konzern mit Auschwitz je etwas zu tun gehabt habe. Erst nach und nach mußten sie zugeben, daß Siemens in Auschwitz – wie in fast allen großen KZs – sein »Außenkommando« (Fabrik mit KZ-Häftlingen als Arbeitskräften) unterhalten und Installations-Kleinmaterial geliefert hat. Ein Buch des ehemaligen Auschwitz-Häftlings Bruno Baum (»Widerstand in Auschwitz«) nennt weitere Fakten: Die Exhaustoren zum Absaugen des Gases aus Gaskammern seien ebenso von Siemens geliefert worden wie Armaturen, Schalttafeln, Transformatoren usw. (Siemens-Argumente dagegen: Dies Material könne man im

Fachhandel kaufen, für den Ort des Einsatzes sei man nicht verantwortlich.) Andere Hinweise fanden sich in einem im Verlag des Staatlichen Museums in Auschwitz erschienenen Buch, das Berichte von Häftlingen dokumentiert, nach denen Siemens moderne Elektroöfen zur Verarbeitung von Menschenfett geliefert und installiert habe. Die Berichte enthalten die Anmerkung des Herausgebers, daß diese Informationen bisher nicht von anderen Dokumenten bestätigt seien – was wegen der Vernichtung der meisten Akten durch die SS naheliegt. Aus dieser Anmerkung machten die Siemens-Anwälte und die Gerichte ein Dementi. Schließlich liegen Dokumente vor, nach denen die Firma Siemens im KZ Buchenwald das elektrische Zubehör für das Krematorium geliefert und die Installierung überwacht hat (die Siemens-Anwälte bestritten das).

Außerdem gibt es einen Zeugen, der im Zentralarchiv der DDR in Potsdam Fotokopien von Rechnungen der Siemens-Schuckert-Werke für »Installationsarbeiten I/II« in Auschwitz flüchtig gesehen hat, ohne den Wortlaut dieser Dokumente behalten zu haben, da er nach anderen geforscht hat (»I/II« könnten die infrage kommenden Krematorien sein). Trotz intensiver Suche war dieses Dokument bei Nachforschungen in Potsdam nicht zu finden – ebensowenig wie weitere relevante Dokumente aus den Archiven in Auschwitz und der DDR. Für den Einsatz von 2000 Häftlingen bei der Installierung fand sich kein Anhaltspunkt. Die Zeugen der Gegenseite, sämtlich ehemalige Siemens-Angestellte, hielten die Möglichkeit von Lieferungen und Installationen elektrotechnischer Anlagen für die Krematorien für ausgeschlossen.

Bei den Nachforschungen stellte sich heraus, daß Siemens seit 1945 gegen diese Vorwürfe kämpft. Am 5. 8. 45 berichtete die »Deutsche Volkszeitung« über den Bau der Vergasungskrematorien in Auschwitz durch Siemens. Siemens dementierte am 7. 8., die »Deutsche Volkszeitung« antwortete am 22. 8. und wiederholte ihren Vorwurf. Die Auseinandersetzungen über die Siemens-Beteiligung in Auschwitz und anderswo liefen länger als ein Jahr, bis Siemens auf Beschluß der Betriebsräteversammlung im Dezember 1946 einen Untersuchungsausschuß einsetzte, der feststellen sollte, ob und wie die Siemens-Firmen an den Verbrechen des Faschismus beteiligt waren. Dieser Ausschuß, dem u. a. die Aussagen und Dokumente Bruno Baums vorlagen, stellte nach über einjähriger Arbeit im Jahr 1948 seine Tätigkeit stillschweigend ein. Ein Ergebnis wurde meines Wissens nicht veröffentlicht, was man sicher getan hätte, wenn das Material die Unschuld der Firmen bewiesen hätte.

Diese Tatsachen besagen nicht, daß die Behauptungen Kegels wahr sind. Sie belegen die Schwierigkeiten, Licht in eine Affäre zu bringen, die seit 30 Jahren Gegenstand heftiger Auseinandersetzungen ist. Noch verwickelter wird der Fall durch die Vermutungen von Experten, die von uns gesuchten Dokumente seien sicher nicht zu bekommen, es sei denn in Moskau, andere vermuten sie in Washington, die dritten im Safe in Potsdam, die vierten halten die ganze Sache für unwahrscheinlich.

Nur Siemens weiß mehr: Im Archiv befinden sich die Akten des Untersuchungsausschusses und eine Akte über Dr. von Witzleben, der die in Potsdam gesehenen Rechnungen unterschrieben haben soll. In dieser Akte sind verschiedentlich Teile aus Dokumenten herausgeschnitten. Auch das beweist natürlich nichts ...

Alles in allem war die Suche nach Dokumenten äußerst erfolgreich – auch wenn die entscheidenden Auschwitz-Dokumente nicht gefunden wurden. Denn erst durch den Prozeß kam eine Fülle von Materialien ans Licht über die intensive Zusammenarbeit der Siemens-Firmen mit dem Nazi-Staat und der Siemens-Größen mit den Nazi-Größen, über die Durchsetzung der faschistischen Ideologie im Hause, über die Siemens-Beteiligung an Vernichtungslagern usw. Die Festschrift gibt davon nur ein Minimum wieder. (Das neu entdeckte Material wird gesondert veröffentlicht werden.)

Wie gehen nun die Gerichte bei der Urteilsfindung vor? Ich übernehme hier die Darstellung von Riethus/Voigt, die diesen Komplex genauer untersucht haben:

In der *ersten Instanz* ließ das Gericht in der Art seiner Beweiserhebung folgende Tendenz erkennen: In dem Maße, in dem Zusammenhänge zwischen kapitalistischer Wirtschaftsordnung und faschistischem Staat nicht mehr einfach vom Tisch gefegt werden konnten, sondern als »peinliche Tatsachen« anerkannt werden mußten, verlagerte sich die Auseinandersetzung auf Detailfragen, hinter der die peinlichen Tatsachen dann verschwinden konnten. Das Gericht bezweifelte nicht, daß die Siemens AG auch mit dem KZ Auschwitz in Geschäftsbeziehungen gestanden habe. Nur bildete dieser mögliche Tatbestand nicht den Gegenstand der Beweiserhebung, sondern ausschließlich die Behauptung von Delius, der sich dabei auf eine Darstellung aus der DDR stützte, daß der Siemens-Konzern das große Vergasungskrematorium des KZ Auschwitz installiert und dabei 2000 Häftlinge und Fremdarbeiter eingesetzt habe. Die Aussagen der von Delius benannten Zeugen und Dokumente erkannte das Gericht nicht an, da es sich bei ihnen um Zeugen vom Hören und Sagen handele. Sie können sich nämlich nur auf die Aussagen von Gewährsleuten berufen, die entweder in Auschwitz ermordet oder in der Zwischenzeit verstorben sind. Demgegenüber konnte die Siemens AG die Aussagen der mit der Geschäftsabwicklung auch der Angelegenheiten des Lagers Auschwitz betrauten – und noch lebenden – Zeugen vorlegen, denen eine die Firma Siemens belastende Geschäftskorrespondenz nicht erinnerlich ist. Diese Aussagen erkannte das Gericht an. Zugleich gestand es der Siemens AG als Eigentümerin zu, der Öffentlichkeit den Zugang zu ihrem Firmenarchiv zu verweigern.

Während sich die erste Instanz noch genötigt sah, von einer Zusammenarbeit der Siemens AG mit dem faschistischen Staat zu sprechen, galt dies der *zweiten Instanz* schon als ungeheuerlicher Vorwurf, der etwas von vornherein Unwahrscheinliches beinhalte, das nur dann als möglicherweise wahr gewürdigt werden könne, wenn der Autor Anhaltspunkte beibrächte. Das Gericht verdeutlichte auch, was es als »Anhaltspunkte« anzuerkennen gewillt war. Es unterschied nämlich zwischen einer aktiven, bewußt betriebenen Handlung und dem, was es – der Sprache der Mythologie folgend – eine »Verstrickung« nannte. Die Darstellung von Delius enthalte die Unterstellung einer aktiven Beteiligung an KZ-Massenmorden. Von einer solchen – unentschuldbaren – Beteiligung setzte das Gericht die – entschuldbare – allgemeine Verstrickung in das totalitäre System ab, in die sozusagen jeder ehrliche Kaufmann hätte unversehens hineinschliddern können. So erkannte das Gerichts z. B. als Tatsache an, daß Siemens KZ-Häftlinge beschäftigt hat und »damit in den widerrechtlichen Freiheitsentzug des betroffenen Personenkreises verstrickt war«. An anderer Stelle heißt es von diesen Häftlingen, die im Falle ihrer Arbeitsunfähigkeit an die SS gemeldet wurden (eine Maßnahme übrigens, die das Gericht »schon im Interesse der Produktion« für vertretbar hielt): »Alles das bedeutete für die Häftlinge bittere Folgen. Nicht als ob das der Firma Siemens zum Vorwurf gereichte, aber es war eben so.« Den Unterschied zwischen der aktiven Beteiligung und dem Verstrickt-Sein sieht das Gericht u. a. in den verschiedenen materiellen Folgen, die diese Tatbestände in der Gegenwart haben. Der Vorwurf der aktiven Beteiligung wirke sich »negativ auf Kredit und Fortkommen … auch heute noch« aus, während der Vorwurf des Verstrickt-Seins – so ist wohl zu ergänzen – als eine dem Schicksal geschuldete Tatsache heute keine Gewinnbeeinträchtigung mehr befürchten läßt.

Bevor diese Unterscheidung in der Beweiserhebung zur Anwendung kam, gab das Gericht eine Erklärung dafür, weshalb die Siemens AG nicht schon gegen das Buch des DDR-Autors Kegel, auf das sich Delius u. a. berief, habe zu klagen brauchen: Der Konzern habe sich darauf verlassen können, »daß die Behauptung von Kegel in der Öffentlichkeit für eine kommunistische Propagandabehauptung gehalten wird […]«. In der nun folgenden Würdigung der von Delius bzw. den von ihm benannten Zeugen vorgebrachten Indizien unternahm das Gericht seinerseits den Versuch zu beweisen, daß die Siemens AG ethisch vertretbare Dinge nach Auschwitz bzw. an die SS geliefert oder dort installiert habe. So hieß es anläßlich der Würdigung eines Beleges über die Lieferung eines Ofens nach Buchenwald: »Nähere Angaben, ob es ein zur Verwertung von Tierleichen bestimmter aber auch für Menschenleichen geeigneter Ofen also eine vertretbare Sache, war, oder ob er speziell für den verbrecherischen Zwecke konstruiert wurde, fehlen.« Am Ende einer Reihe derartiger Unterscheidungen kam das Gericht zu dem Ergebnis: »Der Senat ist voll davon überzeugt, daß die Behauptung der Beklagten unwahr ist.«

Siemens und die Atombombe

Die meisten der angegriffenen Passagen (10) können unverändert weiter veröffentlicht werden, da sie laut Urteil wahr oder nicht kreditschädigend sind. Von diesen »Erfolgen« soll kurz die Rede sein.

Die Hälfte der Punkte betrifft Fakten aus der Siemens-Geschichte zwischen 1912 und 1936: der Kreditentzug der Bergmann AG (S. 26), die Feindlieferungen im 1. Weltkrieg (S. 34), die Anregung C. F. v. Siemens' zum Lohnabbau durch Notverordnungen (S. 40), die Unterzeichnung des Hindenburgbriefs durch C. F. v. Siemens (S. 42) und C. F. v. Siemens' Kenntnis der

Kriegspläne (S. 45). Das Landgericht hatte diese Punkte (außer Notverordnungen) für unwahr und für kreditschädigend, z. T. sogar für diffamierend gehalten (darunter auch den Punkt Bergmann, der direkt aus einer von der Siemens AG durchgesehenen und mitfinanzierten Habilitationsschrift von Prof. Jürgen Kocka übernommen war). Das Oberlandesgericht hingegen hat alle diese Punkte als *nicht* kreditschädigend eingestuft, z. T. weil es historische Fragen seien, z. T. weil sie nicht vorwerfbar seien, z. B. mit dieser Begründung:

»Im Prinzip wird hier über C. F. v. Siemens nichts anderes behauptet, als was auch auf die Millionen Wähler der NSDAP im Jahr 1932 zutrifft: daß er damals Hitler für ein wirksames und vielleicht einzig übrigbleibendes Mittel gegen die kommunistische Gefahr angesehen habe. Da er sowenig wie die Millionen NSDAP-Wähler damals schon den wahren Charakter Hitlers, wohl aber die Verbrechen der russischen Revolution kannte, war dieser politische Irrtum aus der damaligen Sicht verzeihlich und wird nicht als noch über 40 Jahre nachher der Klägerin vorwerfbar betrachtet.« (OLG 109)

Zwei Punkten (Notverordnung, Kriegspläne) hat das OLG Wahrheit zugebilligt. Um wenigstens hier der Wahrheit und nicht dem Kredit die Ehre zu geben, muß jedoch angemerkt werden, daß nach dem Stand der Beweisaufnahmen bzw. nach dem gegenwärtigen Stand der Forschung Carl F. von Siemens den Brief an Hindenburg nicht unterschrieben hat – er stand lediglich auf der Sympathisantenliste potentieller Unterschreiber. Auch im Punkt Feindlieferungen muß differenziert werden: Siemenssche Dynamobleche wurden zwar möglicherweise an »Feindstaaten« geliefert, aber nicht von Siemens-Firmen. Es handelte sich um Bleche, die im Siemens-Martin-Verfahren, aber nicht von Siemens-Firmen hergestellt wurden. (Wie sich während des Prozesses herausgestellt hat, ist jedoch außer Elektrodenkohle noch anderes kriegswichtiges Material von Siemens exportiert worden.) Diese Unrichtigkeiten sind in der vorliegenden Auflage korrigiert, denn: »Satiren müssen richtig sein.« Die andere Hälfte der bekräftigten Punkte betrifft die aktuelle Geschäfts- und Betriebsrealität. Darunter ist auch der Punkt, den

214

die Siemens AG am Anfang des Prozesses ganz groß herausgestellt hat: die Atombombe (S. 66). Mit Hilfe von Gutachtern, Zeugen und Eidesstattlichen Erklärungen aus den Chefetagen von Siemens und KWU, mit endlosen Hinweisen der Siemens-Anwälte auf den ideologischen Charakter dieser »Behauptung« versuchte die Gegenseite, aus der deutlich satirischen Stelle eine Verleumdung zu machen und diese dann damit zu widerlegen, daß die Firma eine Atombombe weder herstellen wolle noch könne noch dürfe. Die Beweisaufnahme durch Vernehmung des Gutachters Prof. Häfele (Karlsruhe) und eines Kerntechnikers der Firma hat ergeben, daß die Siemens AG über ihre Tochterfirma Interatom sich am Bau einer Uran-Anreicherungsanlage beteiligt, die theoretisch auch für die Herstellung von »bombenreinem« Uran erweitert werden kann. Die technische Möglichkeit der Atombombenherstellung ist also ausdrücklich bestätigt worden – etwas anderes sind die juristischen Hindernisse (Atomwaffensperrvertrag) und die beträchtlichen Kosten. Als die Zeugen, die aussagen sollten, daß Siemens technisch nicht in der Lage sei, Atombomben zu bauen, vor Gericht das Gegenteil nicht ausschließen konnten, ließ die Siemens-Seite diesen Punkt fallen, um ihn nicht zum Siemens-Dolchstoß werden zu lassen, nachdem sie ihn anfangs als »Dolchstoß in den Rücken des friedlichen deutschen Volkes« interpretiert hatte.

Bestätigt haben beide Gerichte schließlich auch die besonders intensive Rüstungsforschung (S. 66), die Gebrauchszeit-Verkürzung von alten Haushaltsgeräten durch ständige Neuerungen (S. 106) und die Angleichung der Angestellten an die Arbeiter durch neue Lohnsysteme, Vorgabezeiten bei Büroarbeit und absehbarer Einführung der Stempeluhr (S. 130). Außerdem darf der Festschriftsteller auch weiterhin schreiben, daß »der Jugend zumeist nicht genügend Erziehungskräfte« gegenüberstehen und daß Lehrlinge durch die Stufenausbildung zusätzlich an die Firma gebunden werden (S. 140).

Die Anwälte des Siemens-Konzerns haben bei ihrer Neubewertung der Grundrechte unserer Verfassung eine wichtige Anregung gegeben. Da weder das Landgericht noch das Oberlandesgericht ernstlich auf diesen Vorschlag eingegangen sind, soll er hier zitiert und damit der Vergessenheit entrissen werden:

> »Daß die Klägerin eine juristische Person des Privatrechts ist, hindert sie nicht, die Grundrechte aus Artikel 1 Absatz 1 und 2 Absatz 1 GG in Anspruch zu nehmen …
> Die dem Einzelnen zustehende Menschenwürde kann ihm nicht dadurch verloren gehen, daß er sich mit anderen Menschen zu einer Gemeinschaft zusammenschließt, sofern seine Menschenwürde durch den Angriff auf die Gemeinschaft verletzt wird und unter den gegebenen Umständen nur die Gemeinschaft in der Lage ist, diese Menschenwürde zu verteidigen.« (L 1.12.72, 18f.)

Ein Grundgesetz, das im Sinn von Dr. Löffler und Dr. Wenzel mit dem Satz begänne »Die Würde des Konzerns ist unantastbar. Sie zu achten und zu schützen ist Verpflichtung aller staatlichen Gewalt«, hätte allerdings den Nachteil zu großer Deutlichkeit.

Kredit- und Schaden-Runde

Auf welcher Rechtsgrundlage steht unsere Verurteilung?

> »Soweit die Klage auf Unterlassung und Schadensersatz Erfolg hat, beruht die Verurteilung der Beklagten auf § 824 BGB, der Unterlassungsanspruch zusätzlich darauf, daß weitere Beeinträchtigungen zu besorgen sind (entsprechende Anwendung von §§ 12, 1004 BGB).« (OLG 66)

Der entscheidende § 824 BGB lautet:

> »Wer der Wahrheit zuwider eine Tatsache behauptet oder verbreitet, die geeignet ist, den Kredit eines anderen zu gefährden oder sonstige

Nachteile für dessen Erwerb oder Fortkommen herbeizuführen, hat dem anderen den daraus entstehenden Schaden auch dann zu ersetzen, wenn er die Unwahrheit zwar nicht kennt, aber kennen muß.«

Neben der Wahrheit oder Unwahrheit der »Tatsachen« haben die Gerichte also die mögliche Kreditgefährdung und die Nachteile für Erwerb und Fortkommen des Siemens-Konzerns zu prüfen. Welche Kriterien werden hier angelegt?

Gar keine. Über Kreditgefährdung wird nur spekuliert (siehe auch »Siemens und die Atombombe«) – was dem LG kreditgefährdend scheint, scheint dem OLG zum Teil nicht kreditgefährdend. Und was beiden kreditgefährdend scheint, bleibt Schein. Auf keiner der insgesamt 232 Seiten der Urteile machen sich die Gerichte die Mühe zu prüfen, ob und wie der Kredit eines Konzerns überhaupt gefährdet werden kann und wie einem Konzern von der Größe der Siemens AG durch einige Behauptungen Nachteile für Erwerb oder Fortkommen entstehen können. Kein Gedanke, wie der Kredit eines Weltkonzerns gefährdet werden kann, der über Aktienpakete und drei Aufsichtsratssitze mit einem der mächtigsten europäischen Kreditgeber, der Deutschen Bank, verbunden ist; eines Weltkonzerns, der mit dieser und den größten der übrigen Banken Dutzende von gemeinsamen Beteiligungsgesellschaften besitzt; der in über 125 Ländern Auslandsvertretungen und Bankbeziehungen unterhält und bei keinem Kreditgeber der Welt vor die Tür gesetzt wird.

Und wie sehen die »Nachteile für das Fortkommen« aus, die ja dadurch entstehen sollen, daß falsche Behauptungen die Siemens AG als größte private Arbeitgeberin in der Bundesrepublik »bei ihren eigenen Arbeitnehmern und bei Arbeitsuchenden herabsetzen und ihr dadurch Verluste zufügen«? Haben die Richter an Kurzarbeiter und Arbeitslose gedacht, die, durch die eine oder andere »unwahre« Behauptung abgeschreckt, nicht mehr bei Siemens vorsprechen? An die wenigen aus den Massen der Arbeitslosen, die noch eine Chance auf einen Arbeitsplatz in der Elektroindustrie haben, die vom Arbeitsamt in die nächste Buchhandlung gehen, nach einem Buch über Siemens fragen, die »Siemens-Welt« bekommen und lesen und lesen und lesen und schließlich auf Seite 135 von Entlassungen während der Probezeit erfahren, das Buch enttäuscht zuschlagen, ihre Karte aufs Arbeitsamt zurückbringen und sich wieder hinten in die Schlange der Wartenden stellen?

Oder haben die Richter an die Bandarbeiterinnen gedacht, die, aufgeschreckt durch Statistiken über ihre Berufsunfähigkeit und durch Bierpreismanipulationen, das Akkordtempo verlangsamen, das sie nicht verlangsamen können? Oder an Sekretärinnen, die nach der Lektüre des Buches ihre Anschlagzahl pro Minute reduzieren? Oder an Ingenieure, die plötzlich von ihren Konstruktionszeichnungen aufblicken, abgelenkt werden durch einen neidischen Gedanken an den »Bonus« der Vorstandsmitglieder und mit diesem Gedanken das Fortkommen des Konzerns behindern?

Freilich mag der eine oder andere Siemensianer, der unzufrieden mit seinem Arbeitsplatz ist, durch das Buch als einem von vielen Faktoren angestoßen werden, das Ansehen des Hauses »hcrabzusetzen« und vielleicht irgendwann zu kündigen. Wenn in solchen Fällen das Buch zur Meinungsbildung beiträgt, dann mit seinen 99,750% »Wahrheiten«, nicht aber mit der einen oder anderen einzelnen »Unwahrheit«.

Diese Beispiele zeigen, daß der § 824 BGB, auf dem die Urteile beruhen, vielleicht noch ausreicht, den guten Ruf und das Fortkommen eines Handwerksbetriebes zu wahren, nicht aber Ruf und Fortkommen eines multinationalen Konzerns und größten nationalen Arbeitgebers. Die Gerichte verzichten jedoch auf solche Differenzierungen.

Die prozeßführenden Herren des »geschädigten« Konzerns, mit den Realitäten des Kreditwesens, des Fortkommens und des Kaufs von Arbeitskraft ohnehin besser vertraut als die Richter, geben sich mit Bagatellen wie der von den Richtern erwarteten Abschreckung von »Mitarbeitern« nicht ab (wer die »Siemens-Welt« liest, ist ohnehin weniger erwünscht als einer, der sie nicht liest). Nur einmal, in einem Leserbrief, ließ man den Informationschef argumentieren und gleichzeitig sein satirisches Geschick unter Beweis stellen:

> »Und dann geht es nicht nur um ›Umsatz und Absatz‹, sondern um Arbeitsplätze. Muß im Interesse der ›Kunstfreiheit‹ Unsicherheit für 230 000 Mitarbeiter in der Bundesrepublik hingenommen werden?«
> (Frankfurter Rundschau 21.11.74)

Die Siemens-Anwälte gründen zwar ihre Klage auf die entsprechenden BGB-Paragraphen und sprechen pflichtgemäß vom »schwersten, kaum wieder gutzumachenden Schaden« für das Ansehen des Konzerns, gehen aber nur bei wenigen der angegriffenen 19 Punkte konkret auf angebliche Kreditgefährdungen usw. ein. Lediglich zum Punkt Auschwitz hat die Siemens-Seite den unsubstantiierten Beweis angeboten, diese Behauptung hätte sich auf die Geschäftsbeziehungen mit Israel nachteilig ausgewirkt. Einen zweiten, von den Siemens-Anwälten allerdings niemals vorgebrachten Schadensfall meldete Gerd Bucerius in der »Zeit«:

> »Große amerikanische Kunden sollen Delius ernstgenommen und erklärt haben, sie wollten mit einem Produzenten deutscher Atombomben nichts zu tun haben. Die Verzögerung eines Großauftrags um einen Monat kostet schnell 100 000 Mark oder mehr ...«

Voraussetzung für die Anerkennung eines Schadensersatzanspruchs gemäß § 823 BGB ist aber nicht primär der Nachweis eines vorliegenden Schadens, sondern das Kriterium der Leichtfertigkeit beim Aufstellen einer umstrittenen Behauptung. Zunächst also muß dem Autor und dem Verlag etwas nachgewiesen werden, was mit juristischem Handwerkszeug ebenfalls nur mangelhaft zu erfassen ist: Leichtfertigkeit bzw. mangelnde Sorgfalt. Wie einfach so etwas begründet werden kann, zeigt das Urteil des Landgerichts:

> »Die Beklagten haben die im Verkehr erforderliche Sorgfalt außer acht gelassen. Die Tatsache, daß die ›Festschrift‹ kein zeithistorisches wissenschaftliches Werk, sondern eine Satire ist, enthob beide Beklagten

nicht der Pflicht, die die Klägerin belastenden Fakten auf ihren Wahrheitsgehalt zu überprüfen. Die Beklagten durften nicht annehmen,
daß dies bei einem Werk der Belletristik nicht erforderlich sei. Wie
oben dargelegt, erheben die in der ›Festschrift‹ enthaltenen Fakten
Anspruch auf Wirklichkeitstreue. Es darf die Beklagten deshalb nicht
überraschen, daß sie für vermeidbare Fehler, die die Klägerin in ihren
Rechten verletzen, einstehen müssen. Ob hier die Maßstäbe der journalistischen Sorgfaltspflicht uneingeschränkt Anwendung finden können oder ob die Beklagten sich mit Rücksicht auf den satirischen Charakter der ›Festschrift‹ mehr Freiheiten erlauben durften als etwa ein
Journalist, mag dahinstehen.« (LG 84, 85)

Das Landgericht bemüht sich nicht, die Maßstäbe der angeblich verletzten Sorgfaltspflicht zu definieren, obwohl es doch
feststellt, diese nicht definierte Sorgfaltspflicht sei verletzt. Das
Landgericht, das erstmals die journalistische Sorgfaltspflicht
des literarischen Autors und Verlags postuliert, trägt auch
nichts zur Begründung und Erklärung dieses Postulats bei.
Mußten wir wissen, daß ein Gericht das »Image« von Siemens
zum Rechtsgut und § 824 BGB zu einem allgemeinen Schutz-
tatbestand für die »Ehre eines Unternehmens« machen würde?
Außer auf diese Neuigkeiten aus der Rechtsprechung muß auf
die Leichtfertigkeit des Gerichts verwiesen werden, mit der es
uns Leichtfertigkeit und Siemens Schaden zuspricht. Anwalt
Albert Gerhardt hat das in seiner Berufungsbegründung so formuliert:

»Offensichtlich hat die Klägerin weder die konkrete noch die abstrak-
te Möglichkeit eines Schadens vorzutragen und unter Beweis zu stellen, vielmehr reicht es für sie aus, daß der Tatbestand einer unerlaubten Handlung erfüllt sein soll, was dann nach Auffassung des
Landgerichts den Schaden bereits impliziert. Es ist zumindest eine
völlig neue Art der Rechtsprechung, daß die grundsätzliche Erfüllung
der Tatbestandsvoraussetzung einer unerlaubten Handlung bereits
das Rechtschutzinteresse für eine Feststellungsklage begründet. Die
herrschende Meinung denkt da allerdings anders.« (G 15.11.74, 33)

Ein Beispiel, wie die Maßstäbe des Landgerichts verrutscht
sind: die Ausführungen über den Kreditentzug der Bergmann
AG durch die Deutsche Bank Anno 1912. Die Verarbeitung

dieses Faktums in der Festschrift soll aus folgenden Gründen kreditschädigend sein:

> »Entscheidend ist allein, ob die beanstandete Behauptung geeignet ist, die gegenwärtige Wertschätzung der Klägerin zu beeinträchtigen. Der Vorwurf, eine Bank mißbrauche das Kreditgeschäft, um einen Kunden in die Hände eines anderen zu bringen, ist geeignet, den wirtschaftlichen Ruf nicht nur der Bank, sondern auch den des angeblich begünstigten Unternehmens zu gefährden. Es entsteht der dem heutigen Image der Klägerin abträgliche Eindruck, als hätte die Klägerin ihren heutigen Status nicht ohne verwerfliche Manipulationen in der Vergangenheit erlangt.« (LG 40)

Das Zitat steht hier nicht nur, weil es besonders absurd ist – die Behauptung, die im übrigen wahr ist, war einer von Siemens-Leuten durchgesehenen Schrift entnommen. Das Zitat belegt deutlicher als andere jenes brave ökonomische Denken der Richter, das sich formal und treu an die gegebenen Gesetze hält, im Ergebnis aber immer den benachteiligt, der einen »Vorwurf« formuliert, nicht aber den, der ihn veranlaßt. Benachteiligt ist, wer die Bedingungen z. B. eines »wirtschaftlichen Rufs« erforscht, nicht aber der, der ihn hat usw.

Dieser juristische Standpunkt wird im OLG-Urteil noch formaler, das heißt noch konsequenter durchgezogen. Ganz zu Anfang seiner Entscheidungsgründe stellt der 4. Zivilsenat des OLG fest:

> »Bezüglich der Punkte, in denen der Senat die Eignung der Behauptungen der Beklagten zur Gefährdung des Kredits der Klägerin bejaht hat, ist der Senat davon überzeugt, daß die Klägerin auch einen – wenn auch schwer meßbaren – Schaden erlitten hat ... Aber auch bezüglich der übrigen Punkte kann die Möglichkeit eines Schadens nicht von vornherein verneint werden.« (OLG 65f.)

Und folglich befindet das Gericht bei der Untersuchung der strittigen Punkte primär über die mögliche Kreditschädigung einer Behauptung und sekundär über ihren Wahrheitsgehalt. Deshalb werden die meisten Punkte, in denen Siemens unterlag, ohne Prüfung ihres Wahrheitsgehalts abgewiesen, weil die

Richter sie als nicht kreditschädigend einschätzen. Im Fall der Feindlieferungen im 1. Weltkrieg wird das so begründet:

»... Die Wunden des 1. Weltkrieges sind jedoch heute weitgehend verheilt. Dies zeigt sich u. a. daran, daß aus der erbitterten und haßerfüllten gegenseitigen Feindschaft eine tiefgehende echte Völkerfreundschaft zwischen Frankreich und Deutschland geworden ist ... Die handelnden Personen, damals Gegenstände des Hasses, wie Clemenceau, Lloyd George und Wilhelm II. sind heute Gestalten der Geschichte wie Bismarck, Napoleon und Wallenstein. Deshalb ist auch das angebliche Verhalten eines Industriegewaltigen in dieser Auseinandersetzung nicht mehr geeignet, Käufer, Kreditgeber oder Arbeitnehmer vom vorteilhaften Vertragsabschluß mit dessen Enkel oder Urenkel abzuhalten.« (OLG 106)

Sämtliche neun zu unterlassenden Behauptungen hingegen wurden vom OLG als kreditschädigend eingestuft. Fünf davon sollen sogar leichtfertig übernommen worden sein, einmal wurde mir sogar Vorsatz unterstellt, weil der Festschriftsteller einen Begriff aus der Quelle verändert, abgemildert hat! Selbst die Behauptungen, die wahr sind, können als unwahre kreditschädigende Tatsachenbehauptungen interpretiert werden. Im Punkt Haselhorst urteilt das OLG so:

»Zwar ist der Berufung zuzugeben, daß die vom Landgericht verbotenen beiden Einzelbehauptungen wahr sind. Die im Buch und im Klagantrag zum Ausdruck kommende Gleichsetzung der von Siemens beherbergten 2500 Menschen mit den Häftlingen, die oft nur mit verfaulten Nahrungsmitteln durchgebracht werden konnten, ist jedoch eine unwahre kreditschädigende Tatsachenbehauptung.« (OLG 96)

Das OLG vertritt also noch wesentlich bewußter den Standpunkt, den der ehemalige OLG-Präsident Richard Schmid schon am Landgerichtsurteil heftig kritisiert hat:

»Durchweg scheint das Gericht davon auszugehen, daß alles, was unter irgendeinem Gesichtspunkt der Firma Siemens nachteilig sein könnte und nicht zu ihrem Werbe-Image paßt, ihr Entfaltungsrecht in einem Maße beeinträchtige, daß dagegen das Grundrecht der Kunstfreiheit nicht aufkomme. Das ist ein besonders krasser Rückfall der

222

Rechtsprechung in die nur scheinbar überwundene Überbewertung des gewerblichen, kommerziellen Privatinteresses im Verhältnis zur Kunstfreiheit und zum allgemeinen Interesse an der Kritik und freien Erörterung öffentlich wichtiger Sachverhalte. Diese Überbewertung entspricht nicht der Rangordnung des Grundgesetzes; der Umsatz und der Absatz, sei es an Robbenfellen, Kartoffelsalat oder Waschmaschinen, sind nicht der Güter höchste.« (Richard Schmid, Frankfurter Rundschau 9.11.74)

In der Vorstandsetage der Siemens AG wird man der Schmid-Kritik sicher nicht in solchen Sätzen, aber doch in diesem einen Satz recht gegeben haben:

»Es ist geradezu grotesk zu behaupten, daß der Weltkonzern in seiner Entfaltung, die ausschließlich oder doch vorwiegend geschäftlicher oder technischer Art ist, durch die Satire der Deliusschen Schrift auch nur im geringsten beeinträchtigt ist.«

Deshalb hat man sich relativ rasch zu einem Verzicht auf Schadensersatz im Zuge eines Vergleichs bereit erklärt. Nicht allein aus Image-Gründen – das Verdienst, einen Autor und einen linken Verlag zu liquidieren, ist noch nicht opportun genug –, sondern wegen der erheblichen, vielleicht nur durch Manipulationen zu behebenden Schwierigkeiten, in einem gesonderten Schadensverfahren den angeblichen Schaden nachzuweisen, ist man auf unseren Vergleichsvorschlag eingegangen.

Die Gefahr unserer Liquidierung durch Schadenersatzforderungen ist für diesmal abgewendet worden. Die Gefahr wird größer, je tiefer der Glaube der Richter an die freie Marktwirtschaft ist und je dürftiger ihr Einblick in die Realität kapitalistischer, multinationaler Unternehmenspolitik.

Das führt zu der Frage nach dem »subjektiven Faktor« solcher Urteile, nach dem Entscheidungsspielraum der Richter in solchen Prozessen, zur Frage nach Klassenjustiz.

Ist das Klassenjustiz, wenn bürgerliche Richter auf Antrag eines großbürgerlich geführten Konzerns einen Schriftsteller aus dem Bürgertum, der einige Realitäten der bürgerlichen Wirtschaftsordnung bekannter macht, nach bürgerlichen Gesetzen verurteilen? Die Frage zeigt, daß der Begriff Klassenjustiz, der aus der langen Prozeßerfahrung gegen Unterprivilegierte, gegen die Arbeiterklasse und ihre politischen Kämpfer gewonnen ist, in unserem Fall wenig taugt. Dennoch ist dieser Prozeß keine innerbürgerliche Angelegenheit. Wir müssen fragen, warum nach den gleichen oder nach anderen bürgerlichen Gesetzen die Klage des Konzerns nicht abgewiesen, der bürgerliche Klassenverräter nicht »freigesprochen« wurde.

Der Entscheidungsspielraum der Gerichte zwischen verschiedenen Paragraphen einerseits und zwischen ihren Interpretationsmöglichkeiten andererseits scheint nicht nur dem juristischen Laien verhältnismäßig groß. Innerhalb dieses Spielraums herrschen subjektive Determinanten, hier vor allem das Bild vom Kapitalismus, das die Richter haben, ihr Geschichtsbild, ihre idealistische Weltanschauung usw. Diese subjektiven Anschauungen, wiederum Ausdruck des herrschenden gesellschaftlichen Bewußtseins, bestimmen die Anwendung der Gesetze, die Tendenzen der Rechtsprechung.

Ich gehe nicht davon aus, daß die Gerichte mit dem Vorsatz an die Urteilsfindung herangegangen sind, im Rahmen der gesetzlichen Möglichkeiten Autor und Verlag fertigzumachen und hier ein Exempel zu statuieren. Das wäre im Verfahren selbst sichtbar geworden und hätte sich im Urteil niedergeschlagen als extensive Ausschöpfung der gesetzlichen Möglichkeiten und ihrer Interpretation, wie sie von den Siemens-Anwälten vorgezeichnet wurde.

Ich setze eher voraus, daß die Gerichte – auf ihre Weise – einen Kompromiß zwischen Interessen der Kunst und den Konzerninteressen gesucht haben. Man kann zwar davon ausgehen, daß die Richter an der Erhaltung des guten Rufs der Firma Siemens interessiert sind, daraus folgt aber noch nicht ein Interesse an der Vernichtung antikapitalistischer Kunst. Das läßt sich u. a. dem Schlußwort im OLG-Urteil ablesen:

>»Nach der Zahl der Klagepunkte überwiegt das Obsiegen der Beklagten. Die Punkte haben jedoch unterschiedliches Gewicht ... Berücksichtigt man das unterschiedliche Gewicht der einzelnen Punkte, so haben beide Seiten zur Hälfte obsiegt bzw. verloren.« (OLG 144)

Das Gericht gibt selbst zu, sich offenbar eher um einen Ausgleich (als um eine Klärung) zwischen beiden juristisch, methodisch und ideologisch unvereinbaren Positionen bemüht zu haben. Die Richter wollen den Kapitalismus *und* die individuelle Freiheit (wozu Kunst gehört) gewahrt wissen und in ihren Urteilen das vereinen, was objektiv ein Konflikt ist. Die beiden Säulen des Staates sollen unversehrt erhalten bleiben, auch wenn sie konträr zueinander stehen und unterschiedlicher Statik gehorchen – folglich kracht es im Gebälk. Bei ihrer Entscheidung für die Freiheit des Kapitalismus oder für die individuelle Freiheit helfen sich die Richter dadurch, daß sie dem Konzern eine Art Individualität, eine Persönlichkeit, eine Privatheit zusprechen,

>»die die ›Veröffentlichung‹ als Eingriff zu einer besonderen Legitimation zwingt, die in der geschichtlichen Tragweite allein noch nicht gesehen wird: Was man nicht genau weiß, darf man eben nicht auf den Markt tragen, genausowenig wie man bei schlechtem Geschmack der Brötchen den Bäcker verdächtigen darf, er habe Sägemehl unter den Teig gemischt.« (Karl-Heinz Ladeur)

Außerdem helfen sich die Richter mit ihrer prokapitalistischen Ideologie, die sie gerade im Detail sehr sachlich und konsequent vertreten. Dafür drei Beispiele:

Beispiel 1: Die Urteile beginnen gleichlautend mit dem Satz:

>»Die Klägerin ist das größte Unternehmen der Elektrotechnik und der größte private Arbeitgeber der Bundesrepublik Deutschland.« (OLG 2)

In weiteren 16 Zeilen wird die Geschichte der Firma skizziert, während dann über den Autor nur mitgeteilt wird, daß er der Verfasser des strittigen Buches ist – auf *seine* biographische und literarische »Geschichte« wird nicht einmal eine Zeile verwandt. Positive Wertungen über Größe und Bedeutung des Konzerns also schon im ersten Satz.

Beispiel 2: Der Prokapitalismus der Richter steckt auch in ihrem Moralismus, den sie umgekehrt auf den Verfasser der Festschrift projizieren, obwohl der in seiner Bemerkung zur Methode solchen Moralismus ablehnte. Die Darstellung gewöhnlicher Praktiken der kapitalistischen Unternehmen bezeichnen die Richter gern als »Vorwurf« des Verfassers. Interessant ist daran weniger, daß sie die Siemenssche Klageschrift-Terminologie übernehmen, sondern daß sie nicht zu unterscheiden vermögen zwischen dem permanenten Angriff der Satire (Form) und der Normalität des Kapitalismus (Material). Als sei ein Faktum »vorwerfbar«, das nächste nicht! Oder als würde einer dem Kapitalismus »vorwerfen«, daß er kapitalistisch agiert! Wenn man schon moralisch herangeht, ist jeder Satz ein Vorwurf und das ganze Buch.

Beispiel 3, zum bürgerlichen Geschichtsbild: In diesem Bild gibt es keine gemeinsamen Interessen zwischen Nationalsozialismus und Kapitalismus, sondern nur »unausweichliche« Zusammenhänge. Das zeigt sich u. a. an der Frage, ob Siemens im 2. Weltkrieg »die rentabelsten Elektrobetriebe der eroberten Länder dem Hause angegliedert« habe. Obwohl die Richter nicht um die Feststellung herumkommen, daß die Aussage »für eine kleine Zahl von Betrieben in Südrußland« zutrifft, halten sie den Superlativ des Festschriftstellers für eine »unwahre Übertreibung«. Und wenn es um den entscheidenden Punkt geht, was »Treuhänderschaft« heißt, stiehlt man sich davon: »Was das im einzelnen bedeutet, kann dahingestellt bleiben.« (OLG 116)

Daß Angestellte eines Weltkonzerns auch mal mit der gleichen Brutalität wie andere Nazis vorgingen (Punkt Haselhorst), kommt nach Ansicht des Landgerichts zwar vor, ist aber unausweichlich und darf deshalb keine historischen Assoziationen wecken:

> »Richtig dürfte zwar sein, daß das Siemenssche Aufsichtspersonal am Arbeitsplatz entscheidend darüber bestimmen konnte, ob ein Häftling bei Siemens blieb oder deportiert wurde. Diese unausweichliche Mit- verantwortung rechtfertigt es aber nicht, Siemens mit den gefürchte- ten SS-Bewachern auf eine Stufe zu stellen.« (LG 36)

Das wird im Buch zwar nicht getan, aber allein der Gedanke daran tut dem Bürger weh und ist zu verbieten.

Die Grundtendenz der Urteile, die vorhandenen Gesetze so auszulegen, daß der gute Ruf des Hauses Siemens möglichst wenig Schaden nimmt und das schwarze Schaf, der Festschrift- steller, nicht völlig aufgegeben wird, ist einem milden, bürger- lich durchschnittlichen Prokapitalismus geschuldet, der – vor- läufig – nicht militant zu werden braucht.

Zwei Vergleiche
(Letzte Runde)

Einen Vergleichsvorschlag machte das OLG, ehe es die Beru- fungsverhandlung aufnahm. Dem Buch sollte eine vom OLG formulierte Erklärung des Autors zur Dokumentarsatire voran- gestellt werden, die Auschwitz-Passage gestrichen, alle übrigen ›Behauptungen‹ beibehalten, kein Schadensersatz gezahlt und die Gerichtskosten geteilt werden. Die Erklärung der Oberlan- desrichter schloß mit folgendem Satz:

> »Thomas Mann hat in ›Lotte in Weimar‹ Goethe Worte in den Mund gelegt, die er nie gesagt hat. Unverständige haben hieraus Goethe zi- tiert; andere Thomas Mann für einen Fälscher gehalten. In Wirklich- keit ist Thomas Manns Darstellung ›wahr‹, nicht wie eine Fotografie, sondern wie das Gemälde eines Meisters wahr ist.«

Hauptsächlich wegen dieses Satzes lehnte der Siemens-Vor- stand, der in Briefen z. B. an das PEN-Präsidium seine ständige

Vergleichsbereitschaft betonte, nach langer Bedenkzeit den Vergleich ab.

Deshalb mußte ein Berufungsurteil gefällt werden – das wesentlich schlechter als der Vergleichsvorschlag ausfiel. Dieses Urteil war vor allem wegen der Möglichkeit, daß der Siemens-Konzern per »Schadensersatz« den Verlag liquidiert, nicht akzeptabel. Wir haben überlegt, beim Bundesgerichtshof Revision einzulegen. Die Tendenz des BGH-Urteils gegen das Stück »Der Geist von Oberzell« (vgl. Dokumentation Studiobühne Würzburg, Dr. Schulz, Deisenbergstr. 18, 8702 Güntersleben), die hohen Kosten dieser Instanz (ca. 18 000 DM) und der aus formalen Gründen nicht gegebene Rechtsschutz durch die IG Druck und Papier haben uns nicht motiviert, den Streit in Karlsruhe fortzusetzen. Parallel zu diesen Überlegungen boten wir der Siemens AG einen Vergleich an: Wenn Siemens auf Schadensersatzansprüche und die von uns zu zahlenden Anzeigen mit den zu unterlassenden Behauptungen verzichtet, verzichten wir auf Revision beim BGH. Die Siemens-Seite ging darauf ein, forderte jedoch, im Absatz des »Geleit«-Wortes zur Quellenlage den Satz, daß kein Faktum usw. erfunden sei, zu ersetzen durch:

»Zahlen, Fakten, Vorgänge wurden zum Teil erfunden, zum Teil aus Veröffentlichungen wörtlich oder in veränderter Form übernommen.« (L 13. 8. 75)

Der erste Teil des Satzes verdreht die Methode der Festschrift und unterstellt die vorsätzliche Verbreitung unwahrer Tatsachenbehauptungen. Sinnvoll wäre hier höchstens eine Formulierung derart gewesen, daß der Verfasser nicht jede übernommene Behauptung auf ihren Wahrheitsgehalt überprüfen konnte. Darauf ließ sich die Siemens-Seite nicht ein, und fünf Monate wurde um den falschen Satz gestritten. Das Ergebnis, zusammengefaßt im Brief unseres Anwalts Gerhardt an Anwalt Löffler:

Es ist zu wiederholen, daß der Vorschlag Ihrer Mandantin im Schreiben vom 26. 9. dazu führt, daß im fraglichen Passus effektiv etwas

Unwahres ausgesagt wird. Herr Dr. Delius hat keine Tatsachenbehauptung »erfunden«.

Dennoch bleibt den Beklagten angesichts der mit der Revisionsin-
stanz verbundenen weiteren Kosten und der Drohung Ihrer Mandantin mit immensen Schadenersatzforderungen nichts anderes übrig, als
den Vorschlag Ihrer Mandantin zu akzeptieren. Der geschlossene Vergleich hat demnach folgenden Inhalt:

1. Die Beklagten verpflichten sich, in sämtlichen Exemplaren, die von
der Schrift »Unsere Siemens-Welt« von F. C. Delius noch gedruckt
werden, im Abschnitt »Zum Geleit« den Satz, der mit den Worten beginnt »selbstverständlich hat er keine Zahl …« wie folgt zu ändern:

»Zahlen, Fakten, Vorgänge wurden entsprechend dem satirischen
Charakter der Schrift zum Teil erfunden, zum Teil aus Veröffentlichungen wörtlich oder in veränderter Form übernommen.«

2. Die Klägerin erklärt, daß sie von der Geltendmachung von Scha-
denersatzansprüchen entsprechend lit. B des Berufungsurteils vom
11. 6. 1975 Abstand nimmt und auf eine Veröffentlichung entsprechend lit. C verzichtet.

3. Die Parteien erklären, daß sie auf eine Revision gegen das Berufungsurteil vom 11. 6. 1975 verzichten.

4. Im übrigen bleibt das Urteil vom 11. 6. 1975 einschließlich der
Kostenregelung unverändert bestehen.

Ich bedaure sehr, daß angesichts der Starrheit Ihrer Mandantin bei der
Formulierung des Absatzes 1 der Prozeß auf einer Basis beendet wird,
die dem unschönen Gesamtcharakter des Prozesses entspricht.

Darauf antwortete Rechtsanwalt Löffler:

… Die weitere Behauptung Ihrer Mandantin: Die Zustimmung zur
vergleichsweisen Erledigung erfolge auch deshalb, weil ihnen angesichts der Drohung mit immensen Schadensersatzforderungen seitens
meiner Mandantin nichts anderes übrig bleibe, wird als ebenso ten-
denziös wie unwahr mit Nachdruck zurückgewiesen. Nicht meine
Mandantin, sondern Land- und Oberlandesgericht Stuttgart haben
übereinstimmend Ihre Mandanten wegen schuldhafter Verletzung
ihrer publizistischen Sorgfaltspflicht zum Ersatz des meiner Mandantin durch die unwahren öffentlichen Verdächtigungen entstandenen
Schadens verurteilt. Auf diesen Schadensersatzanspruch hat meine
Mandantin im Wege des Vergleichs entgegenkommenderweise verzichtet. Wenn Ihre Mandanten sich hätten Hoffnung machen dürfen,
daß der BGH hinsichtlich der publizistischen Sorgfaltspflicht anders
entscheiden würde, hätten sie sicherlich die Revision durchgeführt.
Sollten Ihre Mandanten die unwahre Behauptung, sie seien durch
Drohung zum Vergleichsabschluß genötigt worden, erneut aufstellen,

so würde sich meine Mandantin veranlaßt sehen, dagegen mit den gebotenen Mitteln alsbald vorzugehen.

Schwächen des linken Antikapitalismus

Viele linke Gruppen und Genossen haben sich in diesem Prozeß mit uns solidarisiert, d. h. konkret: über den Fall informiert, die Verbreitung des Buches unterstützt, Veranstaltungen organisiert oder Geld gesammelt. Diese Solidarität – motiviert aus dem Kampf gegen das Großkapital am Beispiel Siemens, aus der Sympathie mit dem Verlag und aus dem Nutzen der Festschrift – hat uns geholfen, den Prozeß durchzustehen und seine Folgen zu mildern.

Unabhängig von dieser Einstimmigkeit »gegen Siemens« sind bei Diskussionen und in den Kommentaren zum Buch oder zum Prozeß immer wieder bestimmte Einwände und Argumente zu hören, die ich für typisch halte und deshalb hier noch einmal zur Debatte stelle. Die vier Schwächen der Genossen sind: Unterschätzung der Wirkung antikapitalistischer Kunst, Überschätzung ihrer Wirkung, Schlamperei und Heroismus.

1. Bei allen Diskussionen um die Festschrift wird die Frage gestellt – und zwar immer von Studenten –, was Arbeiter mit diesem Buch anfangen könnten. Es wäre nicht schwierig, darauf zu antworten, wenn Arbeiter diese Frage stellten – was sie nicht tun, weil sie, wenn sie überhaupt an das Buch kommen, entweder damit etwas anfangen können oder sich von den Fakten überfordert fühlen.

Bei linken Studenten jedoch steckt hinter dieser Frage weniger die Sorge um ein kämpferisches Bewußtsein der Arbeiterklasse, sondern eher die Verdrängung eines Ohnmachtsgefühls, das durch die Fakten über einen mächtigen Konzern bestätigt und verstärkt scheint. Mit der Frage nach dem Arbeiter schieben die Genossen die Frage, was sie mit dieser Art Literatur anfangen können, beiseite. Das können sie, weil sie die Wirkung dieser Literatur unterschätzen. Es sind im allgemeinen die gleichen Genossen, für die dieses Buch auch geschrieben ist: die zwar viel vom Kapitalismus und seiner Abschaffung reden, aber wenig von seinen Mechanismen und Strategien, wenig von seinen konkreten Zusammenhängen und Wirkungen wissen. Die Unterschätzung des Informationswerts geht einher mit der Geringschätzung des literarischen Spaßes, der ja nicht nur der Form und der Formulierung, sondern auch der satirischen Komposition der schwachen Punkte, Widersprüche und Ausweglosigkeiten des Gegners zu entnehmen ist. Erst wenn linke Studenten die Frage beantworten, was *sie* mit antikapitalistischer Kunst anfangen können – und das setzt den Abbau der Unterschätzung dieser Kunst durch Prüfung ihrer Wirkungsmöglichkeiten (und die Reflexion der angeblichen Ohnmacht) voraus –, ist es sinnvoll, diese Frage auch im Hinblick auf Arbeiter zu diskutieren. (Dabei kommt dann meistens heraus, daß die Arbeiter, die lesen, mehr mit der Festschrift anfangen können als die um das Bewußtsein der Arbeiter besorgten Studenten.)

2. Nicht wenige Linke meinen, ein Buch wie die Festschrift solle nicht nur die Machenschaften der Unternehmer aufdecken, es solle den Arbeitern auch Kampfperspektiven aufzeigen.

»Ergänzend wäre es notwendig gewesen ... Siemensianer, gleichsam die Angehörigen dieser großen Familie, sprechen zu lassen, indem der Autor von ihrem Standpunkt aus versucht hätte, den Kapitalkonzern kämpferisch ins Auge zu fassen. Denn vom schreibenden Intellektuellen aus gesehen mag die Unternehmerideologie satirisch gewendet werden können, vom Standpunkt eines Arbeiters aus gesehen ist sie der nackte Zynismus und verlängert nur um einhundert Seiten den sprachlichen Terror, der sich jährlich auf Millionen Seiten gegen die Arbeiterklasse richtet, mithin auch Unterdrückung und Ausbeutung ...
Letztlich bleibt kaum eine Perspektive übrig ...« (Konrad Wolff, die horen 91/1973)

Diese Forderung ist erstens nicht mit der Form der Festschrift vereinbar (selbst wenn man das versuchte: Wie zynisch wäre es, aus der Unternehmerperspektive die Kampfperspektive der

Arbeiter darzustellen?). Zweitens wird hier eine Reduzierung der Kunst auf bloße agitatorische Effekte gefordert, was einerseits den spezifischen Effekt der Festschrift (mit dem Kopf der Unternehmer und dem eigenen zu lesen) zunichte machen würde und was andererseits der guten, alten Weisheit widerspricht, nach der das Sein das Bewußtsein bestimmt und nicht etwa ein Büchlein. Zum dritten teile ich nicht die Arroganz der intellektuellen Genossen, die den Arbeitern Rezepte und Perspektiven vorsetzen. Das Buch kann höchstens beitragen, über solche Perspektiven zu diskutieren, aber es kann sie nicht vorschreiben.

3. Eine bestimmte Form des Antikapitalismus besteht darin, dem Kapitalismus alles zuzutrauen. Der richtige Verdacht, daß die Konzerne mehr legale und krumme Dinger drehen als wir wissen, und die richtige Einsicht in die objektive Rolle des Kapitals führen bei manchen Linken und besonders bei einigen DDR-Publizisten zu Ungenauigkeit im Umgang mit Fakten, zur Schlamperei im Detail. Genauigkeit der Fakten und sorgfältigste Analyse müssen das Gebot jeder kritischen Beschäftigung mit der Gesellschaft bleiben, sagt Hans G. Helms, und dem ist zuzustimmen. Ich sage das nicht nur, weil die ungenaue Arbeit von drei anderen Autoren mir die Prozeß-Niederlage eingebrockt hat, sondern weil diese Haltung auch wieder bei Prozeßkommentatoren zu beobachten ist. Ob die »Rote Robe« schreibt, Siemens könne »jederzeit« eine Atombombe bauen (was falsch ist und auch nicht in der Festschrift steht), oder ob das »Neue Deutschland« von einem »skandalös hohen Geldstrafenurteil« (von Geldstrafe war nie die Rede) in Höhe von »zwei Drittel der 200000 DM Gerichtskosten« (Verwechslung mit der Streitwertsumme) spricht – zwei Beispiele für die Veränderung von Fakten in dem Sinn, daß sie noch mehr gegen Siemens aussagen. Als gäbe es nicht genug Argumente gegen den Kapitalismus, gegen Siemens oder gegen die Stuttgarter Urteile!

4. Manche Genossen meinen, wir hätten im Prozeß mehr erreichen können, wenn wir heroischer gewesen wären. Sie for-

232

derten uns auf, »die politischen Interessen des Siemens-Konzerns aufzudecken« und »Siemens' Klassenstandpunkt zu entlarven«. Als gäbe es keine Festschrift und keine Siemens-Schriftsätze, als stolperte man nicht schon genug über die überall herumliegenden Larven! Andere argumentieren ähnlich, z. B. in einem Literaturseminar:

> »Bei der gegebenen Klassenjustiz wäre Delius sowieso verurteilt worden, da das Urteil in erster Linie von außergerichtlichen Kräfteverhältnissen abhängig ist. Die Entscheidungen des Gerichts sind Ableitungen außergerichtlicher Verhältnisse, also ist die Verteidigungsführung in bezug auf das Urteil belanglos. Hätte man aber den Prozeß nach außen getragen, z. B. in das zu dem damaligen Zeitpunkt sein 125jähriges Bestehen feiernde Siemens-Werk, hätte man sich die zweite (moralische) Niederlage ersparen können.«

Natürlich ist die Verteidigungsführung nicht belanglos, weil das Urteil nicht belanglos ist, weil die Höhe unserer Kosten, der Umfang der Streichungen, der Schadensersatz, die Rechtslage und der Spielraum dieser Art Literatur nicht belanglos sind. Und der Heroismus, »den Prozeß ins Werk zu tragen« (!), bringt nichts außer einem neuen Anlaß, Illusionen zu verlieren.

Sechs Planspiele für Zuschauer

Der Gegenstand des Prozesses und die Unterschiede zwischen den Gegnern machten es unmöglich, den Prozeß so zu führen, wie es manchen Zuschauern nützlich schiene: als »soziologisches Experiment«, wie Brecht seinerzeit den »Dreigroschenprozeß« geführt und beschrieben hat. In unserem Fall war von vornherein klar, daß der Prozeß nichts Neues bringen würde. Auch deshalb wurde er defensiv geführt. Kritiker dieser Strategie, fleißige Leser und die »Beklagten« (zur selbstkritischen Überlegung) könnten aber einige Planspiele für ein offensiveres Konzept durchprobieren.

233

1. Vorspiel.

Hat Ihnen der Abschnitt über die Lehrlinge in der Festschrift gefallen? Wenn ja, dürfen Sie jetzt schon aufgeben. Sind Ihnen nicht die Reste jener Klischeevorstellung aufgefallen, Kapitalisten und ihre Helfer seien brutal, unmenschlich, mißgünstig und hätten sadistische Lust an der Ausbeutung? Wenn Ihnen diese Schwäche der Darstellung des Festschriftstellers nicht aufgefallen ist, nährt sich Ihr Antikapitalismus immer noch und vor allem aus einem vordergründigen Moralismus. Daß der Kapitalist kein Sadist, kein Wucherer oder Schwein ist, wird er Ihnen in der Regel leicht beweisen können. Ohne Kenntnis von Marxens »Kapital« und Augsteins »manager magazin« keine Offensivstrategie.

2. Kunstspiel.

Lesen Sie noch einmal den Abschnitt »Der Streit um die Kunst«. Hätten Sie diesen Streit mit materialistischen Begriffen geführt? Hätten Sie auf einem (wie immer) realistischen Kunstbegriff bestanden, die Gerichte mit Brecht-, Benjamin- und Tretjakov-Zitaten belagert, statt die Unzulänglichkeiten idealistischer Definitionen juristisch immanent aufzuzeigen?

3. Informationsspiel.

Wie hätten Sie »die Öffentlichkeit« besser informiert und mobilisiert? Wie hätten Sie die zweijährige Informationsflaute zwischen Einstweiliger Verfügung und Urteil der 1. Instanz überbrückt? Wieviele Pressemeldungen hätten Sie im Lauf von drei Jahren an die Agenturen gegeben? Wie hätten Sie sie formuliert? Wie hätten Sie die »Siemens-Öffentlichkeit« mobilisiert? Wie hätten Sie die Auflage der Festschrift auf die Zahl der inländischen »Mitarbeiter« (gut 200 000) gebracht?

4. Antwortspiel.

Wie hätten Sie auf die Politisierung des Prozesses durch die Siemens-Anwälte geantwortet? Hätten Sie mit ihnen über jedes Rotbuch diskutiert? Hätten Sie auf jede der zahllosen Anschuldigungen der Siemens-Seite auf insgesamt 650 Schriftsatzseiten eine Antwort gegeben? Zum Beispiel, wenn man Sie in Verbindung bringt mit dem Mord an Drenkmann? Wäre Ihnen noch etwas eingefallen zu den endlosen Erörterungen von politisch, literarisch und volkswirtschaftlich so belanglosen Fragen, wie teuer Siemens Bier verkauft?

5. Solidaritätsspiel.
Hätten Sie den Prozeß so geführt, daß er anderen fortschrittlichen Schriftstellern als Grundlage für ihre kommenden Prozesse dienen könnte? Auch ohne finanzielle Unterstützung der Kollegen? Was hätten Sie getan, um dem Antrag des VS auf Rechtsschutz beim Hauptvorstand der IG Druck und Papier mehr Druck zu verschaffen?

6. Durchhaltespiel.
Haben Sie das Geld für solche Prozesse? Haben Sie Lust zu diesem Prozeß? Auch wenn Sie ihn, außer mit Ihrem Anwalt, mehr oder weniger allein geführt hätten – trotz Solidarität, guter Antworten, öffentlicher Resonanz, Kunst und Kenntnis des Gegners? Hätten Sie die Arbeit für den Prozeß als produktive Arbeit verstanden? Waren Sie schon mal in Karlsruhe? Wie hätten Sie durchgehalten, wenn der Prozeß Sie viel zu oft von produktiver Arbeit abgehalten hätte, Ihnen schon nach wenigen Wochen lästig geworden wäre und nur in seltenen Augenblicken Spaß gemacht hätte? Kennen Sie die letzten Urteile des BGH und des Bundesverfassungsgerichts?

Exkurs über die Gewerkschaft

Der Verband deutscher Schriftsteller (VS) hat den Hauptvorstand der IG Druck und Papier im November 1974 aufgefordert, wegen der Konsequenzen des LG-Urteils für alle Schriftsteller Rechtsschutz für einen Musterprozeß durch alle Instanzen zu gewähren. Obwohl der Hauptvorstand die grundsätzliche Bedeutung des Falles anerkannte, sah er sich aus Satzungsgründen zu diesem Schritt nicht in der Lage. Trotz der Appelle mehrerer VS-Vorstände, trotz eines Gutachtens des VS-Justitiars, der auf eine in diesem Falle passende Ausnahmeregelung der Satzung verwies, und trotz Presse-Kritik blieb der Hauptvorstand bei seiner Entscheidung und bot lediglich eine Beihilfe zu den Prozeßkosten an.

Eine stillschweigend überwiesene Beihilfe mindert zwar die Kostenlast, ist aber nicht gerade ein Akt demonstrativer Solidarität mit einem Kollegen, an dem die Unternehmer-Seite ein Exempel statuiert. Die IG Druck und Papier wird sich auf Dauer nicht um eine klare Entscheidung zu solchen Prozessen herumdrücken können. Das wenigste, was die gewerkschaftlich organisierten Schriftsteller von ihrer Organisation verlangen können, ist Unterstützung bei der Herstellung von Rechtsklarheit in Fragen der Kunstfreiheit, der Streitwertfestsetzung, der Strafbarkeit des Zitierens und der Schadenersatzpflicht von Kunst und Publizistik.

Das Ende der Dokumentarliteratur?

Der Schriftsteller, der sich an die Stuttgarter Urteile hält, kann einpacken. Nach diesen Urteilen wäre es unmöglich, ein Buch wie »Unsere Siemens-Welt« zu schreiben und gleichzeitig Prozeßrisiken auszuschalten. Eine mit aller wissenschaftlichen Sorgfalt unternommene Überprüfung des gesamten Quellenmaterials der Festschrift ist von einem einzelnen Autor nicht zu leisten, schon gar nicht von einem belletristischen Autor, der nicht die entsprechenden beruflichen und materiellen Voraussetzungen mitbringt. Vielleicht könnte er in 10 Jahren fertig werden. Einige Jahrzehnte kämen hinzu, wenn auch das Siemens-offizielle oder -offiziöse Material, das laut Urteil ja auch nicht immer zutrifft, einer Überprüfung unterzogen werden müßte. Und selbst wenn es einen Narren gäbe, der für eine 200seitige Dokumentarsatire über Siemens einige Jahrzehnte

Vorarbeiten leisten kann und will, könnte er nicht »gegen« Siemens schreiben. Er käme nicht um die Benutzung des Siemens-Archivs herum und müßte sich wie jeder Benutzer verpflichten, seine Arbeit vor der Veröffentlichung dem Archivleiter zur Freigabe vorzulegen und sich Eingriffe gefallen zu lassen. Zusätzliche Informationen werden also mit Zensur bezahlt.

Wie praxisfremd die Stuttgarter Urteile in ihrer Konsequenz sind, ist bislang nur von wenigen Prozeßbeobachtern erkannt worden.

> »Jeder belletristische autor sowie sein verleger haben bei fiktiven, jedoch mit dokumentationen durchsetzten werken nach diesem urteil zu befürchten, daß sie trotz wahrheitsgemäßer angaben von quellen wegen irgendeines zitats bestraft werden. Ob diese quellen neu oder alt, leicht oder schwer zugänglich sind, ändert nichts an der gefahr ... die folge: schriftsteller, die aus künstlerischen gründen erfundenes (fiktion) mit dokumentation verbinden, müssen zu wissenschaftlichen quellenforschern werden. Zeitaufwand: je buch ein halbes leben. Schon deshalb ist die forderung unerfüllbar.« (Helmut M. Braem, druck und papier 4. 8. 75)
> »Für den deutschen Satiriker bedeutet das Urteil: ... Daß du nur verwendest, was anderswo stand, nützt dir nichts. Du mußt jede Einzelheit beweisen können. Gelingt dir der Beweis nicht, bist du dran. Widme dich lieber Gänseblümchen.« (Dieter E. Zimmer, Die Zeit 15.11.74)
> »Sollten solche absolut wirklichkeitsfremden Anforderungen an Dokumentationen-Recherchen, an wissenschaftliche oder journalistische Arbeiten von Gerichts wegen künftig gestellt werden, dann können wir getrost unsere Archive in Flammen aufgehen lassen, unsere Bibliotheken dem Erdboden gleichmachen, weil wir ja dann doch immer bei jedem Fall mit den Recherchen vollkommen von vorne beginnen müßten.« (Wolfram Schütte, Frankfurter Rundschau 23.12.75)

Verweise auf die skandalösen Implikationen der Urteile, Attacken auf die ruinösen Streitwerte und die Einschränkung der Kunstfreiheit sollten jedoch nicht zu falschem Pessimismus verleiten. Selbst wenn der Spruch einiger Stuttgarter Richter theoretisch das Ende einer bestimmten Kunstform bedeutet, so heißt das noch lange nicht, daß dieser Kunstform damit wirklich der Garaus gemacht wurde.

Ehe wir uns den Gänseblümchen widmen, sollen mindestens diese vier Überlegungen angestellt werden:

Nicht erst der Siemens-Prozeß hat gezeigt, daß die Kunst nicht frei ist. Der bewußt kapitalismuskritische Künstler darf nicht damit rechnen, daß die gesellschaftlichen Widersprüche, die er benennt, ausgerechnet vor ihm haltmachen. Wer Gegenstand kritischer Literatur ist und gleichzeitig Machtpositionen hat, wird immer überlegen, wie er zurückschlagen kann, und wird Autoren, Verlage usw. allenfalls aus taktischen oder Image-Gründen schonen. Autoren oder Verlage, die sich auf diesen Schlag, der innerhalb und außerhalb der Gerichte geführt werden kann, nicht einstellen, handeln naiv. Es scheint mir ebenso naiv, diese Auseinandersetzung dann mit dem Ende dieser kritischen Literatur zu verwechseln, wenn das Ergebnis nicht gerade schmeichelhaft für unsere sogenannte freiheitlich-demokratische Grundordnung ausfällt. Wir werden uns dazu bequemen müssen, diese Auseinandersetzungen nicht als das Ende, sondern als die Fortsetzung dieser kritischen Literatur zu verstehen.

Zum anderen erschöpft sich die von den Stuttgarter Urteilen betroffene Kunst nicht in Fakten, so wenig wie ihre Wirkung in Informationsvermittlung. Je mehr es gelingt, analytische Elemente und ökonomische Zusammenhänge statt Einzeldaten in eine dokumentarische Literatur einzuarbeiten, desto weniger wird man darauf angewiesen sein, Konkretion überwiegend durch ein komplett stimmiges Faktenmosaik herzustellen. Die Dokumentarsatire, die ihre Schwächen ohnehin im Faktenüberfluß und in analytischer Armut hat, ist ja keineswegs End- und Gipfelpunkt dokumentarischer Literatur. Hier wird es neue Formen geben, auch weniger verletzliche.

Zum dritten muß die Faktensammlung nicht mit dem Dilettantismus betrieben werden, wie sie von mir notwendigerweise betrieben wurde.

»Die Wirtschaftsteile der großen und kleinen Tageszeitungen, die Wirtschaftsfachblätter und die allgemein zugänglichen Bilanzen und

> Jahresberichte bieten mehr Fakten, als ein einzelner Autor verarbeiten
> kann, und ausreichend Material für eine fundierte Analyse. Diese
> müßte jedoch nicht von einzelnen Literaten, sondern von wissen-
> schaftlichen Kollektiven geleistet werden, damit die Analyse gesell-
> schaftlich nutzbar wird ... (Hans G. Helms)

Viertens ist das OLG-Urteil, zum Glück, nicht höchstrichter-
lich vom BGH oder Verfassungsgericht bestätigt. Die Streitsa-
che nicht bis zur letzten Instanz durchgefochten zu haben, läßt
zwar das »Damoklesschwert über jeder künftigen dokumentarischen, satirischen und journalistischen Arbeit« (Schütte) hän-
gen, aber die Höhe, in der es jetzt hängt (OLG-Ebene), hat immerhin den Vorteil, daß es nicht jeden Wagehals trifft.
Besonders nicht den Autor, der mit einem halben Dutzend Zitate weniger Pech hat als ich. Und auch nicht den, der ohne sich
einschüchtern zu lassen und ohne inhaltlich Abstriche zu machen aus dem Siemens-Prozeß lernt, was er literarisch besser
und juristisch unangreifbarer machen könnte. Die Möglichkeiten der List im Literarischen sind noch lange nicht erschöpft.

Der Prozeß hat immerhin gezeigt, daß es möglich ist, in
einem literarisch-dokumentarischen Werk einen Konzern mit
allen seinen Aktivitäten, seinen handelnden und behandelten
Personen beim Namen zu nennen. Das konnte Günter Wallraff
in seinen ersten Industriereportagen noch nicht. Heute kann
er's.

Die Entfaltungsmöglichkeiten kapitalismuskritischer Kunst
werden auf Dauer weniger von solchen Urteilen auf dem Zivil-
weg bestimmt, sondern der Staat wird auch hier den Unternehmern einige Dreckarbeit abnehmen. Durch den neuen Straf-
rechtsparagraphen 88a ist staatsanwaltliche Zensur möglich.
Dieser Paragraph stellt eine viel größere Bedrohung dar als die
am Fall »Siemens-Welt« wieder einmal exerzierte Grundrechts-
einschränkung.

Fragen nach der Wirkung eines Buches werden im allgemeinen mit Verweisen auf Auflagen, Rezensionen, Leserbriefe und Spontanäußerungen beantwortet. Das können wir in diesem Fall auch tun. Doch die Schlüsse aus solchen Antworten müssen fast immer vorläufig, subjektiv und spekulativ bleiben.

Diesem Dilemma hat die Siemens AG im Laufe des Prozesses abgeholfen und neue Maßstäbe für die Rezeptionsforschung gesetzt. Wir verdanken dem Siemens-Konzern ein empirisches Gutachten über die Wirkung der »Siemens-Welt« – soweit bekannt die erste nach soziologischen und statistischen Kriterien gefertigte Meinungs- und Wirkungsumfrage über ein literarisches Produkt in der deutschen Literaturgeschichte. Das Frankfurter Markt- und Werbeforschungsinstitut der Dr. Helga Freifrau von dem Bussche-Ippenburg legte 50 Studenten und Oberschülern, 50 Personen »in leitenden Berufen« und 20 Facharbeitern im Auftrag von Siemens die »Siemens-Welt« vor. Die statistischen Merkmale der Befragten (Alter, Beruf, Geschlecht, Schulbildung, Einkommen, »soziale Schicht«, Wohnortgröße, Parteisympathie) dürften nach allen Regeln der Umfragekunst ausreichend repräsentativ sein. Einziger Schönheitsfehler: Alle Personen, die bereits vom Siemens-Prozeß gehört hatten (Umfrage im Februar/März 1973), also alle interessierten und halbwegs informierten Leser, wurden ausgeschlossen.

Mit 59 Fragen sollte u. a. geklärt werden: »Einstellung zu Siemens, Kenntnis des Wagenbach-Verlags vor Konfrontation mit dem Buch. Reaktionen auf das Buch von außen. Reaktionen auf das Buch nach Durchblättern und kurzem Anlesen«, und nach der Lektüre: »Reaktionen und Einstellungsänderungen zu dem Buch. Einstellungsänderungen zu Siemens. Reaktionen auf den Abschnitt ›Blick in die Zukunft‹. Interpretation von 11 speziellen Abschnitten, die zum überwiegenden Teil Gegenstand der gerichtlichen Auseinandersetzung sind.« Der »Befund« fiel dann entsprechend der Siemensschen Prozeßstrategie aus:

Auch nach eigentlicher Lektüre, gründlichem Lesen bleibt der Eindruck vorherrschend, daß es sich um Tatsachenbehauptungen, Fakten handelt. Das satirische Moment wird jetzt deutlicher, jedoch von der großen Mehrzahl nur als Stilmittel empfunden im Sinne ironischer, sarkastischer, zynischer Bemerkungen des Autors, nicht als inhaltliche Aussage. Der Eindruck von Tatsachenbehauptungen, von Fakten bleibt weiter bestehen ...

Die geschilderten Vorgänge bei Siemens werden vom Publikum in der großen Mehrzahl der Fälle ernst genommen. Das gilt auch für die 11 speziell untersuchten Abschnitte ...

Der Leser entnimmt zwar dem Buch, daß Siemens vom Autor als *Beispiel* des Kapitalismus verstanden sein will, bezieht jedoch die Darstellungen so direkt als wirklichkeitstreue Vorgänge auf Siemens, daß daraus in der Mehrzahl der Fälle mit Sicherheit eine Veränderung der Einstellung gegenüber Siemens in negativer Richtung erwächst. Das Ansehen von Siemens wird nach dem Lesen des Buches schlechter bewertet als zuvor (hierzu tragen insbesondere Darstellungen über Ausbeutung der Arbeiter, das Rüstungsgeschäft und das Vorgehen in der Nazizeit bei).

Daß diese Ergebnisse der Siemens-Prozeßführung passen, sollte uns nicht dazu verleiten, die ganze Umfrage für manipuliert zu halten und nicht nach weiteren, für die antikapitalistische Literatur aufschlußreichen Ergebnissen zu suchen.

Die Umfrage bestätigt, daß die Absichten des Autors durchaus verstanden worden sind. Selbst das Darstellungsproblem (komplizierte Form der Dokumentarsatire, deren Wirkung von einigen Kritikern bezweifelt wurde) ist für den Durchschnittsleser mehr oder minder problemlos. Obwohl die literaturtheoretische Einordnung der »Siemens-Welt« den meisten Befragten mißlang (z. T. weil ihnen die falschen Begriffe angeboten wurden, z. T. wegen geringer Leseerfahrung), ist die Methode durchaus verstanden worden. Die Hälfte der (wenigen) Leser, die das Buch ohne vorgegebene Begriffe charakterisierten, kam auf Begriffe wie Satire und Dokumentarsatire. 78 % aller Leser würdigten den »guten Stil«, 81 % fanden die »Fakten überwiegend zutreffend« und 67 % die »Motive und Maßnahmen der Unternehmensleitung richtig dargestellt«.

Die Test-Leser gaben außerdem zu verstehen, daß es gelungen ist, die Kenntnis über Konzerne wie Siemens zu vertiefen, ihre exemplarische Bedeutung zu zeigen und Klassenkampf-fakten ins Bewußtsein zu bringen. Nach der Lektüre »ver-schlechterten« (so die Meinungsforschungsterminologie) 62 von 120 Lesern ihre Einstellung zum Betriebsklima. »Damit näherten sich die Einstellungen der Leser den Einstufungswer-ten an, wie der Autor das Buch sieht«, stellt Freifrau von dem Bussche erschrocken fest. Die Meinungen zum »Sozialen Be-reich« (soziale Leistungen) bei Siemens haben sich sogar in 70 Fällen verschlechtert (bei 13 Lesern verbessert), in der Frage der »Honorigkeit« der Firma veränderten 69 Leser ihre Einstel-lung in negative Richtung. Die Macht der Konzerne wird reali-stischer eingeschätzt, die Erfolgschancen des Siemens-Kon-zerns in der (kapitalistischen) Zukunft werden besser beurteilt:

> »Die hohe Machtkonzentration und die Profitgier des Unternehmens werden bei dem heutigen kapitalistischen Wirtschaftssystem dem Konzern auch in Zukunft gute oder noch bessere Chancen geben. So die analogen Äußerungen dazu.«

Ebenso richtig ist der »Blick in die Zukunft« des fiktiven Dr. von Weber verstanden worden:

> »Inhaltlich wurde das Kapitel von der Mehrzahl der Fälle nicht als utopische oder satirische, sondern als realistische Zukunftsprognose gesehen, und zwar von der großen Mehrheit als düstere Vorausschau unter dem Zeichen von Ausbeutung, reinem Gewinnstreben erlebt, was jedoch für Siemens keineswegs den Akzent der Bedrohung, son-dern im Gegenteil der noch größeren Machtausweitung in sich trägt.«

Eine genauere Nachfrage hätte hier wahrscheinlich ergeben, daß für normale Leser – also außer Meinungsforschern und Siemens-Anwälten – die realistischen, utopischen und satiri-schen Elemente in einem solchen »Blick in die Zukunft« kei-neswegs im Widerspruch stehen.

Ein Nebenaspekt der Umfrage: Die Lage der Arbeiter wird immer noch stärker tabuiert als die Machenschaften in den Chefetagen. Bei der Frage nach der Unglaubwürdigkeit der 11 speziell befragten Abschnitte wurden vor allem die Abschnitte genannt, die sich auf Verhältnisse am Arbeitsplatz beziehen und die Siemens bis auf eine Ausnahme nicht bestritten hat: Die Darstellung der Betriebsärzte hielten 21 von 120 Lesern für unglaubwürdig, Nachteile bei Krankheit (19), Frauenarbeit (17), Akkordsystem (14). Dagegen wollten nur 5 Leser die Kreditverweigerung Bergmann nicht glauben, 6 die Feindstaatenbelieferung, 10 eine widerrechtliche Patentverwertung.

Es soll nicht unerwähnt bleiben, daß eine Minderheit der Leser die Festschrift als Siemens-Festschrift ernst genommen hat: 10% der Leser stuften die Tendenz des Buches zur Siemens AG als mehr oder weniger positiv ein, unter den 20 Facharbeitern hielten 7 das Buch für »äußerst positiv« oder »deutlich positiv« gemeint.

Das Institut der Freifrau von dem Bussche hat uns mit diesem Gutachten einen kleinen Baustein für eine materialistische Literaturwissenschaft geliefert – trotz mancher Suggestivfragen und der Eliminierung der informierten Leser. Es gäbe da noch mehrere Einzelaspekte zu untersuchen. Hier soll der Hinweis genügen auf die statistisch faßbare Veränderungsleistung solcher Bücher. Ein Hinweis, den wir zur Ermutigung und als Argument gegen die linken Effizienzdenker brauchen.

»Eine Dokumentarsatire züchtet Verwirrung«, schrieb der Münchner Merkur. Das Frankfurter Institut hat das Gegenteil belegt.

F. C. Delius

Zum Schluß drucken wir das Vorstandspapier V 002/76 der Siemens AG ab, dessen Echtheit wir allerdings bezweifeln müssen, da es uns vom Festschriftsteller übergeben wurde:

Zentralbereich Personal und   *Vertraulich!*
Zentralstelle für Information

Verteiler:

Familie

AR (*ohne* Arbeitnehmervertreter!)

Vorstand

BDI

Resultate und Konsequenzen des »Festschrift«-Prozesses

Als der Vergleich im Prozeß gegen die »Festschrift«, abschließend erörtert wurde (vgl. V 278/75), kamen die beteiligten Vorstandsmitglieder überein, ein Resümee des Prozesses erstellen zu lassen. Bei ähnlichen Auseinandersetzungen, die wir für die Zukunft nicht ausschließen können, müssen die verantwortlichen Herren des Hauses besser vorbereitet sein als es im Herbst 1972 bei Erscheinen der Schmähschrift der Fall war. In diesem Sinn ist die vorliegende Prozeß-Bilanz geschrieben. Sie skizziert die positiven Resultate (1), die negativen Resultate (2) und die Konsequenzen (3).

1. Positive Resultate

1. 1. Neun der gröbsten Unwahrheiten haben die Beklagten zu unterlassen, darunter die besonders infame Auschwitz-Behauptung.

1. 2. Durch unsere richtig kalkulierte Beharrlichkeit beim abschließenden Vergleich hat der Verfasser der »Festschrift« in sein Geleitwort den von uns geforderten Satz aufnehmen müssen, Zahlen, Daten und Fakten z. T. auch erfunden zu haben. Das ist zu beachten bei künftigen Diskussionen um den Wahrheitsgehalt der zweifelhaften Behauptungen der Schrift!

1. 3. Es ist gelungen, die Gegner finanziell zu schädigen – auch ohne Schadensersatz. Die Summe, die der Verlag angibt, scheint realistisch (ca. 37 000 DM). Diese Höhe ist, gemessen am Verlagsumsatz, optimal: Wäre sie niedriger, wäre sie kein Denkzettel mehr; wäre sie höher, käme das Haus allzu sehr in den Geruch eines Liquidators seiner »Kritiker«. Diesen Eindruck haben wir bis zum Schluß vermeiden können, außer bei den ideologischen Gesinnungsfreunden der Beklagten.

1. 4. Der Prozeß, sein Verlauf und seine Kosten dürften bei den links affizierten Schriftstellern und noch mehr bei den Verlagen den gewünschten Abschreckungseffekt erzielt haben. Die Wahrscheinlichkeit, daß unser Haus oder andere Unternehmen in ähnlich infamer Weise angegriffen werden, ist geringer geworden.

1. 4. 1. Dieser Effekt ist schon durch die für »Künstler« erreichte Rechtsunsicherheit entstanden. Bezeichnenderweise sprechen die kommunistischen und linksliberalen Delius-Sympathisanten vom »Damoklesschwert«.

1. 5. Die Entscheidung des LG und des OLG, das Grundrecht der freien Entfaltung der Persönlichkeit auch für juristische Personen anzuerkennen, weist in eine gute Richtung. Die Grundrechtsposition der gesellschaftlich tragenden Gruppen ist damit erneut ausgebaut worden.

2. Negative Resultate

2.1 Bei 10 Behauptungen waren wir unterlegen. Das an sich begrüßenswerte Kriterium Kreditwürdigkeit im OLG-Urteil hat bedauerlicherweise die Feststellung der Unwahrheit einiger dieser Behauptungen erübrigt. Trotz unserer erdrückenden Beweise sind diese Unwahrheiten nicht verboten worden.

2. 1. 1. Es muß auch bei Außenstehenden unbefriedigend wirken, wenn nach drei Jahren Prozeßdauer nur an neun Stellen Änderungen vorzunehmen sind, zusammen weniger als eine halbe Seite der »Festschrift«.

2. 1. 2. Die Beklagten werden die verbotenen Stellen wahrscheinlich wieder schwärzen und damit auf billige Reklame-Effekte spekulieren.

2. 2. Den Titel der Schmähschrift dürfen die Beklagten weiter verwenden (weil er zum Element »Satire« gehöre!). Der Mißbrauch des Namens Siemens wird also fortgesetzt werden.

2. 3. Der Prozeß hatte zu viel Publizität. Er hat unzweifelhaft zur Verbreitung des Buches beigetragen und, zumindest in den einschlägigen Kreisen, für Solidarisierungseffekte gesorgt. Durch die gezielte Stimmungsmache gegen uns sind die Beklagten direkt oder indirekt aufgewertet worden.

2. 3. 1. Daß dieser Effekt bis in die Periodika durchschlug, die unsere Standpunkte gewöhnlich äußerst aufgeschlossen wiedergeben, hat uns sicher geschadet. Auch ausländische Presseorgane, die vornehmlich die Auschwitz-Verleumdung in den Vordergrund stellten, waren eher auf Seiten der Beklagten.

2. 3. 2. Publizität dieser Art ist schwer zu verhindern, solange das Linkskartell immer noch in Funkhäusern und Redaktionen seine Leute sitzen hat. Sie konnten in diesem Fall auch noch Unterstützung von Leuten wie R. Schmid, ehem. OLG-Präsident in Stuttgart, finden. Daß dessen Meinung erst relativ spät publik wurde, ist einer unserer wenigen Erfolge auf diesem Gebiet.

2. 3. 3. Unsere publizistische Gegenoffensive kam zu spät. Sie hat den ungünstigen Eindruck, das Haus nehme rücksichtslos Rache an einem »Satiriker«, nicht genug korrigieren können.

2. 4. Der Klageantrag auf Schadensersatz, den beide Gerichte gebilligt haben, wurde publizistisch ein Bumerang. Unser PR-Argument – Prozeßziel: Korrektur der Unwahrheiten – geriet so ins Zwielicht. Gerade durch die von den Beklagten beschworene Existenzvernichtung konnten sie beträchtliche Aufmerksamkeitseffekte erzielen.

2. 4. 1. Aus diesem Grund hielten wir es für richtig, im abschließenden Vergleich auf unseren rechtmäßigen Schadensersatz zu verzichten. Dadurch ist allerdings die finanzielle Bilanz des Prozesses eindeutig negativ geblieben.

2. 4. 2. Schon auf den Antrag auf Schadensersatz hätte man verzichten sollen. Er hat ausschließlich uns geschadet.

2. 5. Auf die »Kunst«-Diskussion waren wir nicht vorbereitet. Deshalb waren wir in der Einstweiligen Verfügung unterlegen und kamen aus dem taktischen Konzept.

2. 5. 1. RA Prof. Löffler hätte von Anfang an auf die sog. »Satire« achten müssen. Eine bessere Vor-Aufklärung über den Verfasser (Bibliographie, PEN-Mitgliedschaft usw.) hätte ihn warnen müssen.

2. 5. 2. Warum war es nicht möglich, einen kompetenten Literaturwissenschaftler für ein Gutachten zu gewinnen?

2. 6. Einige unserer Maßnahmen zur Verzögerung der Verbreitung der »Festschrift« sind den Beklagten bekannt geworden. Ebenso einige Pressekontakte. Das muß in Zukunft noch diskreter geschehen. Gerade solche Initiativen sind Wasser auf die Mühle unserer Gegner.

2. 7. Die Punkte 2. 1., 2. 3., 2. 4., 2. 5. und 2. 6. führten zu Image-Einbußen, deren Grad schwer zu schätzen ist. Obwohl der Kreis der über den Prozeß Informierten nur einen kleinen Teil unseres Kundenkreises ausmachen dürfte, ist der Fall in höheren Gesellschaftsschichten nicht unbekannt geblieben. Besonders in der Anfangsphase des Prozesses und im Herbst 74 (Urteil 1. Instanz) wurden bei Veranstaltungen, Interviews und Parties nicht wenige unserer Herren auf die »Festschrift« angesprochen, oft mit süffisantem Unterton. Der mehr oder weniger offen geäußerte und völlig neben der Sache liegende Vorwurf, das Haus könne keinen »Spaß« oder keine »Kritik« vertragen, kontrastiert ungünstig mit unseren Image-Komponenten (Großzügigkeit, Flexibilität, Modernität usw.).

2. 8. Bei den Beklagten scheint der Abschreckungseffekt offensichtlich noch nicht eingetreten zu sein. Dr. Delius läßt, wie unsere Beobachter bei seinen Lesungen und »Diskussionen« immer wieder feststellen, keine Gelegenheit aus, seine Schmähungen gegen das Haus zu wiederholen. Er scheint sich in seiner Rolle als »Siemens-Märtyrer« zu gefallen. Seinen jüngst erschienenen Gedichtband »Ein Bankier auf der Flucht« (sic!) benutzt er, um neue Verleumdungen gegen uns in die Welt zu setzen.

3. Konsequenzen

3. 1. Den Gegner nicht überschätzen! Unser Umsatz, unsere Marktanteile, unsere Aktienkurse sind zügig gestiegen, unbeeinflußt von irgendwelchen ideologisch motivierten Schmähschriften oder »Festschriften«. Auf dem Kampffeld der Ideologien sind Sachlichkeit und Leistung die besten Argumente.

3. 2. Nicht provozieren lassen! Als wir den Prozeß begannen, lagen in der Auseinandersetzung mit Klassenkämpfern im Gewand der »Kunst« noch wenig Erfahrungen vor. Nicht immer, so zeigen die negativen Resultate (s. o.), ist ein Prozeß von Vorteil. Unsere Überlegenheit ist diskreter und punktuell einzusetzen.

3. 3. Die Informationspolitik des Hauses muß vorsichtiger werden.

3. 3. 1. Es geht nicht an, daß das Archiv negative Darstellungen in den von ihm zu prüfenden Werken übersieht, die dann in Hetzschriften gegen uns wieder auftauchen. Das Haus macht sich lächerlich, wenn es dann öffentlich dagegen vorgehen muß.

3. 3. 2. Es geht nicht an, daß in hauseigenen Publikationen mißverständliche Formulierungen enthalten sind, die leicht gegen uns gewendet werden. Freilich werden Böswillige auch unsere besten Absichten verzerren, ideologisches Umfunktionieren unseres unternehmerischen Handelns wird nie zu verhindern sein. Aber es gilt, die Gelegenheit dazu zu minimieren.

3. 4. Der Prozeß und die hausinterne Gegenaufklärung haben nicht ausgereicht, das Interesse der Mitarbeiter an der »Festschrift« völlig zum Erliegen zu bringen. Immer noch wird das Buch, sei es in seinem schwarzen oder roten Gewand, in den Betriebsräumen gesehen, nicht selten auch in Schubladen. Immer noch gilt es bei vielen Mitarbeitern als »chic«, das Buch zu zeigen oder zu zitieren. Unsere Anstrengungen dürfen also nicht nachlassen, den Mitarbeitern die politischen Tendenzen und Methoden der Schmähschrift durchschaubar zu machen – offensiv sachlich!

3. 5. Wir müssen uns darauf einstellen, daß immer mehr unserer notorischen Gegner versuchen werden, unter dem Deckmantel »Kunst« unternehmerische Leistungen publizistisch herabzuwürdigen. Für künftige gerichtliche Auseinandersetzungen könnte z. B. der BDI sich schon jetzt prophylaktisch um geeignete »Kunst«-Gutachter bemühen.

3. 6. Gleichfalls ein Vorschlag an den BDI: Wir bitten zu prüfen, wie man die Tätigkeiten und Angriffsziele der publizistischen Systemgegner und Gegner der Wirtschaft frühzeitig erkennen und in den Griff bekommen kann (es gibt mehr als einen Wallraff!). Es sollte auch geprüft werden, wie weit hier mit dem Verfassungsschutz kooperiert werden kann.

3. 7. Die Beklagten haben in einer – wiederum tendenziösen – Pressemeldung über den Vergleich eine erweiterte Neuauflage der »Festschrift« angekündigt. Es sind also neue Lügen zu erwarten. Wir sollten dieser neuen Herausforderung jedoch, wenn irgend möglich, nicht mit juristischen Mitteln begegnen. Ein Dauer-Clinch mit diesen Systemgegnern nützt nicht uns, sondern diesen. Sie brauchen uns zur Publicity, wir sie nicht.

G Schriftsatz Anwalt Gerhardt
L Schriftsatz Anwalt Löffler/Wenzel
LG Urteil 17. Zivilkammer des Landgerichts Stuttgart
OLG Urteil 4. Senat des Oberlandesgerichts Stuttgart

Das OLG-Urteil ist auszugsweise abgedruckt in: »Demokratie und Recht« (1/76). Und in: Neue Juristische Wochenschrift (NJW) 14/1976

Lothar Baier, Sagen und nicht sagen, FAZ 24. 1. 73
Helmut M. Braem, David sammelt Punkte gegen Goliath, druck und papier 4. 8. 75
Gerd Bucerius, Satiren müssen richtig sein, Die Zeit 29.11.74
Helga v. d. Bussche, Empirisches Gutachten über die Reaktionen zum Buch von F. C. Delius »Unsere Siemens-Welt« (1973)
Gustav Ernst, Auf der Suche nach dem Kapitalismus, Wespennest 10/1973
Bernt Engelmann, Eine unbestellte Festschrift, Die Zeit 29. 9. 72
Helmut Heißenbüttel, Ein Buch – zwei Meinungen, NDR 3 7. 1. 73
Hans G. Helms, Gott Stinnes – oder wie reflektieren Schriftsteller polit-ökonomische Prozesse, WDR/SFB 7. 10. 75
Jürgen Holtkamp, Kunstvorbehalt oder Kunst mit Vorbehalt – Justiz und Literatur, Radio Bremen 17. 4. 75
Yaak Karsunke, IG Druck und Papiertiger, konkret April 75
Otto Köhler, Wozu ist Siemens fähig? konkret 7. 6., 14. 6., 20. 6. 73
Dieter Kühn, Rezension, Hessischer Rundfunk 27. 1. 73
Karl-Heinz Ladeur, Anmerkung zum Siemens-Urteil, Demokratie und Recht 1/1976
Prof. P. Lerche, Verfassungsfragen der Kunstfreiheit, Gutachten (1973)
Prof. Hans Mayer, Gutachten (1973)
Hans-Otto Riethus/Gerhard Voigt, Was darf die Dokumentarsatire? In: Basis 6, Jahrbuch für deutsche Gegenwartsliteratur, Suhrkamp 1976
Richard Schmid, Goliath siegt vor Gericht, Frankfurter Rundschau 9. 11. 74
Prof. Helmut Schoeck, Gutachten (1973)
Wolfram Schütte, Bauchlandung, Frankfurter Rundschau 2. 12. 74, und: ?????!!, Frankfurter Rundschau 23. 12. 75
Ferdinand Sieger, Rotbuch-Risiko, FAZ 15. 7. 75 und Börsenblatt des deutschen Buchhandels 29. 7. 75
Prof. Ulrich Sonnemann, Gutachten (1973)
Konrad Wolff, Aufklärung ohne praktische Bedeutung? die horen 91/1973
Dieter E. Zimmer, Goliaths Sieg, Die Zeit 15. 11. 74 und Nachbemerkung, Die Zeit 13. 12. 74
Gerhard Zwerenz, Stilgewordene Unlogik, Frankfurter Rundschau 23. 11. 72

Urteil

Im Namen des Volkes

In Sachen

1. Dr. Friedrich Christian Delius,
2. Rotbuch-Verlag GmbH,   – Beklagte, Berufungskläger –

gegen

Siemens AG,   – Klägerin, Berufungsbeklagte –

wegen Unterlassung und Schadensersatz

hat der 4. Zivilsenat des Oberlandesgerichts Stuttgart für Recht erkannt:

I. Auf die Berufung der Beklagten und die Anschlußberufung der Klägerin wird das Urteil der 17. Zivilkammer des Landgerichts Stuttgart vom 13. 9. 1974 teilweise abgeändert:

A. Die Beklagten haben es bei Vermeidung eines für jeden Fall der Zuwiderhandlung festzusetzenden Ordnungsgeldes bis zu der gesetzlich zulässigen Höhe oder Ordnungshaft bis zu sechs Monaten zu unterlassen, folgende Behauptungen wörtlich oder sinngemäß aufzustellen oder zu verbreiten:

1. Die Klägerin arbeite mit der nordamerikanischen Firma Westinghouse seit vielen Jahren auf dem Gebiet elektrotechnischer Ausrüstungen für Waffen und Atomwaffen zusammen.

2. Die Firma Siemens habe 2000 Häftlinge und Fremdarbeiter zur Installierung des großen Vergasungskrematoriums im KZ Auschwitz eingesetzt gehabt.

3. Die Fa. Siemens habe in ihrem Lager Berlin-Haselhorst Häftlinge beherbergt, die unter Aufsicht der Klägerin gestanden und oft nur mit verfaulten Nahrungsmitteln hätten durchgebracht werden können, wobei jeden Monat die jeweils 100 Schwächsten zwecks anderweitiger Verwendung ins KZ Sachsenhausen überführt worden seien.

4. Während des 2. Weltkriegs seien die rentabelsten Elektrobetriebe der eroberten Länder der Firma Siemens angegliedert worden.

5. Die Vorstandsmitglieder und stellvertretenden Vorstandsmitglieder der Klägerin bezögen neben ihrem festen Gehalt einen zusätzlichen Bonus von 8%, der nicht im Geschäftsbericht ausgewiesen sei.

6. Mehr als 80% aller Arbeiterinnen der Klägerin würden vor dem Rentenalter berufsunfähig werden.

7. Die Klägerin setze ihre Lehrlinge betrieblich so stark ein, daß nicht selten ein Drittel der Prüflinge die Abschlußprüfung nicht bestehe.

8. Noch in der Probezeit stehende Mitarbeiter der Klägerin würden bei Krankheit meist sofort entlassen.

9. Die Klägerin kaufe, wenn eine Bierpreiserhöhung angekündigt sei, zehntausende von Bierkästen zum alten Preis auf und verkaufe sie dann zum höheren Preis an ihre Mitarbeiter, um damit die Kassen des Hauses zu stärken.

B. Es wird festgestellt, daß die Beklagten als Gesamtschuldner verpflichtet sind:
Der Klägerin allen Schaden zu ersetzen, der dieser durch die Aufstellung und Verbreitung der unter A Ziff. 2, 3, 6, 7, 8, 9 aufgeführten Behauptungen entstanden ist und noch entstehen wird
und der Klägerin den Schaden zu ersetzen, der dieser durch die nach dem 18. 12. 1972 erfolgte Aufstellung und Verbreitung der unter A Ziff. 5 aufgeführten Behauptung entstanden ist und noch entstehen wird.

C. Der Klägerin wird die Befugnis zugesprochen, den Unterlassungsausspruch zu A Ziff. 1-9 innerhalb der Frist von 3 Monaten, beginnend mit der Rechtskraft des Urteils, je einmal in der Größe bis zu 15 x 15 cm in der »Süddeutschen Zeitung«, der »Frankfurter Allgemeinen Zeitung« und der »Welt« auf Kosten der Beklagten zu veröffentlichen.

D. Im übrigen wird die Klage abgewiesen.

II. Im übrigen werden Berufung und Anschlußberufung zurückgewiesen.

III. Von den Kosten des Rechtsstreits in beiden Rechtszügen trägt jede Partei ihre eigenen außergerichtlichen, die Klägerin die Hälfte der Gerichtskosten, die Beklagten 1/4 der Gerichtskosten als Gesamtschuldner und jeder der Beklagten ein weiteres Achtel der Gerichtskosten.

Anhang

F. C. Delius: Handschriftliche Notizen zu »Unsere Siemens-Welt«

FRIEDRICH CHRISTIAN DELIUS wurde 1943 in Rom geboren und wuchs in Hessen auf. Er studierte Germanistik und promovierte mit einer Arbeit zum Realismus des 19. Jahrhunderts (»Der Held und sein Wetter«, 1971). F.C. Delius war Lektor im Verlag Klaus Wagenbach und Mitbegründer des Rotbuch Verlags, in dem er 1973 bis 1978 als Lektor für Literatur arbeitete. Er ist Mitglied des PEN und lebt in Berlin.

Werke u. a.: Kerbholz, Gedichte (1965); Unsere Siemens-Welt. Eine Festschrift zum 125jährigen Bestehen des Hauses S. (1972); Ein Held der inneren Sicherheit, Roman (1981); Adenauerplatz, Roman (1984); Mogadischu Fensterplatz, Roman (1987); Die Birnen von Ribbeck, Erzählung (1991); Der Sonntag, an dem ich Weltmeister wurde, Erzählung (1994); Der Spaziergang von Rostock nach Syrakus, Erzählung (1995).

Die Siemens-Festschrift
Ein Nachwort 23 Jahre danach

1

Im Oktober 1971 fährt ein achtundzwanzigjähriger Autor mit
zwei Koffern und einer Schreibmaschine von Berlin nach Rom.
Ein Koffer ist mit Kleidung, ein anderer mit Büchern, Zeitschriften und Notizen zum Thema Siemens gefüllt. Des Autors
Beruf ist Lektor im Verlag Klaus Wagenbach, und er kann für
zehn Monate unbezahlten Urlaub nehmen, da er das Privileg
hat, am Traumort aller deutschen Künstler, in der Villa Massimo, leben und arbeiten zu dürfen. Er hat sich viel vorgenommen. Alle Welt redet vom Kapitalismus, viele hantieren mit diesem Begriff und sind sicher, ihn bald abschaffen zu können, am
liebsten übermorgen. Der Autor aber will sich einige Monate
mit der Frage aufhalten: Wie funktioniert dieser Kapitalismus
konkret, am Beispiel einer Firma? Gleichzeitig hat er einen ei-
gensinnigen literarischen Anspruch im Kopf: Gibt es außer Roman und Theaterstück, wo man personalisieren muß, noch andere literarische Formen, mit denen eine so extrem spröde
Materie wie »die Wirtschaft« sprachlich angemessen, vielleicht
sogar vergnüglich zu fassen wäre? Die Idee der Festschrift
scheint eine Lösung für beide Probleme zu versprechen, der
Autor muß sich nur in einen von Siemens beauftragten Festschriftsteller verwandeln, der die Geschichte und Aktivitäten
des Konzerns fast besinnungslos rühmt und in seinem Eifer
auch vieles ausplaudert, was in Festschriften normalerweise
verschwiegen wird.

Er sitzt also in der Villa Massimo, nähert sich der italienischen, der römischen Kultur, der ungewohnten Sprache, dem
ungewohnten politischen Temperament und dem – Anfang der
70er Jahre – noch ungewohnten Essen, aber er schreibt fast
nichts darüber. Draußen blauer Himmel, und im riesigen Ate-

lier wühlt sich einer durch Firmenschriften, Bilanzen, historische Werke, berechnet aufregende Zahlen (ohne Taschenrechner) und übersetzt das gefundene Ziffern- und Faktenmaterial in satirische Sätze. Die Arbeitszeit ist nicht nur durch den Urlaub begrenzt. Im Oktober 1972 steht das 125jährige Firmenjubiläum der Siemens AG bevor, dann muß das Buch erscheinen, also spätestens zum 1. Juli fertig sein.

Die Firma Siemens ist übrigens nur zufällig Gegenstand der Festschrift. Zuerst gab es die Überlegung, nach »Wir Unternehmer« (1966) einen dokumentarischen Text über irgendeinen großen deutschen Konzern zu schreiben. Es sollte allerdings nicht einer mit einem ohnehin negativen Image sein wie Flick oder Krupp, das wäre zu billig gewesen. Nachdem in einem Gespräch mit Yaak Karsunke die Idee der Festschrift auftauchte, suchte der Autor Objekt und Anlaß für ein bevorstehendes Jubiläum. Er hatte keine besondere Haßliebe oder Vorliebe für Siemens, er hätte, wenn für 1972 oder 1973 ein Jubiläum von Daimler, Mannesmann oder AEG zu erwarten gewesen wäre, einen dieser Konzerne erwählt. Die Entdeckung, daß die Firma Siemens & Halske am 1. Oktober 1847 gegründet worden ist, also bald einen 125. Geburtstag zu feiern hatte, gab schließlich den Ausschlag. Erst daraufhin hat sich der Autor bei der Siemens AG, bei Günter Wallraff, bei Betriebsgruppen und in Bibliotheken um Material und Informationen bemüht, sich des näheren mit der »Siemens-Welt« vertraut gemacht und eine Siemens-Aktie im Nennwert von DM 50,– gekauft.

In Rom wühlt er sich also durch fremde, häßliche, spröde, unbiegsame Wörter, schleift sie, dreht sie, zerschneidet sie, kitzelt sie. Er versucht, Herr über diese scheußlichen, extrem unpoetischen, unliterarischen Wörter zu werden, bis einige Funken und etwas Witz aus ihnen schlagen. Er ist kein Wirtschaftsfachmann, mehr als allem andern muß er seiner Sensibilität gegenüber den Wörtern trauen. Aber er bleibt besessen, ein sehr ehrgeiziges Projekt zu realisieren: Ist es möglich, die Vergangenheit und die aktuellen Tätigkeiten des größten deutschen Wirtschaftsunternehmens mit 300 000 Mitarbeitern und einer unendlichen Produktpalette mit dem schlichten Mittel der Wörter zu erfassen, noch dazu kritisch? Es gibt wahrlich schönere Tätigkeiten unter dem Himmel von Rom, und doch soll niemand sagen, das sei keine literarische Tätigkeit gewesen.

»Ein Dichter«, sagt Elias Canetti, »wäre also einer, der von Worten besonders viel hält, sich unter ihnen so gern, ja vielleicht lieber umtut als unter Menschen, sich *beiden* ausliefert, aber doch mit mehr Vertrauen den Worten, diese von ihren Sitzen wohl auch herunterzerrt, um sie mit umso größerem Aplomb wieder einzusetzen, sie befragt und betastet, streichelt, zerkratzt, hobelt, bemalt, ja, dazu imstande ist, nach all seinen intimen Frechheiten sich in Ehrfurcht vor ihnen wieder zu verkriechen. Selbst wenn er, wie oft, als Übeltäter am Worte erscheint, so ist er auch dann ein Übeltäter aus Liebe.«

2

Wenige Tage nach der Auslieferung der ersten Auflage begann der Feldzug der Siemens-Juristen gegen das Buch, darum ist »Unsere Siemens-Welt« leider mehr als Prozeßgegenstand und weniger als Objekt der Literaturkritik und der Aufklärungskritik betrachtet worden. Es gibt nur eine Rezension, die vor dem ersten juristischen Schritt (Antrag auf Einstweilige Verfügung) erschien (Bernt Engelmann in der »Zeit«), allerdings eher aus der Perspektive des Sachbuchautors. Nur in wenigen Zeitungen folgten Rezensionen – doch die dpa-Meldungen über den juristischen Fortgang der Sache waren fast überall zu finden. Die literarische Würdigung blieb dem Gutachter Prof. Hans Mayer vorbehalten – und den Kunst-Gutachtern der Siemens-Seite, die auch eine spannende Studie zur literarischen Wirkungsforschung anfertigen ließ (Helga v. d. Bussche, Empirisches Gutachten über die Reaktionen zum Buch von F. C. Delius »Unsere Siemens-Welt«).

Der Druck, von der Siemens AG bzw. den Gerichten in die Knie gezwungen zu werden, spornte den Verlag und mich zu einem Widerstand an, der überwiegend auf literarischem Feld geführt wurde. Die Presse berichtete von Monat zu Monat ausführlicher über den Prozeß – und das schlug sich negativ für Siemens nieder, weshalb man dort in der Chefetage gewiß bereut hat, den Prozeß überhaupt angefangen zu haben. Ich habe versucht, offensiv vom literarischen Standpunkt her zu argumentieren, denn ich fühlte mich moralisch im Recht, weil ich ohnehin nur mit bereits publiziertem Material gearbeitet, nichts Neues behauptet und nichts erfunden hatte, weil mir mein literarisches Konzept stimmig schien, weil ich wußte, daß mein Mittel, die satirische Sprache, letztlich stärker ist als die Macht des Geldes und der Juristen. Im Kampf David gegen Goliath ist David so unglücklich nicht. Das Recht auf kritische Literatur, auf Satire war zu vertreten und zu verteidigen, für mich selbst, für die Schriftsteller-Zunft und für die Öffentlichkeit.

Im Urteil des Oberlandesgerichts Stuttgart wurde dann doch das »Persönlichkeitsrecht« des Konzerns gleichrangig neben die Kunstfreiheit gestellt, was zu ziemlich kuriosen Begründungen geführt hat. Im Prinzip haben die Richter gefordert, daß jeder Schriftsteller oder Journalist, der aus anderen Büchern oder Zeitungen zitiert, den Wahrheitsgehalt der zitierten Fakten vor jeder neuen Publikation jedesmal neu überprüfen muß. Das ist natürlich überhaupt nicht machbar, wer das ernst nimmt, kann mit seiner Arbeit einpacken. Aber man muß ja nicht alles ernst nehmen, was in solchen Urteilen steht.

Den Prozeß und seine spannendsten Einzelheiten und Merkwürdigkeiten habe ich im Anhang zu der 1976 erschienenen Prozeßausgabe des Buches zu kommentieren versucht.

Aus heutiger Sicht wären vielleicht drei Punkte zu ergänzen:

1) Wie seid ihr mit den Kosten von 36835 DM fertig geworden, bin ich oft gefragt worden. Die Antwort ist einfach: mit einem guten Einfall. Die erweiterte Neuausgabe (mit dem Anhang zum Prozeß) von 1976 wurde als Gratifikationsausgabe mit einem Sonderstempel, numeriert und signiert, für 100 DM pro Stück angeboten, teils in Briefen an Schriftstellerkollegen und Journalisten, teils durch Hinweise in der Presse. So wurden

im Lauf des Jahres 1976 etwa 250 Exemplare verkauft, damit waren 25000 DM beisammen. Den Rest konnten die Bilanzen des aufstrebenden Rotbuch Verlags verdauen.

2) Heutige Leser des Anhangs zum Prozeß werden sich vielleicht stören an gelegentlichen Formulierungen wie »Kapitalismus«, »Genossen« oder »Klassenkämpfe«, am linken Jargon jener Tage, den ich meist mit trotziger Ironie verwendet habe. Für »Kapitalismus« sagt man heute »Marktwirtschaft«, für »Genossen« »politische Freunde«, von »Klassenkämpfen« spricht man nicht mehr – die Begriffe für soziale Auseinandersetzungen sind zum Glück etwas differenzierter geworden, und die größten Gegensätze sind nicht mehr zwischen Kapital und Arbeit, sondern, sehr vereinfacht, zwischen Reich und Arm zu finden. Der Text ist nun schon wieder ein Dokument für die mittleren 70er Jahre, und deshalb sehe ich keinen Grund, mich altmodischer Termini zu schämen oder gar Korrekturen vorzunehmen.

3) Erst spät habe ich begriffen, was da im römischen Idyll mit einfachen Mitteln geschehen ist: Ich hatte die semantische Einheit Siemens neu geordnet, also zerstört. Der Effekt war verblüffend, mit der Macht über die Konzern-Wörter hatte ich ein Stück Macht über diesen Weltkonzern gewonnen. Siemens mußte ein Team von Experten, Staranwälten und Zeugen aufbieten, die alles bis zur Erpressung daran setzten, mir diese Macht wieder zu nehmen und die zerstörte semantische Einheit Siemens von zwei Gerichtsinstanzen wieder reparieren zu lassen. Es ist ihnen nicht gelungen.

Die Siemens-Leute klärten nicht nur die Öffentlichkeit über ihre Schwächen und Empfindlichkeiten auf. Sie förderten nicht zuletzt mein Selbstbewußtsein als Autor. Sie bewiesen mir, daß ich über einen Weltkonzern *sprachlich* verfügte. Was ich benennen kann, so lernte ich, vermag ich schon fast zu beherrschen. Die Wörter, obwohl nur aufgelesen und zusammengesammelt, bewirken mehr, als ich beabsichtige, und können im Glücksfall dieses juristischen Falles sogar einen gewissen Einfluß haben.

1973 brachte Walter Jens diesen Erfolg auf die Formel: »Ein Siemens-Konzern, der vor Gericht gehen muß, bestätigt die Wirksamkeit von Literatur.«

3

Aus dieser Zeit, Anfang der 70er Jahre, resultiert mein Ruf als politischer Autor, als Siemens-Delius. Schon damals habe ich mich dagegen gewehrt, mich über einen Elektrokonzern definieren zu lassen. Als Opfer von »Zensur« wollte ich mich als Beklagter in einem Zivilprozeß nicht sehen, noch weniger mich als Märtyrer feiern lassen. Aber nach über drei Jahren Prozeßdauer blieb ich für viele der Siemens-Delius, zumal der Ruf, als Politliterat an der vordersten Front der Gerichte zu kämpfen, bald darauf, von 1979 bis 1981, durch einen mittlerweile vergessenen Kaufhausbesitzer, Helmut Horten, bekräftigt wurde, der eine auf seine Ängste anspielende Moritat sieben Jahre nach ihrer Erstveröffentlichung gerichtlich bekämpfte. In der dritten Instanz entschied schließlich der Bundesgerichtshof in Karlsruhe: Das Gedicht darf bleiben, wie es ist. (Das Urteil ist, wie ich von Juristen höre, neben dem Mephisto-Urteil das wichtigste Urteil in Sachen Kunstfreiheit geworden – der Einsatz hat sich also gelohnt.)

Nach dem Erfolg mit Siemens haben mir etliche Leute vorgeschlagen: Schreib doch mal ähnliche Bücher über AEG oder Daimler oder über die Kernkraftindustrie. Ich hätte das leicht machen und alle ein, zwei Jahre eine neue Festschrift herausgeben können und wäre damit wohl ganz erfolgreich gewesen, aber ich habe das niemals ernsthaft erwogen, es war mir – zu leicht. Mehr noch: Ich kann nur schreiben, wenn ich mich nicht wiederhole, wenn ich etwas Neues, Riskanteres versuche, wenn ich scheitern kann. »Sicheres« Schreiben interessiert mich nicht. Deshalb habe ich auch nie daran gedacht, eine von den Zahlen und Fakten her aktualisierte Fassung der »Siemens-Welt« zu einem späteren Jubiläum oder einfach ohne besonderen Anlaß vorzulegen. Das Modell der satirischen Festschrift sollen andere klauen oder nachahmen (es ist, was mich freut, hin und wieder versucht worden), ich tue es nicht.

Wer einmal in eine literarische Schublade einsortiert wurde, krabbelt so schnell nicht heraus. Das Etikett Siemens-Delius wurde ich lange nicht los, und manchmal kommt es mir vor, als hätte ich die ganzen 80er Jahre mit Romanen und Gedichten gegen das platte Image angeschrieben. Noch heute fahre ich erschrocken zusammen oder fühle mich fast beleidigt mißverstanden, wenn mir Leser begeistert versichern, daß »Unsere Siemens-Welt« das einzige Buch sei, das sie von mir gelesen hätten – oder, was noch ärger ist, das beste.

4

Manchmal werde ich gefragt, ob die »Siemens-Welt« nicht auch der Sprengsatz im früheren Wagenbach Verlag und damit der Grundstein für den Rotbuch Verlag gewesen sei. Anno 1972/73 sei ich doch mit meinem Konzept als Verfechter der Dokumentarliteratur gegen den reinen Belletristen Klaus Wagenbach gescheitert, daraufhin habe sich zwischen »dem Kollektiv«, also der Mehrheit der Wagenbach-Mitarbeiter, und den Wagenbachs der Konflikt so weit zugespitzt, daß er schließlich zur Spaltung des Verlages und Gründung des Rotbuch Verlags geführt habe. Klaus Wagenbach verbreitet diese Theorie bis heute, aber glauben kann sie nur, wer die entsprechenden Veröffentlichungen des Rotbuch Verlags und der Presse von 1973 nicht kennt.

Klaus Wagenbach hat gerade die »Siemens-Welt« (neben anderen »dokumentarischen« Texten der frühen 70er Jahre) von der ersten Idee bis zum letzten Komma begeistert gefördert und das Buch im Prozeß, und nicht nur dort, mit mir bis in den Frühsommer 1973 heftig verteidigt. Streit entstand Anfang 1973, weil der Verleger eine gemeinsame Überlegung innerhalb des Lektorats vergessen haben wollte, wie neben der »normalen« Literatur dokumentarische Texte gefördert oder bestimmte Autoren dazu angeregt werden könnten. Dieser Streit wurde neben dem um ein Manuskript zum Vorwand für eine Auseinandersetzung benutzt, um die seit langem vereinbarte juristische Fixierung des Verlags als Kollektiv wieder rückgängig zu machen. Genaueres erspare ich den Lesern dieses Nachworts. Hier sei nur so viel gesagt: Was immer Anlässe, Vorwände, Motive, bewußte oder unbewußte Strategien für jenen klassischen Konflikt gewesen sind, die »Siemens-Welt« oder ihr Autor waren es nicht.

5

Obwohl ich noch zwei satirische Versuche in den 80er Jahren gemacht habe (»Einige Argumente zur Verteidigung der Gemüseesser«, 1985, und »Konservativ in 30 Tagen. Ein Hand- und Wörterbuch Frankfurter Allgemeinplätze«, 1988), sehe ich den Abschied von der Satire in den 70er Jahren, nach dem Siemens-Prozeß. Nicht etwa als Folge des Urteils des Oberlandesgerichts Stuttgart, nicht aus Angst vor neuen Prozessen, sondern weil ich spürte, daß die Satire eine zu enge Form für mich ist, daß sie zu eindimensional mit vorgefertigten, dokumentarischen Materialien arbeitet, also immer negativ gefesselt bleibt an den Gegenstand, den sie angreift. Sie kommt, qua Form, aus der Opposition, aus der Haltung des puren Dagegenseins nicht heraus.

Erst mit der Arbeit an dem Roman »Ein Held der inneren Sicherheit« (1981) lernte ich die Freiheit kennen, in einer größeren, anspruchsvolleren Form vielfältige Figuren und Konflikte zu entwickeln. Auch wenn dieser erste Roman noch satirische Passagen enthält – ich empfand es als Gewinn, mich nicht mehr an vorgefertigten politischen oder wirtschaftlichen (oder väterlich-christlichen) Sprüchen, Floskeln, Redeweisen abarbeiten zu müssen. Die satirische Phase mußte überwunden werden, damit auch eigene Haltungen in Frage gestellt und eine subjektive Offenheit zugelassen werden konnten. »Ein ganzes horazisches Jahrneun hindurch wurde des Jünglings Herz von der Satire zugesperrt«, schrieb Jean Paul über sich, ehe es sich »öffnen und lüften durfte«.

Warum gerade ich mich mit den Mächtigen der Wirtschaft, Politik, Ideologie und Sprache anlegen mußte, wird erst in der autobiographischen Erzählung »Der Sonntag, an dem ich Welt- meister wurde« (1994) angedeutet. Wer die »Siemens-Welt« wirklich verstehen will, wird um dieses kleine Schlüsselwerk nicht herumkommen.

F. C. D., April 1995

ROTBUCH *Bibliothek*

Zu entdecken gibt es Bücher und Autoren, die aus dem Blickfeld oder gar in Vergessenheit geraten, lesenswerte Texte, die literarisch bedeutend und für ihre Zeit höchst aufschlußreich sind.

Zum Beispiel
Der Kölner Autor **Paul Schallück** mit *Ankunft null Uhr zwölf*, der, verdeckt vom langen Schatten des Freundes Heinrich Böll, in den fünfziger Jahren Romane schrieb, die zum Eindrucksvollsten gehören, was diese Zeit hervorgebracht hat.

Zum Beispiel
Die exzentrische **Gisela Elsner**, von Hans Magnus Enzensberger zum »Humoristen des Monströsen« ernannt, deren erfolgreicher Roman *Die Riesenzwerge* beispielhaft ist für die gesellschaftliche und künstlerische Avantgarde der frühen sechziger Jahre.

Zum Beispiel
Unsere Siemens-Welt von **F.C. Delius**, die mit literarischer List zur »Festschrift« arrangierten Fakten und Dokumente aus 125 Jahren Konzerngeschichte, ein Buch, das wie kein anderes nach 1945 zu heftigsten gerichtlichen Auseinandersetzungen geführt hat.

Alle Bücher der *Rotbuch Bibliothek* sind schön gebunden, fadengeheftet und mit einem Lesebändchen versehen. Ein kurzer Anhang mit Bio-/Bibliographie und einem Nachwort gibt Informationen über Autor und Werk.